ミャンマー・シャン州タウンニー村で乾燥センベイ状納豆の商業生産を行う中国人の生産者（奥）とシャン人の労働者（手前）

ラオス・ポンサーリー県シェンピー村の厚焼きクッキーのような乾燥センベイ状納豆

タイ・メーホンソン県ムアンポーン村のひき割り状納豆

タイ・メーホンソン県ムアンポーン村のひき割り状納豆の包み焼き。モチ米と一緒に食べる

ミャンマー・カチン州バモーの市場で見つけた日本の納豆と似た糸を引く納豆

ミャンマー・チン州リッコン村、乾燥センベイ状納豆を見せてくれた顔に入れ墨のある女性。
左にあるのはバナナの葉で包まれた発酵3日目の納豆

ネパールで食べたカレー。中に干し納豆が入っていた

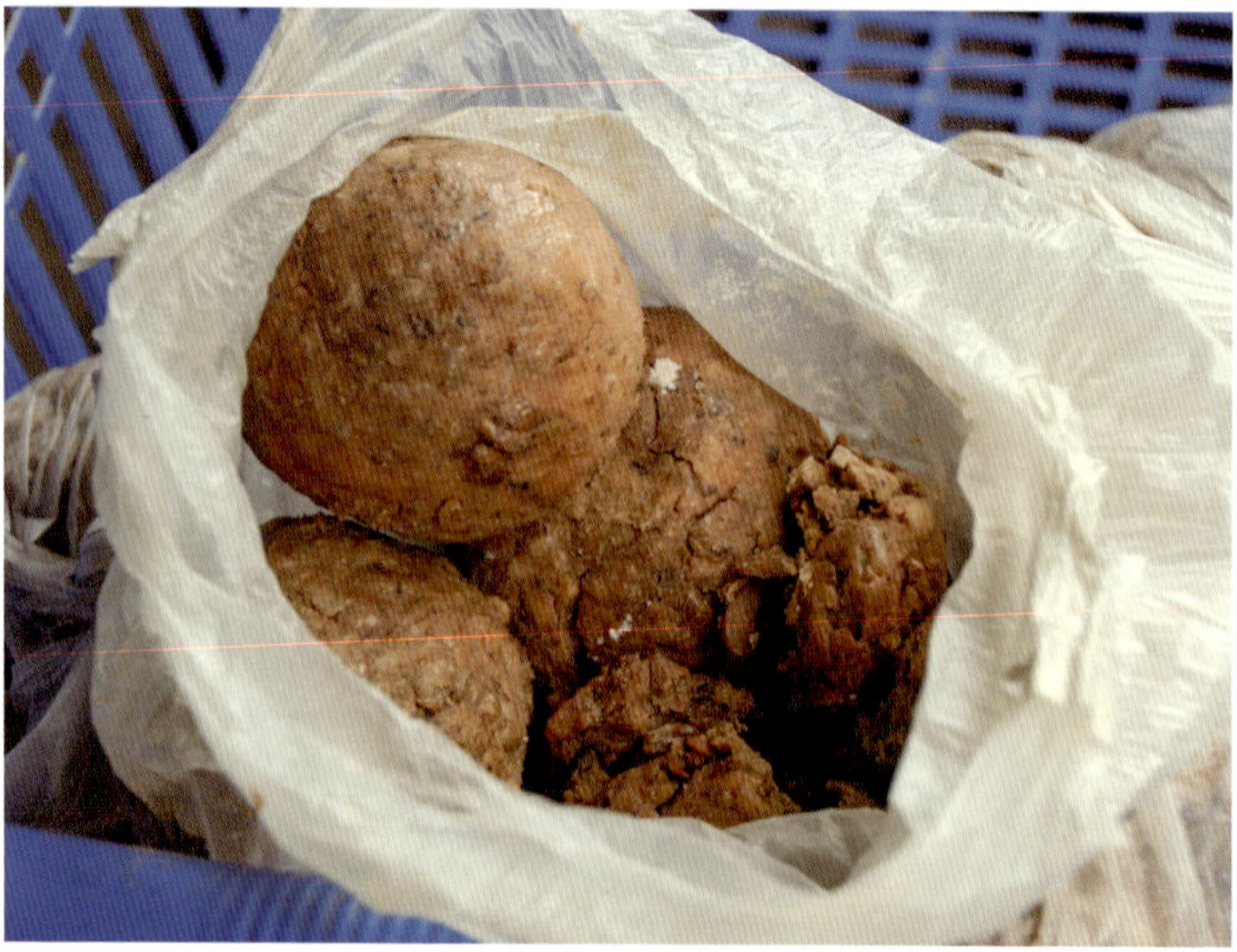
インドのアルナーチャル・プラデーシュ州で見つけた丸い形をした納豆

タイ・メーホンソン県トゥンポーン村、木製の板を蝶番で繋げた道具で納豆を潰す女性

ミャンマー・ラーショー県ナウ・オン村、粒状の納豆を
専用の手動ミンチ機でひき割り状にする女性

ミャンマー・マグウェ管区ソー地区、発酵後の納豆に
少量の塩を入れてから手臼で叩いて潰す女性

ラオスで食べた米麺「カオ・ソーイ」。納豆を混ぜた豚そぼろソースを載せて食べる

タイ・メーホンソン県ムアンポーン村で食べた納豆の炒め物。ご飯にのせて一緒に食べる

ミャンマー・シャン州で食べた、短冊状に切った乾燥センベイ状納豆と一緒にタマネギなどを入れて軽く炒めた料理

ミャンマー・カチン州で食べた、粒状納豆を塩とトウガラシで味付けをして長ネギ・玉ネギ・ニンニク・ショウガ・香菜を和えたもの。ご飯にかけて食べると絶品

インド・シッキム州アホ村、茹でた大豆を臼で砕いてシダを敷いた竹カゴに入れる女性

NHK BOOKS
1223

納豆の起源

yokoyama satoshi
横山 智

NHK出版

目次

校　閲　酒井正樹
ＤＴＰ　㈱ノムラ　ＮＯＡＨ
本文・口絵写真　著者撮影
本文図版　著者作成

序章
海外の納豆との出会い

ラオスで納豆と出会う

二〇〇〇年の冬、ラオス北部山地での焼畑調査が終わり、舟と乗り合いバスを乗り継いでルアンパバーンに戻ってきた。ルアンパバーンは一九九五年に市街地全体がユネスコの世界文化遺産に登録されたラオスの古都である。多くの観光客が世界各地から訪れ、お土産や食料品を売るナイトマーケットが街の中心部で毎日開催されている。そこで、机の上に並べられて袋に小分けされた怪しげな茶色い豆を発見した（写真0－1）。その豆は、「トゥアナオ」と呼ばれていた。現地で使われているラーオ語で「トゥア」は豆、「ナオ」は腐っている状態を意味する。売っていたのは腐った豆、要するに日本の納豆のような発酵大豆食品であった。

一九六〇年代後半、植物学者の中尾佐助《なかおさすけ》や文化地理学者の佐々木高明《ささきこうめい》によって提唱された「照葉樹林文化論」では、西日本から東南アジア大陸部山地、そしてヒマラヤにかけて広がる照葉樹

写真0-1　ルアンパバーンの市場で売られていたトゥアナオ

林帯には、類似の植物利用が見られると同時に、それを利用した類似の文化が存在していることが示された。[*1] そして、納豆も照葉樹林文化の様々な要素の一つとされた。[*2]

ラオスで納豆ご飯が食べられるとは夢にも思っていなかった。最高の夕食になると思い、躊躇《ちゅうちょ》せずに一袋購入した。値段は、一袋一〇〇〇キープ。日本円に換算して当時八円ぐらいであった。宿泊先の安宿に戻って、さっそくトゥアナオの袋を開けた。しかし、その直後、温かいご飯に納豆をのせて食べるという淡い夢ははかなく散ってしまった。これを食べれば、間違いなくお腹を壊すだろうと思わせるような、きついアンモニア臭が漂ってきた。

しかし、初めて海外で出会った納豆なのだから、試してみたい。お腹を壊すかも知れないが、調査を終えて家に戻るだけだ。ここでお腹を壊しても研究に影響することはない。意を決し、トゥアナオを口に入れた。アンモニア臭に加えて何とも形容しがたい腐敗臭が鼻をついた。日本の納豆と違って糸も引かない。しかし、食べてみると、意外なことに日本の納豆と同じ味がしたのである。また、塩で味付けされているようで、若干塩っ辛かった。決して美味しくはなかったが、もしかして、探せばもっと美味しい納豆があるはずだという期待を持たせるような、懐かしい豆の味がした。それが、私が初めて海外で出会った納豆であった。

納豆調査の開始

初めてトゥアナオを見つけてからは、ラオスへ調査に行くたびに、現地の市場でそれを探すようになった。市場では、味噌のように潰したトゥアナオ、センベイのような乾燥させたトゥアナオが売られていた。粒状の糸引き納豆しか売られていない日本とは違い、何種類かのバリエーションがあることが分かってきた。

また、トゥアナオの利用のされ方も多様だ。味噌のように潰した形状のトゥアナオは、モチ米につけて食べたり、また、「カオ・ソーイ」（写真0－2）と呼ばれる米麺にのせる豚そぼろソースの原料になったりする。乾燥させたセンベイ状のトゥアナオは、火で炙ったり、油で揚げたりしてそのまま食べたり、またスープに溶かして出汁のようにして使っていた。

写真0-2　トゥアナオを混ぜあわせた米麺カオ・ソーイ

やがて、市場で売られているトゥアナオを探すだけでは飽き足らず、どうやってそれをつくっているのか知りたくなった。そこで、民間財団の研究助成金に応募することにした。運良く、研究助成金が採択され[*3]、念願だったラオスの納豆生産の現場を調査することになった。

二〇〇七年夏、大学院生と一緒に私が初めて納豆と出会ったラオスのルアンパバーンへと向かった。まずは、市場でトゥアナオを売っている人に聞き取りを実施、生産者についての情報を収集した。次にトゥアナオ生産者の家に向かった。その家は街の中心部をかすめるように流れるメコン川支流カーン川の岸辺に建っていた。ご主人に挨拶すると、納屋に通された。そこでは奥さんが大豆を茹でており、娘さんが豆腐をつくっていた。このトゥアナオ生産者は、中国系のホー族であった。

　この世帯のトゥアナオのつくり方は、大豆を天日で干してから軽く炒り、大きな鍋で柔らかくなるまで茹でて、通気性の良いプラスチック・バッグに入れて日陰に数日間置くだけであった。発酵させた大豆は、臼《うす》と杵《きね》で砕き、その後丸い型に入れて乾燥させる。これまで市場では、様々な形に加工されたトゥアナオを見てきたが、その元になっている粒状のトゥアナオが、茹でた大豆を放置しただけのものだとは全く予想もしていなかった。

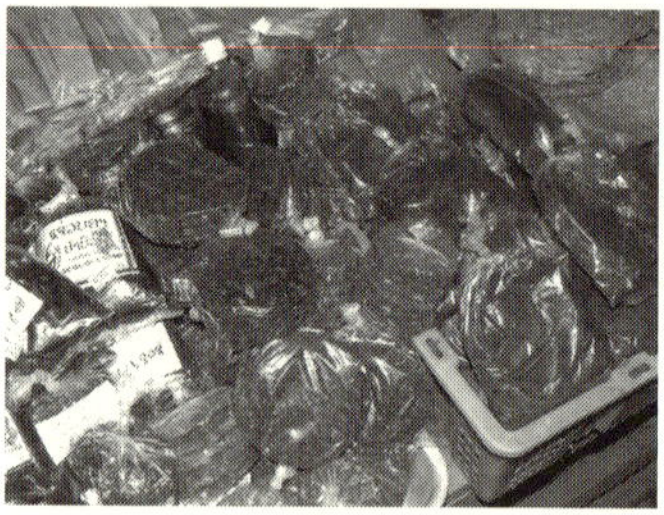

写真0-3　ルアンパバーンの市場で売られていたルアンナムターのトゥアナオ

　ホー族の生産者への調査が終わった後、私たちはラオスと中国の国境に位置するルアンナムター県に向かった。ルアンパバーンの市場で納豆を売っている人たちの多くが、ルアンナムター県から納豆を仕入れていたからである（写真0－3）。ルアンナムター県の調査は予定外であったが、ルアンパバーンとは異なるつくり方のトゥアナオが見られることを期待した。しかし、納豆をつくるための菌も入れずに、プラスチック・バッグで煮豆を発酵させており、ルアンパバーンと全く同じであった。

ラオスのトゥアナオは納豆なのか？

日本の納豆は、枯草菌（*Bacillus subtilis* subsp. subtilis）の芽胞《がほう》が付着する稲ワラで発酵させた糸を引く無塩発酵大豆食品である。しかし、稲ワラから菌を供給して納豆をつくっていたのは、戦前までの話である。明治時代後期に枯草菌から納豆菌（*Bacillus natto* SAWAMURA、後に *Bacillus subtilis* var. natto）[*4]が分離され、戦後は納豆菌を煮豆にかけて発酵させる工業的な納豆生産が主流を占めるようになった。

日本で市販されている納豆は種菌を入れて発酵させているが、ラオスで見たトゥアナオは、種菌を入れることはもちろん、稲ワラのような菌が付着した植物も利用していない。もし、それらを入れていないのなら、これは納豆ではないのではないか。納豆でないとすれば、市場で売られている「腐った豆」と呼ばれるトゥアナオとは何なのか。この生産現場を目の当たりにして、ラオスのトゥアナオをどう位置づけていいのか分からなくなってしまった。

帰国後、ラオスで見たトゥアナオが納豆なのかどうか、専門家の意見を聞いてみることにした。協力していただいたのは、当時私が勤務していた大学の近くで納豆を製造販売していた熊本県のマルキン食品である。開発担当者にラオスの納豆を見てもらったところ、糸が引かないのは納豆菌による発酵ではないからだろうと言われた。おそらく納豆菌ではない種類の枯草菌による発酵ではないかとのことである。枯草菌は、自然界の土壌や植物体のどこにでも普通に存在しているらしい。マルキン食品では、納豆菌以外の雑菌が混入すると困るので、ラオスのトゥアナオの菌の分析はできないと言われてしまった。その後、ラオスのトゥアナオがどのような菌で発酵しているのか、確認するための手段を探っていたが、解決策が思い浮かばないまま時間だけが過ぎていった。

二〇〇八年二月、研究助成期間が終了しようとする頃、全国納豆協同組合連合会の担当者と納豆を生産しているミツカンの開発企画の担当者が、突然、大学の研究室に来ることになった。おそらく、ラオスの納豆を調査するという奇抜な研究テーマの進捗が気になったのであろう。私は調査結果をまとめて、プレゼンテーションを行ったのだが、その時にミツカンから来た専門家の方から興味深い提案があった。ラオスのトゥアナオが納豆菌による発酵でないかどうかは、化学的な分析をしなくても、ラオスのトゥアナオをスターターにして納豆をつくってみれば分かるというのである。もし、糸が引けば納豆菌で、引かなければ納豆菌ではない種類の枯草菌ということになる。

これなら素人の私でもできそうである。さっそく、マルキン食品の開発担当者に相談したところ、（1）菌の混入に注意する、（2）大豆が熱いうちにスターターを加える、（3）菌が呼吸できるような環境で発酵させる、といった納豆をつくるために重要な三つのアドバイスをいただいた。特に、大豆が熱いうちに菌を入れると、納豆菌（枯草菌）以外の菌は熱に耐えられず死滅するため、他の菌の混入を防ぐことができるのだという。

なお、納豆の発酵温度は三七度前後がベストらしい。マルキン食品の開発担当者は、納豆菌をかけた煮豆を容器に詰め、熱を発するブラウン管のテレビの上に置きっ放しにして、三日ほどで納豆になったという。しかし、残念なことに研究室にも自宅にもブラウン管のテレビはなかったので、その方法はあきらめた。そこで私が考えたのは、発泡スチロール容器に携帯カイロを入れるという方法であった。用意したのは、大豆、トゥアナオ、携帯カイロ、発酵容器（牛乳パックを代用）、発泡スチロール保温箱である。発酵容器と保温箱は事前に消毒用アルコールで雑菌を拭き取った。

茹でた大豆を発酵容器に入れて、そこにラオスのルアンナムターから持ってきた乾燥させた状態のトゥアナオを砕いて絡めた。その発酵容器の周りに、携帯カイロを巻き付け、それを発泡スチロールの箱に入れて経過を観察した。発酵を開始させて八時間が経過したところで確認すると、かなり臭ったが、糸は引いていない。大豆を食べてみると、納豆というよりは、まだ煮豆という感じだ。二四時間後、熱を発し、臭いもきつくなってきたので食べてみると、煮豆ではなく納豆に近づいているような味であった。しかし、糸は引かない。もう少し発酵させて、様子をみることにした。四三時間後、大豆の表面には白い皺ができていて、見た目は納豆になっている（写真0-4）。アンモニア臭が出始めたので、ここで実験を止めた。ラオスのトゥアナオをスターターとしてつくった納豆は、糸は引かないが、味は納豆であった。しかも、ラオスで食べたトゥアナオの

写真0-4　発酵容器に入れてから43時間後の大豆

味と同じであった。

糸引き納豆をつくることには失敗したが、ラオスのトゥアナオを再現することには成功した。ラオスでは、スターターを入れずに、単に茹でた大豆を袋に入れて放置するだけで発酵させていたが、そのように簡易的につくられたトゥアナオをスターターにしても、納豆のようなものをつくることができた。

マルキン食品の開発担当者も言っていたように、枯草菌は、煮沸しても菌が死なないほどの耐熱性がある。また植物体や土壌中に普遍的に存在する。よって、ラオスでは、至る所に存在する枯草菌が大豆を煮る鍋やプラスチック・バッグに付着しており、その枯草菌が茹でた大豆を発酵させていたのだろう。したがって、ラオスで見たトゥアナオも日本の納豆菌とは違うが、枯草菌の一種を用いて発酵させた納豆といっても間違いないと確信した。

タイ北部のトゥアナオとの出会いと新たな研究の開始

二〇〇七年にラオスのトゥアナオを調査して、納豆の研究は終結させる予定であった。納豆の調査以外にも、ラオス北部の国境地域の少数民族の研究、そしてタイ北部の日本輸出向け契約栽培についての研究も同時に進行させなければならなくなったからである。

タイの調査では、チェンマイ大学農学部のカノック（Kanok Rerkasem）教授と一緒に研究した。カノック教授はタイ北部の農業研究の権威であるが、非常に気さくな方であった。調査期間中、私たちは東南アジア大陸部山地の農業について、毎晩ビールを飲みながら議論した。また、私とカノック教授には共通点があった。それは、市場が大好きなことである。新しい調査地に行くと、まず地元の市場を訪れた。カノック教授は、農林産物を売っている人に声をかけ、これはどこから採ってきたのか、どうやってつくるのかなど、時間をかけて聞き取りをしていた。一方、私は農林産物よりもむしろ、発酵食品に目がいってしまい、納豆とか発酵茶を探しては写真を撮っていた。

ラオスのラーオ語とタイのタイ語は似ていて、納豆はタイでもラオスと同じく「トゥアナオ」と呼ばれている。タイ北部のトゥアナオはラオス以上に多様で驚いた。市場では、乾燥させたセンベイ状の厚いものから薄いもの、大きいものから小さいものまで、様々な種類が並べられていた。またバナナの葉で包まれた一回使い切りサイズのトゥアナオなどもあった（写真０－５）。それは、日本のパックに入った納豆のようである。どこにどのような納豆が存在しているのか、そしてラオスのトゥアナオとタイのトゥアナオの関係はどのようになっているのか気になり始めた。そして、タイ北部の民族は、ミャンマーのシャン州の民族との交流もあり、ミャンマーまで調査範囲を広げれば、いろいろなことが分かるかも知れないと思った。

写真0-5　タイ・チェンマイの市場で売られていた一回使い切りサイズのトゥアナオ

カノック教授も私の納豆研究を手伝ってくれるということに

なり、一度は止めようと思っていた納豆の調査をタイ北部とミャンマーにまで広げることを決意した。そして、二〇〇九年からタイ北部とミャンマーで納豆の調査を始めることになった。[*5]

ミャンマーで糸引き納豆と出会う

二〇〇九年八月、ミャンマーを訪れた。ミャンマーでは、納豆は「ペーボウッ」と呼ばれている。

立命館大学の松田正彦さんがミャンマー政府農業灌漑省と交渉してくれたおかげで、シャン州とカチン州の農業を調査する許可が得られたのである。当時、外国人がミャンマーのシャン州やカチン州を調査することは困難な状況であった。しかも、陸路で移動しながら調査することが許されたのは極めて異例で、滅多にない機会ということもあり、専門分野の異なる六名の研究者が調査に参加することになった。一台の四輪駆動車を借り上げて、ヤンゴン、ネピドー、マンダレー、ラーショー、ムーセー、バモー、ミッチーナへと北上し、最後はミッチーナから空路でヤンゴンに戻るというルートであった。

途中、シャン州ムーセー県郊外でシャン人のクァンロー村を訪ねたところ、ラオスやタイと同じく、乾燥させたセンベイ状のペーボウッの商業的生産を行っていた。ちょうどこの時、反政府派の活動が活発になり、私たちは警察の護衛を受けながら調査することになった（写真0－6）。その後、カチン州バモー県へ行く途中の悪路では、運転手が「これ以上は行けないから、ヤンゴンに戻る」と言い出し、私たちが山の中に置き去りにされるというアクシデントも発生した。ミャンマーでは輸入中古自動車に高率の関税が課せられ、その時借りた約一〇年落ちの日本製の四輪駆動車でも、三〇〇万～四〇〇万円もしたのだという。運転手は自動車のオーナーに雇われており、もし無理して悪路を走って壊すようなことがあれば、ドライバーの給料では弁償できない。よって我々は、ドライバーを引き留めることもできず、山の中に置き去りにされてしまったのである。ドライバーが帰ってしまった後、交渉してダンプトラックの荷台に乗せてもらったが、そのダンプトラックも一時間と走らないうちに、側溝にはまって動けなくなった。少し待って、乗り合いのトラック・タクシーが通りかかったので、満席だったが無理を言って乗せてもらった。私たちがその日の目的地であったカチン州バモーに到着した時は夜の九時半であった。

写真0-6　クァンロー村で警察の護衛を受けながら調査。右端が京都大学の田中耕司先生

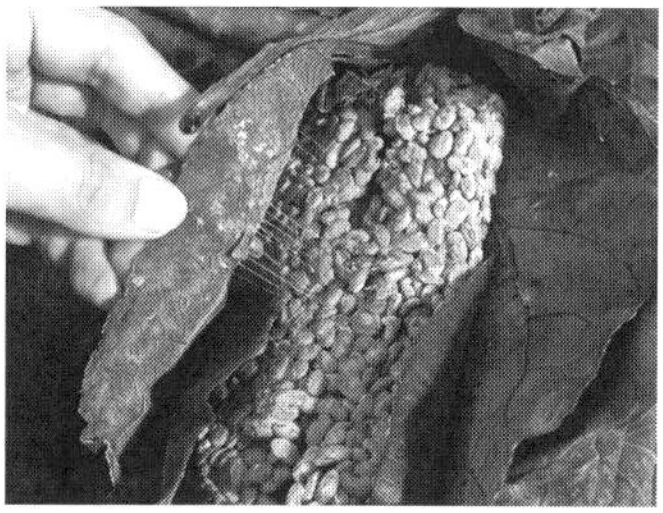

写真0-7　カチン州バモーの市場で見つけたペーボゥッ

翌朝、バモーの市場を訪れた。そこで、これまでの納豆調査で最大の収穫を得ることになる。

市場で日本の納豆と同じく糸を引くペーボゥッを見つけたのだ（写真0-7）。それまでのミャンマー調査では、乾燥センベイ状のペーボゥッしか見てこなかった。しかし突然、糸を引く粒状のペーボウッが目の前に現れた。私と一緒に市場にいた調査チームの面々は、その糸引きを見て一斉に「おーっ」と叫んだことを今でも覚えている。それほど衝撃的な出会いであった。しかも、それは日本で茹でた大豆をワラ苞《づと》で包んで発酵させるのと同じように、一つずつ植物の葉に包んで発酵させていた。

バモーの市場で糸を引くペーボウッと遭遇した同日に、カチン州の州都ミッチーナでも、糸を引くペーボゥッを生産する家を訪ねることができた。そこで味見させてもらったペーボウッの味は、日本の納豆と全く同じであった。

納豆を探す旅へ

二〇〇九年のミャンマー調査は、私の納豆研究にとっての大きなターニング・ポイントとなった。

ラオスで初めて出会った納豆は、もっと美味しい納豆があるかもしれないと思い、調査で訪れた場所の市場を訪ねては納豆を探すような、半ば「趣味で行う調べもの」を始めるきっかけとなった。しかし、ミャンマーで日本の納豆とほとんど同じような糸を引くペーボウッとの出会いによって、東南アジア大陸部やヒマラヤの納豆のような発酵大豆食品をもっと詳細に調査してみたいと思うようになった。

微生物学の分野では、納豆をつくる菌に関して、多くの研究蓄積がある。しかし、東南アジア大陸部やヒマラヤ地域で日本と同じような糸を引くネバネバした納豆をつくる人びとのこと、納豆のような臭いのきつい発酵食が受け入れられるような文化、人びとの生活と納豆との関係などについては、ほとんど議論されていない。そして、最も興味を持ったのは、納豆はどこで発祥したのかということであるが、それも未だに結論が得られていない。

そして私は、本格的に納豆の調査を開始した。[*6] これまでの調査は、東南アジア大陸部のラオス、タイ、ミャンマーの三カ国であったが、インドやネパールの照葉樹林帯にも納豆のような発酵大豆食品があるので、それらヒマラヤ地域にも調査範囲を広げることにしたのである。東南アジア大陸部でしか調査経験がない私にとって、ヒマラヤは未知の地域であった。しかし、これまで築いてきた研究のネットワークによって、何とかインドのシッキム、アルナーチャル・プラデーシュ、そして東ネパールの調査を行うことができた。

本書で取り上げる事例地域を図0－1に示す。すべての調査は、二〇〇七年から二〇一四年の七年間で実施した。納豆の製法を記録した場所は四七地点、市場だけを調査した場所は一六地点である。したがって、調査地域は、合計六三地点となる。おそらく納豆について、一冊でこれだけの地域をカバーした類書はないであろう。

本書では、我々日本人が日頃食べている納豆が、何千キロも離れた地域で同じようにご飯と一緒に食べられていること、一方で全く違う使い方をされていることなど、これまでほとんど論じられてこなかった納豆のつくり方と利用方法を紹介していきたい。加えて、納豆の起源を探るための視点を提示しながら、東南アジア大陸部とヒマラヤの照葉樹林帯の納豆を論じることも試み

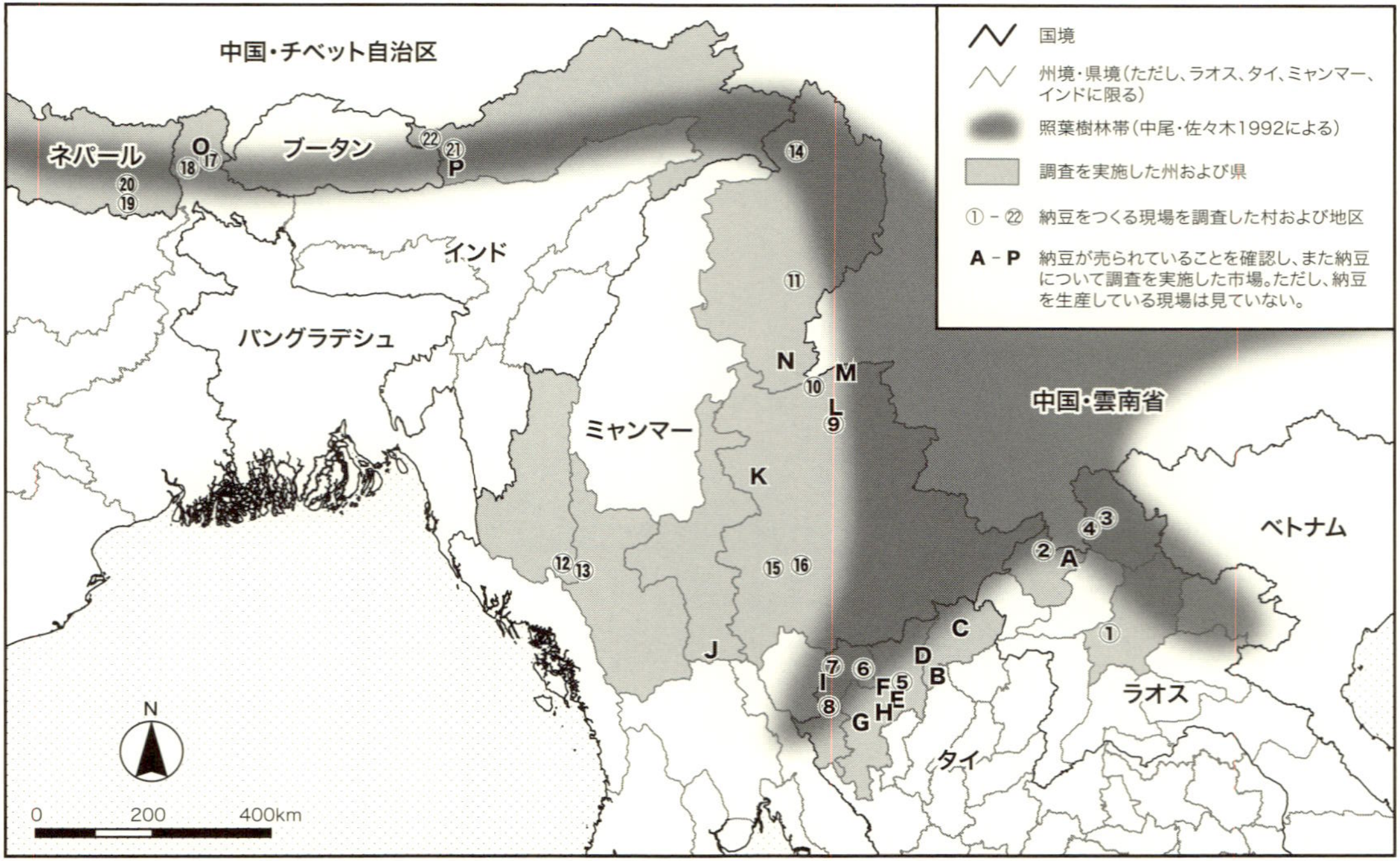

図0-1　本書で取り上げる納豆調査を行った地域

ラオス

A ルアンナムター県ルアンナムター市場 [タイ系民族]
① ルアンパバーン県ルアンパバーン郡アムパイ村 [ホー族]
② ルアンナムター県シン郡パートォイ村 [タイ・ヌア族]
② ルアンナムター県シン郡クム村 [タイ・ヌア族]
② ルアンナムター県シン郡ナムケオノイ村 [タイ・ルー族]
② ルアンナムター県シン郡ナムケオルアン村 [タイ・ルー族]
③ ポンサーリー県ポンサーリー郡タラートビライ村 [ホー族]
④ ポンサーリー県ブンヌア郡シェンピー村 [タイ・ルー族]

タイ

B チェンラーイ県ウィエンパーパオ郡メーカチャーン市場 [タイ系民族]
C チェンラーイ県ムアンチェンラーイ郡チェンラーイ市場 [タイ系民族・ホー族]
D チェンラーイ県メースワイ郡ターコー地区フアイナムクム村 [ホー族・アカ族・ハニ族・ラフ族]
E チェンマイ県メーリム郡メーリム市場 [タイ系民族]
F チェンマイ県メーテン郡メーマライ市場 [タイ系民族]
G チェンマイ県メーチェム郡メーチェム市場 [タイ系民族・カレン族]
H チェンマイ県ムアンチェンマイ郡ムアンマイ市場 [タイ系民族]
I メーホンソン県ムアンメーホンソン郡メーホンソン市場 [タイ系民族]
⑤ チェンマイ県メーテン郡メーホープラ地区カート村 [コンムアン]
⑥ メーホンソン県パーイ郡トゥンヤオ地区トゥンポーン村 [タイ・ヤイ族]
⑦ メーホンソン県パーンムー郡ムアン地区パーンムー村 [タイ・ヤイ族]
⑧ メーホンソン県クンユワム郡ムアンポーン地区ムアンポーン村 [タイ・ヤイ族]

ミャンマー

J マンダレー管区ネピドー市露天市場 [ビルマ系]
K シャン州チャウメー県チャウメー地区チャウメー市内雑貨店 [シャン族]
L シャン州ラーショー県クッカイ郡区クッカイ市場 [シャン族]
M シャン州ムーセー県ムーセー郡区ムーセー市場 [シャン族]
N シャン州カチン県バモー郡区バモー市場 [シャン族?]
⑨ シャン州ラーショー県ティエンニー郡区ナウオン村 [シャン族]
⑩ シャン州ムーセー県ナンカン郡区クァンロー村 [シャン族]
⑪ カチン州ミッチーナ県ワインモー郡ワシャン村 [ジンポー族]
⑫ チン州ミンダッ県ミンダッ郡区リッコン村 [ムン・チン族]
⑫ チン州ミンダッ県ミンダッ郡区レーリン村 [ムン・チン族]
⑫ チン州ミンダッ県ミンダッ郡区ミンダッ近郊 [ムン・チン族]
⑬ マグウェ管区ガンゴー県ソー郡区ピンレー村 [ビルマ系(ヨー)]
⑬ マグウェ管区ガンゴー県ソー郡区レージアイ村 [チン・ボン族]
⑭ カチン州プータオ県プータオ郡区プータオ市ホーコー地区 [シャン族]
⑭ カチン州プータオ県プータオ郡区プータオ市ロンソッ第二地区 [ジンポー族]
⑭ カチン州プータオ県プマッチャンボー郡区マッチャンボー市 [ジンポー族]
⑭ カチン州プータオ県プータオ郡区プータオ市カウンカトン第二地区 [ラワン族]
⑭ カチン州プータオ県マッチャンボー郡区マッチャンボー市 [ラワン族]
⑭ カチン州プータオ県プータオ郡区ムラリー村 [リス族]
⑭ カチン州プータオ県プータオ郡区プータオ市ホーコー地区 [シャン族]
⑮ シャン州タウンジー県タウンジー郡区パヤーガースー村 [シャン族]
⑮ シャン州タウンジー県タウンジー郡区チャウマイ(六マイル)村 [パオ族]
⑮ シャン州タウンジー県ヤッサウ郡区テーカン村 [パオ族]
⑮ シャン州タウンジー県ニャウンセー郡区カウンダイ村 [ビルマ系(インダー)]
⑮ シャン州タウンジー県タウンジー郡区タウンニー村 [中国人(雲南人)]
⑯ シャン州ロイレン県ロイレン郡区マインポン市 [シャン族]
⑯ シャン州ロイレン県ロイレン郡区コンロン村 [シャン族]

インド・シッキム州

O シッキム州東シッキム県ガントック郡ガントック市場 [ネパール系]
⑰ シッキム州東シッキム県パクヨン郡アホ村 [リンブー族]
⑱ シッキム州南シッキム県ナムチ郡アッサンタン村 [ライ族]

ネパール

⑲ コシ県スンサリ郡イタハリ [ライ族]
⑲ コシ県スンサリ郡イタハリ [リンブー族]
⑳ コシ県ダンクタ郡シムシュワ村 [リンブー族]
⑳ コシ県ダンクタ郡ショルジャナチョック村 [パルバテ・ヒンドゥー族(ブジェル)]
⑳ コシ県ダンクタ郡チャタラマルガ村 [パルバテ・ヒンドゥー族(チェトリ)]
⑳ コシ県ダンクタ郡パンバリ村 [ライ族]

インド・アルナーチャル・プラデーシュ州

P アルナーチャル・プラデーシュ州西カメン県ボムディラ市場 [モンパ族(ブートモンパ)]
㉑ 西カメン県ディラン郡ディラン村ディランゾン [モンパ族(ディランモンパ)]
㉑ 西カメン県ディラン郡テンバン村テンバンゾン [モンパ族(ディランモンパ)]
㉒ タワン県ジャン郡シンソール・アニ・ゴンパ村 [モンパ族(タワンモンパ)]
㉒ タワン県タワン郡ルイカール村 [モンパ族(タワンモンパ)]
㉒ タワン県タワン郡カルドン村 [モンパ族(タワンモンパ)]

たい。あらかじめ断っておくが、私のこれまでの調査研究では、納豆の起源を特定できていない。しかし、本書の最後には、これまでの知見から得られた仮説を提示することにした。照葉樹林帯で納豆を生産している地域すべてを調査していないので、私も知り得ない情報はたくさんあるであろう。したがって、本書で提示した仮説が正しいかどうかについては、本書の情報をもとに、議論していただくことを期待したい。

第一章

大豆と日本の納豆

納豆と言えば糸引き納豆である。海外の納豆を調べる時も、私たち日本人は、糸引き納豆を基準にして、それとどう違うのかという比較をしてしまう。また、糸が引くのが当たり前だと思っているので、糸が引かないものは、納豆ではないとも思ってしまう。ラオスやタイのトゥアナオは、味噌のように潰したり、センベイのように平べったく乾燥させたりして、日本では見かけない形ばかりである。そして、調味料として使われることが多く、日本の納豆とは違った使われ方をされている。しかし、塩を加えずに枯草菌で大豆を発酵させているのが納豆だとするのなら、東南アジア大陸部の無塩発酵大豆食品も納豆ということになる。

納豆とは何なのか？　私たちが基準とする日本の納豆とは、どのようなもので、それはどのように生まれたのかを再検討してみたい。また、なぜ納豆のような食品がつくられることになったのかを理解するためには、その原料となるダイズの特徴や栽培起源についても触れなければならない。納豆の前に、まずはダイズについて簡単に説明しよう。

栽培ダイズの起源

納豆の原料となるダイズは、いつ、どこで栽培化されたのであろうか。

現在のダイズは野生のツルマメ（*Glycine soja* Sieb. et Zucc.）が栽培化されたものである。[*1]そのツルマメは、日本、中国、朝鮮半島を含む東アジアに広く分布しており、北はアムール川の上流から南は中国の広西壮族《こうせいチワン》自治区に至るとされる。[*2]したがって、野生のツルマメが分布している範囲のどこかでダイズの栽培が始まった。しかし、ダイズの栽培起源地は、未だに特定できていない。また、ダイズが栽培化された初期に、それがどのようにアジア各地に伝わっていったのかも、明らかになっていない。

これまでのダイズの栽培起源地に関する最新の見解は、阿部純と島本義也によって整理されている。[*3] また、吉田集而《しゅうじ》も人文科学的視点から検討している。[*4] ここでは、これらの記述を参照しながら、ダイズの栽培起源地の仮説をまとめてみたい。

①中国の古代文献資料を用いた仮説

『詩経《しきょう》』（紀元前一〇二七〜四五三年）に収められている詩の中に、ダイズを意味する菽《しゅく》の記述が見られ、伝説上の文化的英雄である農官の后稷《こうしょく》の名が出てくるので、その時代は今から四〇〇〇年以上前に遡《さかのぼ》ることができる。また、司馬遷《しばせん》の『史記』（紀元前一〇〇年）の中にも紀元前二五五〇年頃の英雄である黄帝が菽を栽培したことが記載されている。それらの人物の存在からダイズの栽培が行われていた時代と場所を特定すると、それは今から四〇〇〇年以上遡ることができ、その場所は「黄河中下流域」となる。また、戦国時代（紀元前四〇三〜二二一年）の文献である『逸周書《いつしゅうしょ》』と『管子《かんし》』にも、東北辺境に居住した山戎《さんじゅう》の特産物が菽であったと記されており、「中国東北地方」もしくは「朝鮮半島」も栽培ダイズの起源地の候補とされている。

②遺跡から発掘された考古資料による仮説

黒龍江省と吉林省の紀元前一〇〇〇〜五〇〇〇年頃の遺跡からダイズ炭化種子が出土している。さらに山西省の紀元前三〇〇〇年頃の遺跡から現在の中粒品種と同じようなダイズ炭化種子が出土している。また、朝鮮半島でも青銅期時代（紀元前二〇〇〇〜一〇〇〇年）の遺跡でダイズ炭化種子が出土しているので、「中国東北地方」と「朝鮮半島」でダイズの栽培が始まったことが有力視される。

③**グリシン・グラシリスの地理的分布による仮説**　栽培ダイズと野生のツルマメの形態的中間型である半野生ダイズのグリシン・グラシリス（*Glycine gracilis*）が、原始的な栽培ダイズと見られ、それが「中国東北地方」に多く存在することが報告されている。しかし、実際には朝鮮半島にも日本にも分布しており、現在は、グリシン・グラシリスの存在が栽培ダイスの起源地の決め手とはならないとの見方が多い。なぜなら、栽培ダイズとツルマメが同じ場所に存在していれば、容易にグリシン・グラシリスが派生するからである。

④**ダイズの生態型や形質の地理的分布による仮説**　栽培ダイズといえどもその形質はすべてが同じではない。地域によって粒の形状、開花までの日数、開花期間や登熟期間の長さなどの違いが見られる。植物は地理的に段階的／連続的な変異が見られ、それを「クライン」と呼んでいるが、日本各地で栽培されているダイズを分類すると、四つのクラインが存在することが明らかになった。それらが中国のどの地域のダイズと共通性があるのかを探ると、ある地点から、その四つが分岐することが分かるのである。その分岐点が「中国華北・華中」あたりである。

ただし、クラインを用いた推測からは中国の華南だとする意見もある。杉山信太郎は、四つのクラインのうち、ダイズ炭化種子の出土分布や『延喜式』（九二七年）の記載から南日本型（九州夏ダイズ品種）が最も早く日本に来たものだとし、その起源地を南日本と同様の照葉樹林帯である「中国雲南地域」に求めた。[*5] また、吉田集而は、クラインに加えて、遺跡からのダイズ炭化

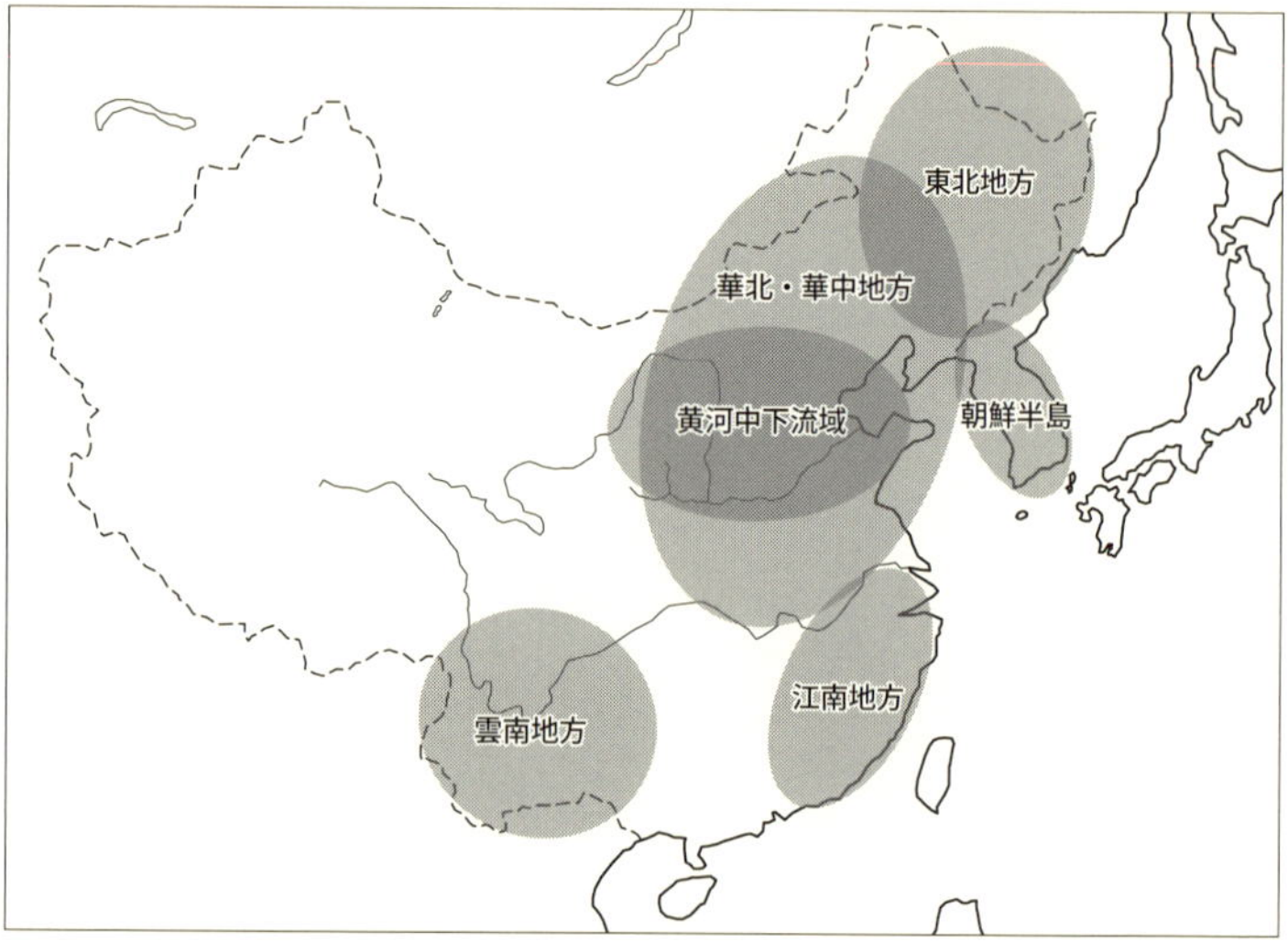

図1-1　ダイズ栽培起源地の候補

種子の出土状況とダイズの品種数の豊富さなどを総合的に考慮して、その起源を「中国江南地域」とする説を唱えている。

⑤遺伝的多様性の解析結果からの仮説

これまでの阿部純と島本義也によるまとめでは、種子タンパク質の解析結果から[*6]「黄河中下流域」が栽培の起源地である可能性が高いとされている。その他の遺伝的多様性の解析からは、地域間の違いや遺伝的関係性は分かるが、ダイズの栽培起源地の推論はない。

結局のところ、科学的な分析では、分析資料の物理的な違いは明らかにすることはできても、その違いを説明することは困難を極める。分析で得られた事実をどのように解釈するのかは、古代文献や遺跡から出土した種子の年代測定など、別の方法で行われた資料に頼るしかないというのが私の持論である。これは、後述する納豆の起源を探るための分析でも同じである。

これらの仮説をまとめると、ダイズ栽培起源地の候補地は、中国の東北地方、華北・華中地方、黄河中下流域、江南地方、雲南地方、そして朝鮮半島と考えられている（図1－1）。そして、少なくとも三〇〇〇年前には、作物としてダイズが栽培され、食用として利用されていたと言えよう。

日本へのダイズの伝播

そのダイズが日本に伝わってきたのは、縄文後期から弥生時代にかけて、イネと一緒に中国からもたらされたと考えられている。[*7・8] しかし、この説は、あくまでも仮説であり証拠はない。考古学の遺跡調査では、熊本県の縄文後期・晩期（紀元前一六〇〇年頃）の複数の遺跡からツルマメよりは大型の栽培化されたダイズと見なされる種子が存在したことが明らかになっている。[*9] これは、レプリカ法と呼ばれる解析で見つかったものであり、出土した土器の圧痕部にシリコン樹脂を注入して型取りしたものを走査型電子顕微鏡で観察する解析方法である。この報告から、縄文時代にはすでにダイズ栽培が行われていたとされるようになった。

奈良時代になると、人びとの主食となる代表的な穀類として、稲・麦・粟《あわ》・稗《ひえ》・豆の五穀が『日本書紀』（七二〇年）に登場していることから、すでにダイズやアズキが広く栽培され、そして利用されていたことがうかがえる。

平安時代に入ると、殺生を忌み、肉類を敬遠する仏教が浸透し、[*10] 狩猟採集によって得ていた日本人のエネルギーとタンパク質の源が動物性から植物性へと転換されることになった。荘園の拡大とともに米の増産にも拍車がかかったが、それでも常に米は不足しており、それを支えたのは雑穀類と豆類で、さらに里芋や山芋などの芋類、また救荒食としてドングリのような堅果類も重要な栄養源として利用された[*11]。中でも豊富なタンパク質を含んでいる大豆は、納豆や豆腐のような発酵・加工食品として活路を見いだし、単なる米の不足分を補う作物としての役割だけでなく、日本の重要な食文化として根付き、現在に至っている。

大豆の加工

栄養豊富な大豆であるが、植物生理学的には、食用にはあまり適さない。その理由は、大豆には特有の生臭さやエグ味があるだけでなく、多くの有毒物質を含んでいるからである。マメ科は、トウダイグサ科（キャッサバ、パラゴムノキ、ヒマ、アブラギリなどが含まれる）に次いで、有毒物質を含む種が多い植物である[*12]。マメ科に限らず、植物には、様々な有毒成分が含まれている。実や種を動物や昆虫たちに食べられないようにするために、また根や葉に寄生するセンチュウ類（ネマトーダ）などの加害から守る自衛手段のために、有毒物質を含むようになったのである。大豆には、シアン配糖体、サポニン、フラボノイド、アルカロイドなどの有毒物質が含まれる。さらに豊富に含まれるタンパク質は普通に煮ただけでは人間が消化することができずに害になってしまう[*13]。

そこで、我々の先祖は、古くから大豆を様々に加工してきた。大豆を発酵させて納豆や味噌などに加工することで、栄養素を分解させて有害物質を取り除き、良質のタンパク質、脂質、炭水化物、さらにカリウム、カルシウム、マグネシウムや鉄などの各種無機質を摂取しようと努力してきたのである。大豆はタンパク質と脂質が非常に高く、糸引き納豆は、発酵させた後でも、それらの量はほとんど変わらず維持される。

さらに、炭水化物、カリウム、カルシウム、鉄分、ビタミンB_2に関しては、発酵後は茹でただけの大豆よりも、その量が大きく増加する（表1－1）。鶏卵と比較しても分かるように、納豆は単位量あたりのタンパク質、脂質が多いだけでなく、バランスよく各種栄養を取ることができる食品である。

当然のことながら、大豆は発酵させる以外にも様々な加工方法がある（図1－2）。完熟種子だけではなく、発芽種子はモヤシとして、そして登熟《とうじゆく》種子は枝豆として利用する。完熟種子は、堅く食べにくいので、粉末にしてきな粉にしたり、粗砕《そさい》して種皮

表1-1　国産茹で大豆・糸引き納豆・鶏卵の栄養成分の比較

成分項目（可食部100gあたり）		国産茹で大豆	糸引き納豆	鶏卵
エネルギー	(kcal)	180	200	151
タンパク質	(g)	16.0	16.5	12.3
脂質	(g)	9.0	10.0	10.3
炭水化物	(g)	9.7	12.1	0.3
カリウム	(mg)	570	660	130
カルシウム	(mg)	70	90	51
マグネシウム	(mg)	110	100	11
鉄	(mg)	2.0	3.3	1.8
ビタミンB_1	(mg)	0.22	0.07	0.06
ビタミンB_2	(mg)	0.09	0.56	0.43
コレステロール	(mg)	0	0	420
植物繊維	(g)	7.0	6.7	0

出典：文部科学省（2010）『日本食品標準成分表2010』より作成

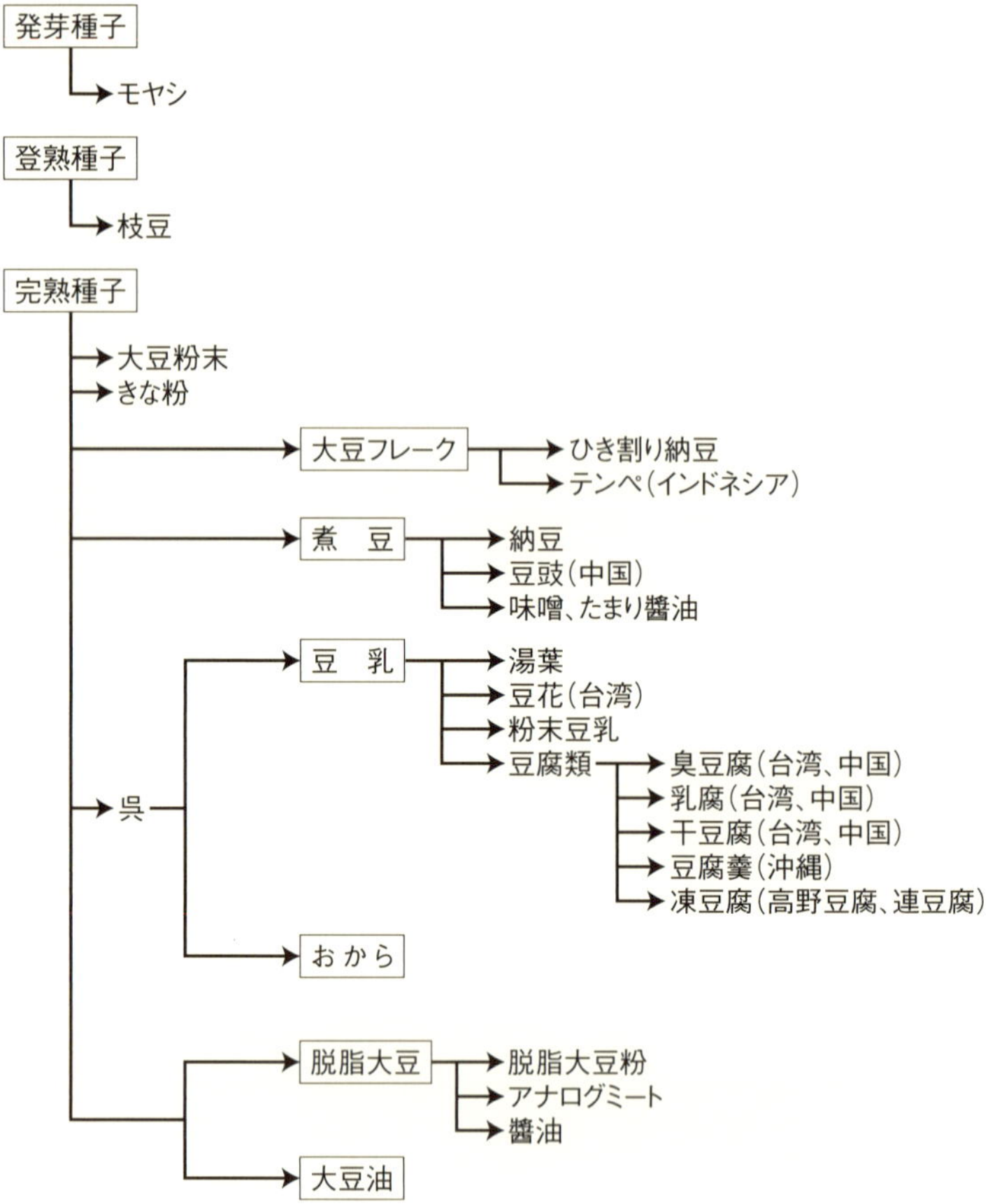

図1-2　大豆食品・素材の系統図

出典：大久保一良「大豆の食品学」山内文男・大久保一良編『大豆の科学（シリーズ〈食品の科学〉）』朝倉書店、1992年、77頁を改変、作成

を除去した大豆フレーク状にしたものをひき割り納豆の原料にしたりしている。家庭で最も一般的な調理方法は煮豆であろうか。その煮豆からは、納豆や味噌など発酵食品がつくられる。また、水に浸した大豆を磨砕《まさい》して呉《ご》が得られ、それを味噌汁に入れた呉汁がつくられる。この呉から、豆乳とおからが得られ、豆乳を煮た表面からは湯葉が取れる。さらに豆乳からは豆腐類がつくられる。また、油を搾った後の脱脂大豆の大半は肥料や飼料となるが、醬油の原料にも用いられる。日本で流通している大半の醬油は脱脂大豆が原料である。このように大豆からは、多くの加工食品がつくられている。

納豆の種類

さて、ここから日本の納豆について紹介することにしよう。

日本で納豆と称されている食品は、大豆を発酵させるために用いる菌で大きく分けると、納豆菌を用いた「糸引き納豆」と麴菌（*Aspergillus oryzae*）を用いた「塩辛納豆」の二種類に分けられる（表1－2）。納豆菌を用いた後に麴菌と塩を混ぜて追加発酵させる「五斗《ごと》納豆」を別の種類とするのならば、三種類とすることもできる。東南アジア大陸部やヒマラヤ地域にも負けず劣らず、様々なバリエーションの納豆があるが、塩辛納豆と五斗納豆は特定の地域でごくわずかにつくられているにすぎない。また、塩辛納豆は、大豆の発酵に麴菌を用いており、味噌や醬油と同じく醸造製品と見なされる。よって、これを糸引き納豆と同じ「納豆」と称して良いのか疑問だが、

表1-2　日本における納豆の種類と特徴

スターター	名　称	商品名	特　徴
納豆菌	糸引き納豆	丸大豆納豆 黒豆納豆 枝豆納豆 青大豆納豆	発酵させた後に丸大豆の形状がそのまま残る糸を引く納豆。
		ひき割り納豆	乾燥大豆を割り、皮を取り除いてから発酵させる糸を引く納豆。
	五斗納豆		納豆に麹と塩を混ぜて追加発酵させたもの。ひき割り納豆を使うのが一般的である。
麹菌	塩辛納豆 唐納豆	寺納豆（大徳寺納豆／一休寺納豆） 浜納豆（大福寺納豆／法林寺納豆）	蒸した大豆を麹菌と麦などの粉をふりかけて発酵させる。その後、塩水に浸した樽で熟成させて、天日で干す。

この呼び方は、平安時代から用いられており、今更変えることなどできそうにない。

なお、小豆《あずき》、大角豆《ササゲ》、エンドウ豆などを砂糖で煮詰めて乾燥させた菓子を甘納豆と称しているが、これは発酵食品の納豆とは全くの別物である。甘納豆の起源ははっきりしていない。幕末の一八五七年（安政四年）に東京日本橋西河岸の菓子商である榮太樓《えいたろう》の細田安兵衛がつくり出したもので、塩辛納豆である遠州名物の「浜名《はまな》納豆」に擬して「甘名《あまな》納豆」と名づけ、やがて「甘納豆」に縮まったものである。[*14]

糸引き納豆

糸引き納豆は、茹でた大豆に塩を加えずに納豆菌で発酵させたものである。かつては、稲ワラから供給される納豆菌を用いて煮豆を発酵させていた。しかし、微生物学的研究の進展に伴い、納豆菌の分離と同定が行われ、一九二〇年代からは、北海道大学の半澤洵《はんざわじゅん》によって純粋培養された納豆菌を用いた納豆生産が開始された。[15]そして、現在は自動化された製造装置を用いた大量生産が行われている。昔ながらの稲ワラで包まれた納豆も市販されているが（写真1−1）、稲ワラで発酵させているわけではなく、蒸煮後に納豆菌を撒布している。[16]

日本で生産されている納豆は、大別すると大豆の形がそのまま残っている「丸大豆納豆」と粒を砕いた「ひき割り納豆」に二分される。黄大豆を用いたものを「丸大豆納豆」、黒大豆（黒豆）を用いれば「黒豆納豆」となる。いずれも納豆菌の作用によって粘質物が生成され、ネバネバした糸を引く。黒豆納豆は皮が厚く硬いため、十分に発酵が進まず、糸引きも弱く、出来上がりも堅く食べにくいという問題があるが、見た目の新鮮さもあり（写真1−2）、黄大豆の丸大豆納豆と比べると倍以上の高値で売られている。近年は、新たな納豆菌を用いた黒豆納豆の開発も行われている。[17]また、枝豆や青大豆を用いた「枝豆納豆」や「青大豆納豆」といった納豆も見られる。

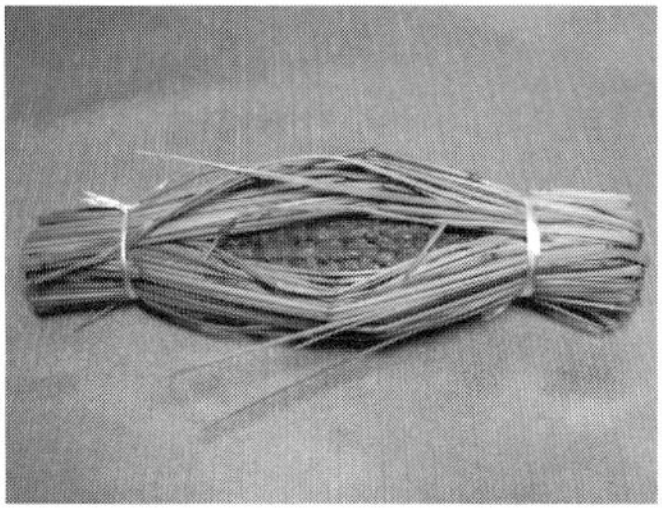
写真1-1　稲ワラで包まれた納豆

写真1-2　黒豆納豆

丸大豆納豆は、大粒から極小粒ま

で、様々な粒の大きさが見られる。農林水産省で粒の大きさの基準値が決められており、農産物検査法における農産物規格規定によれば、大豆の粒の大きさは、八・五ミリメートル、七・九ミリメートル、七・三ミリメートル、五・五ミリメートル、四・九ミリメートルに五分類されている。そして、納豆製造業界では、七・九ミリメートルよりも大きい粒を大粒、以下それぞれ中粒、小粒、極小粒とするのが一般的となっている。[*18] しかし、これは乾燥時の大豆の大きさなので、茹でると吸水してふくれあがり、納豆になった時の大きさとは異なる。

全国納豆協同組合連合会による二〇一三年の「納豆に関する調査」（サンプル数二〇〇〇名）の結果によると、好きな豆の大きさは、小粒が三六・五パーセント、次いで中粒が二四・二パーセントとなっており、全国的に小粒から中粒の納豆が好まれているようである。[*19] しかし、地域的な違いが顕著で、北海道と関東は、極小粒と小粒が五割を超えており、より小さな豆を好む傾向が見られた。一方、九州は中粒が約三分の一を占めており、また東北はひき割りが約一割を占め、他の地域よりも高い値となっている。地域によって粒の大きさの嗜好性が異なっているのは非常に興味深い。

ひき割り納豆は、皮を取り除いた大豆の粒を砕いて納豆をつくっているので、熱の通りも発酵も早い。また、丸大豆納豆とは異なる風味もある。料理の具材として、納豆巻きやパスタに和えたりするのに用いられることが多い。

五斗納豆は、山形県の米沢を中心とした置賜《おきたま》地方に伝承されてきた伝統食である。納豆菌で発酵させた大豆に、さらに麹と塩を混ぜて追加発酵させている。ひき割り納豆を使うのが一般的で、出来上がった段階で塩味が加えられているので、醤油などを加えずにそのまま食すことができ、また糸引き納豆よりも保存期間が長い。五斗納豆の五斗とは、大豆一石でつくったひき割り納豆に対して、塩五斗と麹五斗を混ぜたからという説、また五斗の樽で仕込んで熟成させたからという説がある。[20] 東北の一部の地域の人たち以外にはほとんどなじみがない納豆であるが、現在に至るまで途絶えることなく伝えられてきた。

塩辛納豆

塩辛納豆は、茹でたり蒸したりした大豆を麹菌で発酵させた後、塩水に浸してから乾燥させた食品である（写真1－3）。日本では、この塩辛納豆に対して、「納豆」という名称が付けられているが、先にも述べた通り、納豆菌を用いていない加塩発酵大豆食品である。本書では、納豆菌および枯草菌を利用した発酵ではない発酵大豆食品は、納豆としないという立場をとる。名称だけで納豆とするならば、対象としなければならない発酵大豆食品の種類が際限なく広がってしまう。よって、ここでは簡単に塩辛納豆の起源と種類について触れるだけにとどめておくことにしたい。

中国では、大豆を微生物によって発酵させてつくった調味食品を「豉《し》」（日本では「くき」、現在の中国では一般的に「豆豉《とうし》」）と総称されている。豉は、中国では調味料として利用されており[21]、無塩発酵の「淡豉《たんし》」と加塩発酵の「鹹豉《かんし》」に分けられる。そのうち、日本には鹹豉が奈良時代に中国から入ってきた。唐僧の鑑真《がんじん》（六八八～七六三）が来朝の際に経典とともに、鹹豉を持ち込んだことが、鑑真の伝記である『唐大和上東征伝《とうだいわじょうとうせいでん》』(七七九年)に記されている。[22] これは、現在の塩辛納豆もしくは唐《から》納豆である。塩辛納豆は各寺院に伝わり、後に精進料理の一つとして禅寺でつくられるようになったことから寺納豆とも呼ばれている。かつて寺納豆は、京都や奈良の複数の禅寺でつくられていたようだが、現在では、京都府京都市の大徳寺と京都府京田辺市の一休寺に限られる。また静岡県浜松市の大福寺と法林寺でもつくられており、この大福寺納豆や法林寺納豆は、浜名湖名物の浜納豆として知られている。

写真1-3　塩辛納豆

納豆の食べ方

糸引き納豆は、米飯にかけて食べるというのが一般的である。全国納豆協同組合連合会による二〇一三年「納豆に関する調査」では、六八・五パーセントの人が「米飯にかけて食べる」と回答している。「米飯にかけないで食べる」と回答したのは、わずか二五・二パーセントであった。米飯とは別の器で納豆を食べるとしても、米飯の副食として納豆を食べるのが一般的な食べ方と言える。しかし、いつから米飯にかけたり、米飯の副食として納豆を食べたりするようになったのか、よく分かっていない。

江戸時代後期の風俗や事物の百科事典である『守貞謾稿《もりさだまんこう》』には、納豆売りについて次のように述べられている。[*23]

大豆を煮て室《むろ》に一夜して売レ之　昔は冬のみ近年夏も売レ之　汁に煮或は醤油をかけて食レ之

京坂には自製するのみ店売りも無レ之か　けだし寺納豆とは異也　寺納豆味噌の属也

この記述で注目すべき点は、第一に江戸時代にはすでに室で熟成させる納豆、すなわち糸引き納豆が普通に存在していたこと、そして第二に関西にも糸引き納豆があったが、それは売られてはいなかったことである。納豆の食べ方という点では、江戸時代には醤油を納豆にかけて食べていたことが判明し、また納豆汁が一般的であったということも分かる。

さらに江戸時代の風俗事典『人倫訓蒙図彙《じんりんきんもうずい》』（作者不明）には、「叩納豆《たたき》」と記された納豆売りの絵が描かれている[*24]（図1－3）。説明には、叩いて平たくした納豆に、細かく刻んだ青菜と豆腐が添えられたものと記されており、九月末から二月にかけての京都の富小路《とみのこうじ》通り四条上る町の風景だとされている。お湯を注ぐだけで納豆汁ができる、言わば当時のインスタント汁のようなものである。江戸には、叩き納豆が売られていたことはよく知られているが、関西でも納豆汁用の叩き納豆は一般的だったようである。それは、蕪村の俳句からもうかがい知ることができる。

朝霜や室《むろ》の揚屋《あげや》の納豆汁

図1-3　『人倫訓蒙図彙』で描かれた納豆売り
出典：朝倉治彦校注『人倫訓蒙図彙（東洋文庫）』平凡社、1990年、166頁

室とは、播磨国の「室の津」（現在の兵庫県たつの市御津町室津）で、当時は宿場として栄え、遊郭もあった。この句には、遊興の一夜が明け、霜が降りるような寒い朝に、室の遊郭で納豆汁が供されたことが詠まれている。*25

糸引き納豆は、江戸時代にはすでに庶民の米飯のおかずとして供されていた。しかし、関西ではあまり売られていなかったようである。一方、納豆汁は江戸でも関西でも共通して食べられていたようだ。納豆汁は、現在では秋田県などの東北の一部地域で郷土料理として存続しているが、それ以外の地域では普段食べることは滅多にない。納豆の食べ方も時代によって変化しているのである。

納豆の語の初出

納豆という語が登場する最古の文献は、平安時代後期に藤原《ふじわらの》明衡《あきひら》によって書かれた『新猿楽《しんさるがく》記《き》』（一〇五〇〜六〇年代）である。

これは、猿楽見物にやってきた下級貴族の一家（三人の妻と一六人の娘とその夫たち）について描かれた作品で、「貪飯愛酒《たんはんあいしゅ》の女」（食欲旺盛で酒好きの女）として登場する七番目の娘の好物リストに納豆の語が見られる。原文は次の通りである。

鶉目之飯蟇眼之粥鯖粉切鰯酢煎鯛中骨鯉丸焼
精進物者腐水葱香疾大根春塩辛納豆油濃茹物面穢松茸……

（右線は筆者追記）

この漢文の一行目は魚介や獣肉を使用した生臭物の料理で、二行目は野菜や穀物を使った精進物の料理が列挙されている。これまで『新猿楽記』には、二種類の校注本が刊行されている。一九八三年の川口久雄の校注では、「納豆油濃」を一語とし、古くから寺院でつくられていた納豆だと解釈する。[*26] 一方、二〇〇六年の重松明久の校注では、「辛納豆油濃」を一語とし、「辛納豆」を「唐納豆」のことだとしている。[*27] 依拠する底本による違いもあるだろうが、漢文から読み下し文に改める際に、校注者によって区切る位置が異なり、解釈がそれぞれ異なっている。しかし、どちらの校注とともに、塩辛納豆を油で炒めた食べ物だとする点は共通である。

辛納豆の「辛《から》」を「唐《から》」とする見解は、永山久夫が分担執筆した一九七五年刊行の『納豆沿革史』で述べられているが、[*28] その根拠は不明である。私が調べた限りにおいて、「辛」と「唐」の語源は全く異なるし、それを同意語とする文献は見当たらなかった。『納豆沿革史』では、漢文で納豆と記された部分を「舂塩辛納豆」（同書の年表では舂《つき》を春《はる》と誤植）で一語と捉えている。塩辛納豆を舂《つ》いた食べ物という意味である。

しかし、『納豆沿革史』の翌年に刊行された永山久夫の『たべもの古代史』では、「舂塩辛」と「納豆」を切り離して二語と解釈し、その「納豆」とは糸引き納豆を意味していると、自らの見解を変えている。[*29]『新猿楽記』は、下流階級の奇妙な食べ物を紹介した書物なので、この「納豆」が平安時代の上流階級ですでに定着していた唐納豆では、つじつまが合わないからだと述べる。食物史家の平野雅章も「ねばねばして、耐えがたい匂いのある珍しい「糸引き納豆」ではなかったろうか」と、永山久夫と同じ解釈である。[*30]

ただし、「舂塩辛」と「納豆」を切り離すことについては異論もある。たとえば尾崎直臣は、魚介や獣肉を漬した「舂塩辛」は生臭物であり、精進物のリストと同列で挙げられることはないと述べる。[*31]文脈から考えると、この指摘はもっともであり、「舂塩辛」もしくは「塩辛」を一語とするのは間違いであろう。その上で、尾崎直臣は、「塩辛納豆」ではなく、『納豆沿革史』で示されたように「舂塩辛納豆」を一語として捉えるべきだと主張する。なぜなら、「舂」は臼でつくという調理方法を意味する語で、「塩辛納豆」は粒のまま食べるのが当時の一般的な食べ方なのに、それを臼で潰すのは奇異な食べ方だからだと主張する。

また、「舂塩辛納豆」を一語として捉える『納豆沿革史』の解釈に対して、歴史学者の黒羽《くろは》清隆は、「塩辛納豆」で一語とすべきで「舂塩辛納豆」は誤りだと指摘する。[*32]漢文で「納豆」の語の前後を「香疾大根舂」「塩辛納豆」「油濃茄物」に分け、「塩辛納豆」は「塩辛き納豆」だとする。それが糸引き納豆か塩辛納豆かは明言していないが、納豆の説明では、川口久雄の校注で書かれた唐納豆を引用していることから、おそらく黒羽清隆は塩辛納豆だと判断しているのだろう。

『新猿楽記』の納豆は塩辛納豆か、それとも糸引き納豆か

『新猿楽記』で初出した「納豆」は、塩辛納豆なのか、それとも糸引き納豆なのか。「納豆」を一語として、それを糸引き納豆であるとする説、そして「納豆油濃」、「辛納豆油濃」、「春塩辛納豆」、「塩辛納豆」を一語として塩辛納豆だとする説が出されており、結論は得られていない。そこで、私からも新しい見解を提示してみたい。

私は尾崎直臣と同じく、「春塩辛」もしくは「塩辛」を一語とするのは間違いだと考える。また、「納豆」の前後をどのように区切るのかという点では、黒羽清隆が提示した解釈が最も説得力を持っているので、「塩辛納豆」で一語として捉えることに賛同する。

また、「塩辛納豆」が当時の唯一の納豆であったのなら、形容詞の接頭辞である「塩辛」を「納豆」という固有名詞に付ける必要はないと考える。つまり、「塩辛」ではない別の納豆が存在したから、あえて「塩辛納豆」であることを明示する必要があったのだろう。とすれば、やはり『新猿楽記』の納豆とは「塩辛納豆」のことである。

次に、当時の「塩辛納豆」は、食べ物として認識されていたのだろうかという疑問が生じるのである。中国の鹹豉である「塩辛納豆」は、調味料として使われていた。それを食べるというの

は、十分に悪趣味な食嗜好だと思われる。ただし、戦国時代は兵糧として用いられたとされていることから[*33]、後には食べ物として見なされるようになったようだ。

『新猿楽記』に出てくる納豆についての私の見解は、「塩辛納豆」を一語と捉える。それは、糸引き納豆ではなく、麹で発酵させた塩辛納豆である。その上で、『新猿楽記』が書かれた当時、「塩辛納豆」は調味料であったので、調味料を食べる悪趣味な七番目の娘という意味だったのではなかろうか。また同時に、あえて「塩辛」を明記しているのは、当時すでに「塩辛」ではない別の呼び方がされている納豆があったからである。それは、「糸引き納豆」だった可能性が高い。とすれば、この時代にはすでに糸引き納豆が存在していたことになる。

平安時代の『新猿楽記』に描かれた「納豆」とは塩辛納豆であったのか、それとも糸引き納豆であったのか、歴史学の専門家による検証は未だ十分とは言えない。ここで紹介した以外にも複数の解釈が存在していることは言うまでもない。この件については、当時の社会や文化などを検証しながら、丁寧に解釈を試みて、もっと慎重な議論がなされるべきであろう。

糸引き納豆の伝説

糸引き納豆が文献に出てくるのは、『新猿楽記』から三〇〇年以上経った室町時代となる。精進料理と魚鳥料理との間で大合戦が繰り広げられる『精進魚類物語《しょうじんぎょるいものがたり》』において、「納豆太郎糸重」と名付けられた精進料理側の大将が登場する。この大将が糸引き納豆のことである。内容は、当時の食と料理をめぐる問題が擬人化され、そしてイメージとレトリックを駆使したパロディーとなっている。[*34] 作者は、未だに不明であるが、南北朝時代の関白である二条良基《よしもと》（一三二〇～一三八八）の可能性が高い。[*35] 多数の精進料理が供されていた室町時代において、納豆がその中の大将を務めている点が注目されると共に、すでに糸引き納豆が精進物としてかなり浸透していたことが暗示される。

糸引き納豆が文献で初出するのは室町時代であるが、その起源はどこまで遡ることができるのかは分からない。塩辛納豆は中国からの伝播であることは疑いないが、糸引き納豆の起源は未だ謎に包まれている。

しかし、秋田県横手市金沢公園には「納豆発祥の地」の碑（写真1－4）が建てられており、平安時代後期の後三年の役（一〇八三年）の際に、俵に詰めた煮豆を農民に供出させたら、数日を経て香を放って糸を引き、これに驚いて食べてみたところ美味しかったので後世に伝えた、という納豆の由来が書かれている。秋田県横手市以外にも、前九年の役（一〇五一年）と後三年の役の主役であった八幡太郎（源義家）に関係する岩手県平泉付近、宮城県岩出山、茨城県、栃木県大田原、京都などの地に、同様の伝説が残っている。また、滋賀県愛知郡湖東町（現東近江市）では、聖徳太子が馬に飼料の煮豆を与え、その余りをワラ苞で包み、木の枝にかけておいたところ、煮

写真1-4　秋田県横手市の「納豆発祥の地」の石碑（wikipediaより）

豆が糸を引き、非常に美味しくなったという伝説が存在する。さらに熊本県でも、加藤清正が文禄・慶長の役（一五九二～一五九八年）で朝鮮に出兵した時、馬の背に載せた煮た大豆が馬の体温で発酵し、納豆ができたとする説が残されている。[36]

お隣の韓国にも清麹醤《チョングクッジャン》と呼ばれる無塩発酵大豆食品が見られる。枯草菌で大豆を発酵させた後に、塩や唐辛子を入れて追加発酵させ、保存性を高めたもので、調味料として使われている。その起源を巡って、日本と全く同じ伝説が残されている。中央日報の記事には、「先祖がいつから清麹醤を食べ始めたのかは明らかでない。高句麗《こうくり》の領土だった満州地方の騎馬民族が鞍の下に茹でた豆を入れていたのが、元祖「清麹醤」という話が伝えられている。馬の体温で茹でた豆が自然発酵し、清麹醤になったということだ。また、清の国から伝わったため清国醤だという説と、戦国醤（戦時中に簡単につくって食べる醤）に由来するという説がある。」とされている。[37]

馬の背・稲ワラ・煮豆という組み合わせに関しては、面白い実験が行われているので、ここで簡単に紹介しておこう。馬の体温は、ヒトより一度ほど高いが、それほど変わらないので、ヒトの体温で納豆がつくれるかどうか、稲ワラを身体に巻いて納豆をつくる人体実験が試みられている。[38] その結果、市販の納豆のような糸引きは得られなかったが、味は納豆であったらしい。

糸が引くかどうかは、発酵温度の問題ではなく、糸を引く種類の枯草菌が供給されているか否かである。茨城県内の稲ワラから分離された枯草菌二二株を分析したところ、納豆菌が得られなかったという報告があり、[39] 稲ワラには必ずしも納豆菌が生息しているとはいえないことが明らかになっている。さらに、煮た大豆をワラ苞に包み、雪の中で長期間発酵させる東北地方の「雪納豆」という納豆も存在するので、温度も絶対条件とはならない。したがって、ヒトの体温での納豆製造は失敗したが、枯草菌の種類によっては、馬の背だろうがヒトのお腹だろうが、糸を引く納豆ができることは間違いないだろう。

私は、日本の納豆の起源に関する様々な伝承について、肯定も否定もしない。そもそも大豆の発酵に使われている枯草菌は、前章で述べたように、自然界の土壌や植物体のどこにでも普通に存在している。そして、ダイズもイネも大陸から伝わってきた作物であり、日本だけが偶然に納豆ができる条件を有していたわけではない。よって、日本以外に納豆の起源を求めることもできよう。しかし、日本でも稲ワラと煮豆が一緒になるような環境は多くあったことは容易に想像でき、偶然に糸引き納豆がつくり出されたことは否定できない。日本で糸引き納豆が生まれたとする説も十分に考えられるのである。

秋田県横手市のように記念碑を建てて、納豆を地域振興に利用しようとする考え方は、他地域との差別化を図るという視点でみると非常にユニークである。また、八幡太郎の納豆伝承が残っている秋田県から岩手県と茨城県を経由して京都府へと至るルートを「納豆ロード」と称しているが、これも、人びとの興味を納豆に向けさせるという点では成功している。おそらく日本の伝統食品である納豆の起源には誰もが興味を持つだろうが、現在残されている伝説の類だけで、それを探ることは極めて困難である。

納豆を食べるということ

納豆をつくるのは、比較的容易だということは分かっていただけただろう。しかし、それを食べるという行為は、その発生期においては難しかったに違いない。日本の納豆の起源に関する議論では、残念ながら、「食べる」という視点が欠けている。私は、なぜ偶然にできた悪臭漂う腐った煮豆を食べようとしたのかという点にもっと着目すべきだと考える。

文化人類学者の吉田集而は、中国において茹でた大豆に麹カビを生やした「豆黄」という発酵大豆食品をつくる過程で失敗してできたものが糸引き納豆だと主張する。[*40] この説については、次章で詳しく説明するが、中国北部で発達した「豆黄」は、徐々に南部へと伝播していったが、南部は気温が高いため、麹カビではなく枯草菌で発酵されてしまい、それでも食べられるものであったので、糸引き納豆として広まったとの仮説を提示した。吉田集而は、なぜ失敗したものを食べようとしたのかという点について、カビを生やした煮豆は食べられるという情報がすでに伝わっていたからだとする。実際には、糸引き納豆はカビではなく、細菌での発酵なのだが、事前に食べられるものだという情報が与えられていたことで、それを食べることに躊躇しなかったという論である。

日本はどうであろうか。日本各地に残る伝説のほとんどが「最初は躊躇しつつも、食べてみると美味しかった」というのが、お決まりのパターンである。しかも、なぜか戦《いくさ》の時に偶然生まれたことになっている。戦の最中は兵の食料が不足がちだったから、どんな物でも食べなければならなかったとすることで、腐った豆を食べたことを都合良く説明できる。しかし、すでに精進料理が広く普及していた平安時代において、空腹に耐えられなかったがために、腐った物でも食べたというのは、にわかには信じがたい。

発酵と腐敗は全く同じで、人間にとって有用なものを発酵と称しているだけである。すなわち、偶然にできた煮豆は、「腐ったもの」ではなく「発酵したもの」だと判断するためには、吉田集而が述べるように事前の情報が必要である。でなければ、我々は決してそれを口にしないだろう。

日本の糸引き納豆の起源

日本には平安時代より前に大豆以外の発酵食品が存在しており、独特の臭いがあっても、それが発酵によるもので、人びとは、そうした発酵食品は問題なく食べられることを理解していたのだろう。

大豆以外の発酵食品とは、おそらく大陸からもたらされた、魚介類等のナレズシのようなものだったのではなかろうか。石毛直道とケネス・ラドルの研究では、ナレズシの伝播経路は稲作の伝来と共に弥生時代に伝わったとされている。[*41] 石毛直道らの研究以降、大陸から日本に稲作が伝わったのは、縄文時代後期とされているのが通説なので、おそらくナレズシの伝来も、弥生時代より前に遡ることができるであろう。

糸引き納豆は、偶然に日本で生まれたものかもしれない。だとしたら、その時期はナレズシのような発酵食品がすでに成立していた縄文時代後期以降だと考えることができる。また、もし大陸から伝播してきたものだとしたら、それは塩辛納豆と同時期かそれ以前だろう。中国の納豆の発展過程から考えて、無塩発酵の淡豉（糸引き納豆）は、加塩発酵の鹹豉（塩辛納豆）よりも先につくられていたからである。しかし、それがいつなのかは分からない。また、朝鮮半島を経由して入ってきたのかもしれない。

これまでの糸引き納豆の議論は、日本と中国との関係だけから捉えたものである。しかし、東南アジア大陸部とヒマラヤ地域にも、日本の納豆のような無塩発酵大豆食品が多く存在している。ところが、日本の納豆の起源を探る時に、それら地域の納豆について触れられることは全くない。

糸引き納豆は、中国からの伝播である、と決めつけることができるのなら、日本と中国との関係だけを見れば良い。しかし、それが各地で独立発生したものだというのなら、日本や中国だけではなく、東南アジア大陸部やヒマラヤ地域の自然・人文・社会環境を総合的に検討した上で、文化地理学的視点から、独自発生の可能性があるのかどうかを比較検討しなければならないだろう。

次章では、これまで報告されてきた世界各地の無塩発酵大豆食品と、これまでの納豆の起源をめぐる議論について検討していくことにしよう。

第二章

世界の納豆――その起源をめぐって

北海道で生まれ育った私は、幼い頃から納豆を食べていた。疑いもなく納豆は、日本だけに見られる食品だと思っていたし、納豆の起源は日本だと思い込んでいた。しかし、日本以外にも納豆があるということが、照葉樹林文化論で紹介されていることを知り、軽い衝撃を受けた。そして、すでに触れたように、ラオスで初めて海外の納豆と出会い、その後、照葉樹林帯の東南アジア大陸部とヒマラヤの納豆を調査することになった。納豆は、日本の代表的な伝統食品であることは間違いないが、東南アジア大陸部とヒマラヤの人びとにとっても、同じく伝統的な食品である。

しかし、海外の納豆についての研究は、おそらく照葉樹林文化論の提唱以降の一九七〇年代になってからようやく開始された、極めて歴史の浅い研究分野だと言える。

地理学者でもあり人類学者でもある岩田慶治は、一九六〇年代にタイ北部のタイ・ヤイの村でつくられている大豆の加工食品について次のように記している。

「村人がトゥーア・ナウ・チャップという豆せんべいをつくって売りにゆく。これは大豆とピーナツでつくる。まず豆をゆで、三日間そのままおき、臼でついてから円く形をととのえ、日乾ないし火で乾かすとできあがる。食用にはこれを再び粉砕、トウガラシ粉を加えて油いためし、飯につけて食べる。一種の貯蔵食糧である。」[*1]

岩田慶治が村で見たものは、紛れもなく納豆である。しかし、論文では豆せんべいと記されている。東南アジア大陸部の生業、民族、そして宗教の専門家である岩田慶治ですら、照葉樹林文化論が提唱される前は、タイに納豆のような発酵大豆食品があることを知らず、実際に目で見ても、それが納豆だとは気づいていなかったのかもしれない。しかし、日本のような糸引き納豆が、唯一の納豆の形態だと信じていたのなら、無理もないだろう。何の情報も無しに、乾燥された円盤のような状態の食品を見て、それが納豆だと気がつく日本人は少ないだろう。

東南アジア大陸部とヒマラヤの納豆については、第三章以降で詳しく紹介するが、その前に、本章で世界各地の納豆を紹介し、その起源をめぐるこれまでの議論について整理してみよう。

東南アジア大陸部の納豆の分布と名称

東南アジア大陸部とヒマラヤには、納豆のような発酵大豆食品が数多く見られる。どのような納豆がつくられているのか、また民族によって納豆を現地の言葉でどのように称しているのかを、これまでの現地調査と文献から表2−1および図2−1にまとめた。ただし、すべての名称を取り上げることはできないので、代表的な民族の納豆だけを取り上げている。

まずは、東南アジア大陸部から紹介していく。

タイ系諸族（タイ・ルー、タイ・ヌア、ユアン、シャンなど）は、ラオス、タイ、ミャンマー、中国雲南省にまたがって居住している。また一部、アホムやカムティ・シャンなどの人びとは、インドのアルナーチャル・プラデーシュ州東部とアッサム州東部にもいる。彼らは納豆のことを「トゥアナオ」と呼んでいる。序章でも触れたが、「トゥア」は豆一般のこと、そして「ナオ」は腐っている（発酵している）を意味するので、いわゆる「腐った豆」という意味になる。大豆は、

表2-1　東南アジアとヒマラヤ地域の納豆の呼び名

国名	地域（州・郡）	民族	納豆の呼び名	豆の呼び名	出典
ラオス	北部	タイ系諸族	トゥアナオ	トゥア	現地調査
タイ	北部	タイ系諸族	トゥアナオ	トゥア	現地調査
ミャンマー	全域		ペーボウッ	ペー	現地調査
	シャン州	タイ（シャン）	トゥアナオ	トゥア	現地調査
	シャン州南部	カレン（パオ）	ベーセイン	ベー	現地調査
	シャン州南部	ビルマ（インダー）	ペーボウッ	ペ	現地調査
	カチン州	ジンポー	ノープー（ノーポップ）	ノー	現地調査
	カチン州	ラワン	ノーシー	ノー	現地調査
	カチン州	リス	アノチ	アノ	現地調査
	マグウェ管区ガンゴー県ヨー地区	ビルマ（ヨー）	シャンペーボウッ	シャンペー	現地調査
	チン州ミンダッ	チン（ムン・チン）	シャンパイ（シャベー）	シャンパイ（シャンペー）	現地調査
インド	ナガランド州	アンガミ	ザーチェイ	ザー	吉田（1998）
	ナガランド州	マオ	フクマタ	フク	吉田（1998）
	ナガランド州	セマ	アクニ（アホネ）	アイク	吉田（1999）
	マニプル州	メイテイ	ハウアイザール	—	Tamang (2010)
	ミゾラム州	ミゾ	ベカン	ベカン	Tamang (2010)
	メガラヤ州	カーシー	トゥロンバイ	—	Tamang (2010)
	アルナーチャル・プラデーシュ（AP）州東シアン	アディ	ペロンナムシン	—	Singh *et al.* (2007)
	AP州下スバンシリ	アパタニ	ペルヤン	ペルン	Tamang (2010)
	AP州西カメン	シェルドゥクペン	チュクチョロ	—	Singh *et al.* (2007)
	AP州西カメン	ガロ	アーギャ	—	Singh *et al.* (2007)
	AP州西カメン	ディランモンパ	リビジッペン（リシュベン）	リビ	現地調査
	AP州西カメン	タワンモンパ	グレップチュール	グレップ	現地調査
	シッキム州	ネパール系諸族	キネマ	バトマス	現地調査
	シッキム州北部	レプチャ	スリャンセル	—	吉田・小﨑（1999）
	シッキム州北部	ブティア	バリ	—	吉田・小﨑（1999）
	西ベンガル州	ネパール系諸族	キネマ	バトマス	Tamang (2010)
ブータン	東ブータン	ツァンラ	リビイッパ	リビ	吉田（2000）
	南ブータン	ネパール系諸族	キネマ	—	吉田（2000）
ネパール	東ネパール	リンブー	キネマ	ツェンビッ	現地調査
	東ネパール	ライ	キネマ	コンソン	現地調査

出典：吉田集而「ナガランド 稲芽酒と納豆」『季刊民族学』22（1）、1998年、34-45頁。吉田集而・小﨑道雄「シッキムの発酵食品」『季刊民族学』23（4）、1999年、34-45頁。吉田よし子『マメな豆の話：世界の豆食文化をたずねて』平凡社新書、2000年、63-66頁。Singh, A. *et al*. (2007) “Cultual significance and diversities of ethnic foods of Northeast India” *Indian Journal of Traditional Knowledge* 6(1), pp.79-94. Tamang, J. P. (2010). *Himalayan Fermented Foods: Microbiology, Nutrition, and Ethnic Values*. CRC Press, pp.65-93.

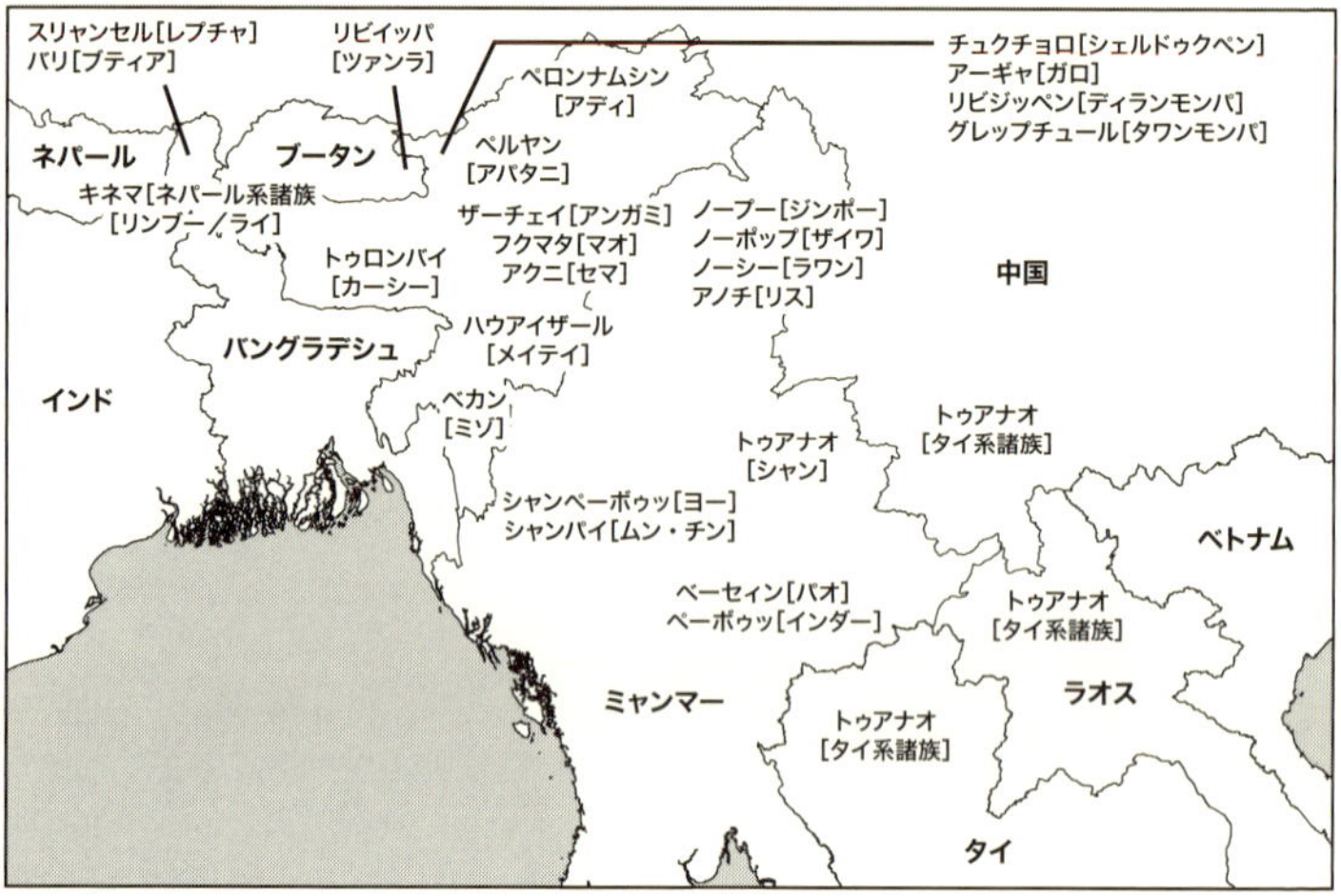

図2-1　東南アジアとヒマラヤ地域の納豆の名称分布図

「黄金色の豆」という意味で「トゥアルアン」と呼ばれる。現在、東南アジア大陸部にいるタイ系諸族は中国南部から南下してきた人びとで、盆地部で水田水稲作を営んでいる。裏作としてダイズを栽培し、その大豆で古くからトゥアナオをつくっていたのであろう。乾燥させたセンベイ状の納豆が多くつくられている地域である。

ミャンマー最北に位置するカチン州でも多くの民族が納豆をつくっている。カチン州は民族の分類が非常に難しい。実際に調査をして、納豆をつくっている現場を見た、ジンポー[*2]、ラワン、リスだけを表に挙げることにする。私が海外で初めて糸引き納豆と出会ったカチン州のバモーはシャン州の境界に近い街であったが、バモーではカチンに多く住む民族ではなく、シャンから来た人が糸引き納豆を売っていた。民族の分布は地理的にオーバーラップしているので、地図上にそれを正確に記すのは非常に難しい。

しかし、カチン州の州都であるミッチーナでは、ジンポーの人が糸引き納豆をつくっている現場を見ることができた。同じくカチン州北部のプータオでもジンポーとラワンの人が糸引き納豆をつくっていた。ジンポーとラワンの人びとは、言葉が通じ合うと言い、豆を表す現地語は、いずれも「ノー」であった。その後に民族によって、「プー」や「ポップ」などの形容詞が続くが、いずれも腐っている（発酵している）を意味するので、タイ系諸族と同じく納豆のことを「腐った豆」と呼んでいる。

なお、ミャンマーの国語であるビルマ語では、納豆は「ペーボウッ」と呼ばれていて、ビルマ語が分かる人なら通じる。吉田よし子は「ミャンマーでは納豆をペポと呼ぶ。「ペ」は豆、「ポ」は臭いという意味だ[*3]」と記している。間違いではないが「ペ」は「ペー」と伸ばすのが正しく、「ポ」の部分は、人によって解釈は異なり、「ボ」とする人もいる。しかし、私は現地の発音と綴りの両方を忠実に表現するために、あえて「ペーボウッ」を使う。「ペー」で「豆」を意味するので、「ペー〇〇」は、〇〇豆という意味になる。たとえば、キマメなら「ページンゴウン」、リョクトウなら「ペーディセイン」となる。しかし、なぜか分からないが、大豆だけは腐っていることを意味する「ボウッ」が後ろに付いて、「ペーボウッ」となるのだ。そして、それが、納豆のことも意味するのだ。よって、「ペーボウッ」という語だけで大豆なのか、納豆なのかを判断することは極めて難しい[*4]。なぜ、同じ語になったのかを辿っていけば、ミャンマーの納豆の起源を探ることができるヒントが隠されているかもしれない。

さて、ミャンマーでもう一つ興味深いのが、マグウェ管区ガンゴー県でビルマ語の方言を話すヨーの人たちと、チン州ミンダッで、チベット・ビルマ語属のクキ・チン諸語の方言を話すムン・チン（ムイン・チン）の人びとによる納豆の名称である。この二地区は隣接していて、ヨーの人たちの「シャベーボゥッ」もムン・チンの人たちの「シャンパイ」も、ビルマ語と同じく大豆と納豆の二つの意味を持つのだが、接頭辞として使われている「シャ」および「シャン」は「シャン地方（人）の」という意味で使われる。よって「シャン地方（人）の豆」ということである。おそらく大豆はシャン地方から入ってきたと考えられ、納豆もシャン地方からの伝播であろう。

ヒマラヤの納豆の分布と名称

次に同じく表2－1および図2－1を使ってヒマラヤ地域の納豆を紹介しよう。

まずはインドであるが、インド北東部諸州のナガランド州、マニプル州、ミゾラム州、メガラヤ州、アルナーチャル・プラデーシュ州、シッキム州、西ベンガル州ダージリン地区で納豆がつくられている。おそらくアッサム州の一部でもつくられていると思われるが、英語の論文や書籍を検索しても見つけられなかった。これらの州は、チベットから南下してきた、あるいはタイやミャンマーから西方に移動してきたチベット・ビルマ語属系の民族が多いことが特徴である。民族が独自の少数派言語を持っており、何十もの言語が狭い地域で話されている。納豆の形状も、糸を引く粒状から、砕いたひき割り状、そして完全に潰して味噌のようにしたものなど様々である。

一九九〇年代後半にナガランドを調査した吉田集而によると、ここだけでも一五民族がいて、納豆の名称が一九もあるとする。[*5]そして、ナガランドのほとんどの民族が納豆を持っているが、民族ごとにかなり異なり、どこかの民族が他の民族に伝えたとは考えにくいという。各民族はナガランドに来る前から納豆を持っていて、その名称が異なったまま現在に至っているのだと、吉田は推測している。アンガミの人びとは、納豆を「ザーチェイ」と呼ぶが、「ザー」が豆で、「チェイ」が腐っているという意味で、やはり納豆を「腐った豆」と呼んでいる。

さて、ネパールだが、中尾佐助の『料理の起源』[*6]で紹介されたことにより、東部にはキネマという納豆がつくられていることが知られ、すでに多くの一般書でも紹介されている。これは、納豆が見られる最西端である。キネマはネパール系民族であるリンブーの人たちの方言で、発酵を意味する「キ」(ki)と風味を意味する「ナムバ」(namba)が組み合わされたキナムバ(kinamba)が語源で、それが「キネマ」へと変化したものである。[*7]ネパール東部だけでなく、ネパール系民族(リンブー、ライ、タマン、グルン、マンガル)が居住するシッキム州、ブータン南部などのヒマラヤ地域の納豆はすべてキネマと呼ばれる。

インド・シッキム大学のタマン(Jyoti Prakash Tamang)教授は、東ネパールのリンブーの人たちに残る「大豆が深刻な飢饉を救った」とされる紀元前二五〇〇～一〇〇〇年頃に書かれた伝説、そして周の時代にダイズが栽培化されたとするハイモウィッツ(Theodore Hymowitz)によるダイズの栽培起源化の説[*8]などを考慮して、キネマはキラータ(Kirat)王朝期(紀元前六〇〇年から一〇〇年あたり）に、東ネパールで生まれた可能性があると述べている。[*9]

では、ヒマラヤ地域はどこでもキネマなのかというと、民族によって大きな違いが見られる。チベット系住民が住む、シッキム北部の山岳地域のレプチャやブティア、ブータン東部のツァンラ、そしてアルナーチャル・プラデーシュ西部のモンパなどの人びとは納豆のことをキネマと呼ばずに、「腐った豆」を意味するそれぞれの言語をあてている。私のアルナーチャル・プラデーシュでの調査では、茹でた大豆を発酵させた後に、熟成させて味噌のようにする事例が多く見られた。インドの研究者の論文でも、アルナーチャル・プラデーシュの納豆は、暖かい場所で一〇日間ぐらい熟成させると記されている。[*10] ただし、ネパール系と違ってチベット系の人びとが納豆を熟成させるのが一般的なのかどうか分からない。この地域は外国人の入域が制限されているので、調査がしづらく、たとえ許可を得ても限られた場所しか訪れることができないのである。

枯草菌で発酵させた納豆の加工

植物の葉から枯草菌を供給し、二〜三晩発酵させたもの、また発酵の際に塩を入れる味噌のようなもの、さらに長期に熟成させるものなど、民族によって多様な納豆のつくり方が見られる。日本と同じような糸引き納豆もあるが、乾燥させたり、塩や香辛料などを加えたりする加工品が一般的である。次に、どのような加工方法が見られるのか説明しよう（図2-2）。

①粒状納豆

納豆の最も基本的なタイプで、見た目は日本の糸引き納豆と同じと思っても

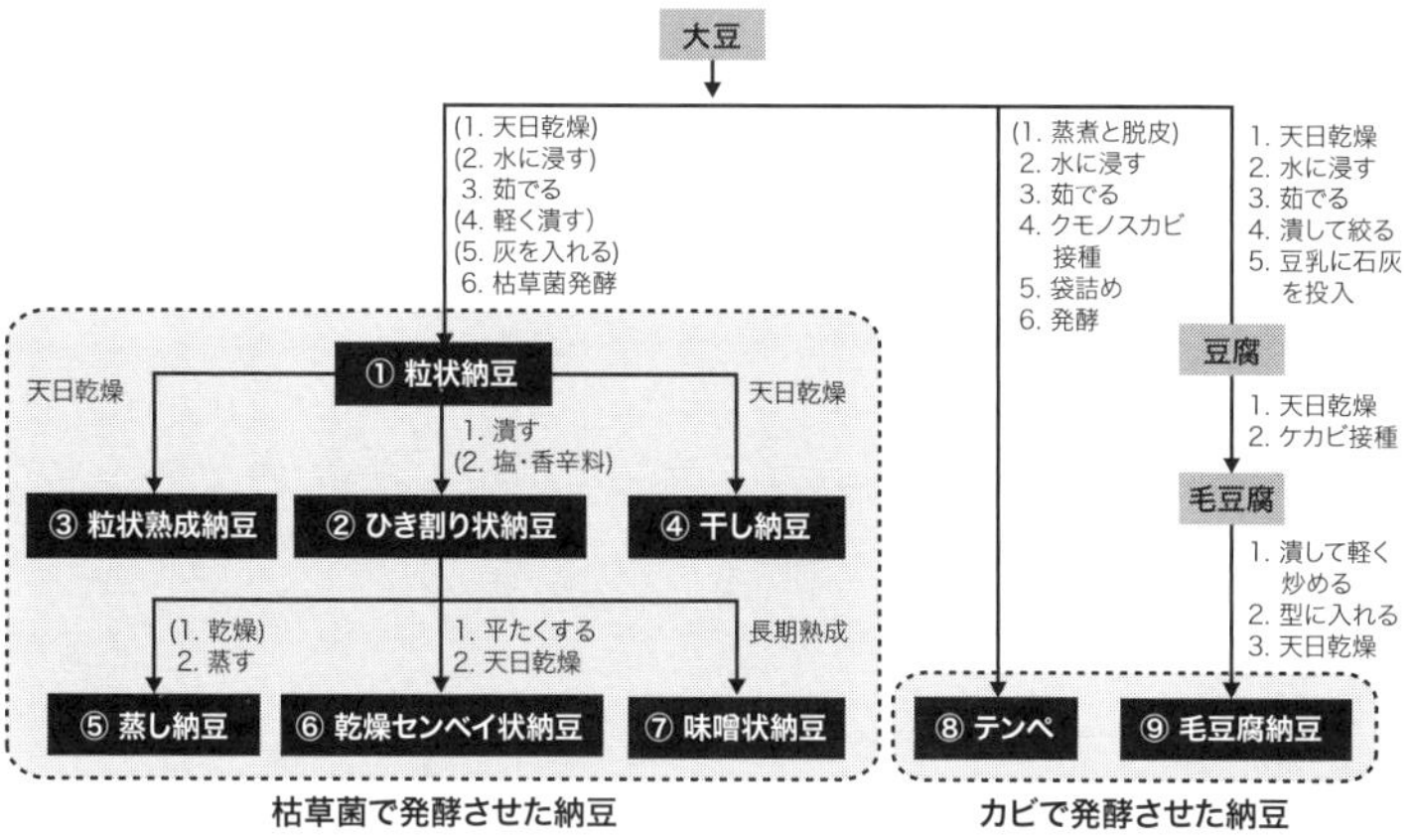

(注)カッコ内の工程はつくる人によって行われないこともある。

図2-2　納豆の加工行程の分類

らって構わないが、糸が引かないものも多い。これは、枯草菌の種類の違いによるものである。地域によって、丸大豆のまま発酵させるのではなく、軽く潰してから発酵させることもある。潰してから発酵させるのは、東ネパールから西ブータンにかけて見られるキネマで、カレーに入れたりして食べる。また、キネマでは発酵前に灰を振りかける事例も見られた。煮豆に灰を振りかけてアルカリ性にすることで、枯草菌はアルカリ性の条件下でも問題ないが、アルカリ性に弱い雑菌の類いの生育を妨げようとする狙いがあると思われる。

粒状の納豆はほとんどの地域では、そのまま利用せずに加工されるが、ミャンマーのカチン州のジンポー、ラワン、リスの人たち、そしてネパール系諸族の人たちがつくるキネマなどが、粒のまま野菜に和えたりして使われることが多い。

②ひき割り状納豆　ひき割りといっても、日本のひき割り納豆のように刻んだようなものから、

臼と杵でペースト状に近い状態にまで挽いたものまで様々である。近年、タイやミャンマーのシャン州でトゥアナオの商業的生産を行っているような世帯では、挽肉用のミンチマシンを利用して納豆を潰している世帯が多い。潰した後、塩に加えて各種の香辛料を加えるのが一般的である。代表的な香辛料は、ニンニク、トウガラシ、レモングラスなどであろう。香辛料の種類や塩などの割合は、つくっている人によって様々である。この段階のひき割り状納豆は、日本人には、かなり塩っ辛く感じられる。ひき割り状納豆は、この後に乾燥させることが多いので、乾燥センベイ状納豆の途中段階と捉えることもできるかもしれない。ただし、タイやラオスなどのトゥアナオは、このひき割り状納豆を調味料としてスープなどに使ったり、モチ米につけて食べたりする（写真2－1）。

③粒状熟成納豆

粒状納豆をさらに塩水で漬け込み熟成させた納豆である。東南アジアでは、カンボジアでしか見られず、シエンと呼ばれている（写真2－2）。プノンペンの市場で聞き取りを行ったところ、発酵の時には特に植物の葉を入れたりしないという。粒状の納豆をつくったあとに、塩水に約一週間寝かせて熟成させる。食塩水にサトウヤシの樹液を入れることもあるという。[*11] カンボジア研究者の京都大学・小林知によると、シエンをつくっているのは、クメール人ではなく中国系の人たちだという。クメール人の伝統的な食材というよりは、中国人の移住と共に伝えられた食材だと考えられる。カンボジアでは、炒め物やスープなどに混ぜられることが多い。なお、カンボジアではは市場でシエンを確認しただけで、調査を実施していない。

④干し納豆

粒状納豆を天日で数日間乾燥させれば、干し納豆が出来上がる。ミャンマーのシャン州南部のムーセー、ナンカンの市場で見かけたほか、カチン州のミッチーナ、インド北東部のシッキムと東ネパールで見かけた。とくに東ネパールのダラン周辺では、ほとんど干し納豆に加工した。カチン州ミッチーナでは、納豆生産者が、夏はあまり納豆をつくらないので、夏に食べたくなった時に水で戻してから料理に使うと言っていた。またシッキムのライ族の人は、いつでもカレーやスープに入れられるように常備していると言う。食べてみると、納豆の味と風味が凝縮されており、見た目も味も日本の茨城名産の干し納豆と同じと感じた（写真2－3および写真2－4）。

⑤蒸し納豆

このタイプの納豆は、トゥアナオがつくられているタイとミャンマーの一部だけに見られる加工納豆である。吉田よし子は、この蒸し納豆について以下のように記している。

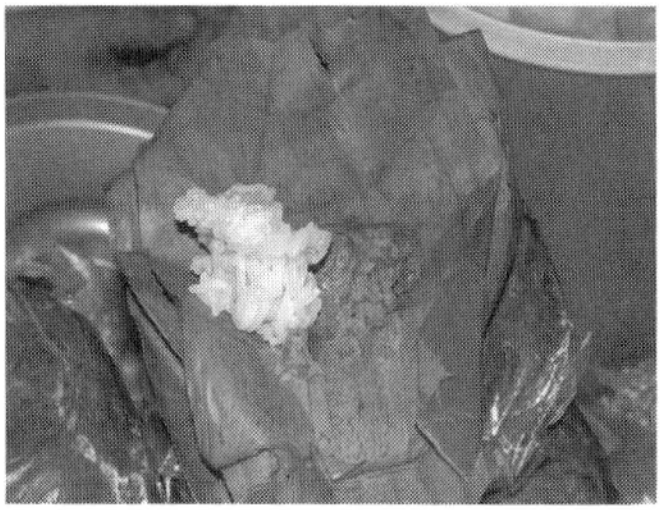

写真2-1　バナナの葉に包まれたひき割り状の「トゥアナオ」。モチ米につけて食べたりもする

写真2-2　カンボジアでしか見られない粒状熟成納豆「シエン」

写真2-3　インド・シッキムの干し納豆。カレーやスープなどに入れて食べる

「軽くつぶした納豆に塩やトウガラシで味をつけて、バナナの葉に包んでゆでたもので、今回はミャンマーとの国境に近い、ドイメーサロンの野外市場で見つけた。塩味は薄く、そのまま食べるか魚醤などを混ぜてソース状にして、生野菜につけて食べる。保存性は良くない。[*12]」

ドイメーサロンはタイ北部の街チェンラーイからさらに約七〇キロメートル北西に位置する、タイ人に人気のリゾート地である。私もこれと似た納豆をタイ北部のメーチェムの市場で見つけた。メーチェムはチェンマイから約四〇キロメートル西に位置し、カレン族が多い地域である。バナナの葉で包まれた納豆らしきものを発見したので、つくり方を尋ねたところ、まず、大豆を煮て潰してから塩を入れ、その後、バナナの葉に包んで発酵させてから蒸すのだと言う。加塩発酵であるが、菌はバナナの葉に付いている枯草菌である。また現地語ではトゥアナオと称されて

写真2-4　茨城の干し納豆

写真2-5　円筒状の蒸し納豆

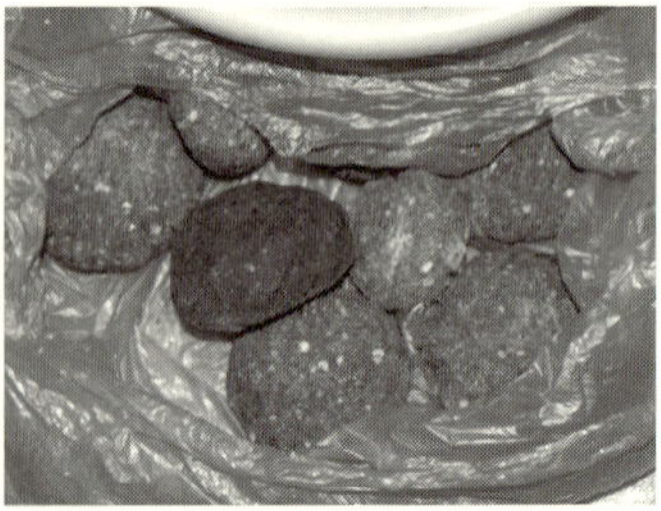

写真2-6　おにぎり形の蒸し納豆

いた。

もう一つは、ミャンマーのシャン州ムーセーの市場で見つけた円筒状の蒸し納豆である（写真2－5）。発酵させた煮豆を一旦乾燥させて、蒸《ふか》してから塩とトウガラシを入れ、潰して形を整えたものだという。調味料として使うということだが、かなり手が込んだ加工である。円筒状の蒸し納豆は、シャン州ラーショーの市場でも売られており、三星沙織らの論文で写真が掲載されている。*13また、私は中国雲南省西双版納《シップソーンパンナー》タイ族自治州勐臘《モンラー》県の市場でも見つけた（写真2－6）。形は円筒状ではなく、おにぎり形であるが、同じものと考えて間違いない。国は関係なくタイ系諸族でつくられている納豆加工品だと考えられる。

⑥乾燥センベイ状納豆

ひき割り状納豆をピンポン球の大きさに丸め、それを叩いて平たく潰して天日で乾燥させた納豆。ラオス、タイ、ミャンマーのタイ系諸族のトゥアナオは、乾燥センベイ状が圧倒的に多い。ひき割りの状態ですでに塩や各種の香辛料が加えられているが、市場で販売する場合、消費者の好みに応じて選択できるように、塩だけが加えられたものや何も入れていないものも売られている。形状は様々で、円形センベイ状だけでなく、長方形の厚いものもある。一般的な円形センベイ状は、直径一〇センチメートルほどだが、シャン州南部のパオの人たちがつくるベーセィンには、大きめの碁石のような乾燥納豆が多い（写真2－7）。

また、ミャンマーのマグウェ管区ガンゴー県のヨーとチン州ミンダッのムン・チンの人たちは、厚焼きクッキーにそっくりな乾燥センベイ状納豆をつくる（写真2－8）。発酵させた後に、杵と臼で軽く叩き、手で平たく形を整え、天日乾燥させたものである。

⑦味噌状納豆

ヒマラヤの一部の地域に見られる。インドのアルナーチャル・プラデーシュ州西部のリビジッペンとグレップチュール、そしてブータン東部のリビイッパなどの納豆である。アルナーチャル・プラデーシュ州西部の典型的な味噌納豆は、軽く粒を砕いた大豆を茹で、三日間ほど発酵させ、その後、臼と杵でさらに潰す。この状態ではまだ粒が完全には砕かれていない。それをある程度水分が抜けるまで天日で干して、また臼と杵で粉砕する。その後、竹カゴで数週間から一カ月ほど熟成させて出来上がる（写真2－9）。一年ぐらいは保存可能だという。保存前に乾燥させて納豆の水分を抜くことで、発酵をある程度止める働きを果たしているようだ。また、発酵させる前に塩を入れる世帯も多かったが、植物の葉の枯草菌で発酵させる点では、麹菌で発酵させる味噌ではなく、納豆に分類することができる。

写真2-7　乾燥センベイ状納豆「ベーセィン」

写真2-8　厚焼クッキーのような乾燥センベイ状納豆

写真2-9　味噌状納豆

ブータン東部に関しては調査ができなかったので、そこでつくられているリビイッパという納豆については、文献から推測するしかない。佐々木高明の『照葉樹林文化の道』では、ブータンで長く生活した方からの情報をもとに、リビイッパのことを「まず大豆をよくゆでて竹籠に入れ、布でぴったり封をして約一週間置く。臭いがしてきたら開けて、臼でついてよくつぶし、竹の容器（シッパ）に入れてかまどの上などに置いておく。[*14]」と記している。塩も麹も入っていない無塩発酵の納豆であり、東ネパールのキネマに近いものだと結論付ける。そして、納豆は東ネパールからブータンなどの照葉樹林帯を通って、日本へと連鎖するものだとする。

しかし、佐々木の推論は否定することができる。キネマとリビイッパは、納豆加工の系譜から考えても、つくっている民族の出自から考えても全く異なる。私が情報収集した限りでは、リビイッパは、ブータン東部のタシガンを中心としたチベット系のツァンラの人びとによってつくられており、粒状納豆や干し納豆のように加工して食べることはなく、発酵後の納豆を熟成して調味料として使うのだという。したがって、キネマとリビイッパとの連続性は無い。リビイッパを調査している吉田よし子の『マメな豆の話』では、以下のように記されている。

「ブータンの納豆センターといわれている東ブータンのモンガルへ行った。しかしここで見た納豆は、今まで見てきた納豆とはまったく違うものだった。ダイズを塩なしで発酵させて作るところはたしかに納豆なのだが、短いものでも数ヶ月、長いものでは一年以上保存するため、でき上がった納豆は半流動体で、猛烈な臭気を放つ。[*15]」

これは、非常に変わったつくり方である。要するに、ずっと発酵させ続けているということなのだろうか。つくり方の詳細が分からないので何とも言えないが、吉田よし子によると、当地で調査した二世帯では、発酵後に草麹を混ぜたりとか、白チーズを混ぜたりして熟成しているという。これがブータン東部で一般的なリビイッパなのかは分からないが、熟成させているということで味噌状納豆に分類するのが妥当であろう。

カビで発酵させた納豆の加工

納豆とは何かと問われたら、塩を加えずに大豆を枯草菌によって発酵させていること、と定義できよう。しかし日本では、インドネシアのテンペのようなカビを用いた発酵大豆食品も納豆だと認識されている。本書では、カビで発酵させたものは納豆とは異なるというスタンスをとるが、納豆の起源をめぐる議論にもテンペが関係するので、先の図2-2で示した分類に基づいて、カビで発酵させる発酵大豆食品の加工についても触れておこう。

なお、発酵大豆をつくる際に使われるカビの種類には、ニホンコウジカビ（*Aspergillus oryzae*）、ケカビ（*Mucor spp.*）、クモノスカビ（*Rhizopus spp.*）、アカパンカビ（*Neurospora crassa*）が知られている。北京豆豉、湖南豆豉、日本の塩辛納豆はニホンコウジカビ、四川豆豉はケカビ、テンペはクモノスカビ、そしてインドネシアのオンチョムはアカパンカビで発酵させている。[*16] オンチョムとは、おからやピーナツ油の搾りかすを用いたインドネシア・ジャワ島の発酵大豆食品である。テンペがジャワ人の食べものだとしたら、オンチョムはスンダ人の食べものである。[*17]

⑧テンペ

これまで納豆のように扱われてきたが、テンペはクモノスカビを用いた発酵なので納豆とするには無理がある。吉田集而の記述[*18]をもとに、そのつくり方について簡単に説明してみよう。まず、水に浸した大豆を蒸煮して、大豆の種皮を取り除き、豆を半分に割る。これは、大豆の表皮を剝がすために行われる前工程である。その後、再度大豆を水に浸して煮て、デンプンを混ぜ合わせる。その後、スターターとなるラギ（麹）を大豆に混ぜて、穴を開けたナイロン袋に詰める。二晩寝かせると表面にカビがびっしりと生えたテンペが出来上がる。かつては、チーク（*Tectona grandis*）やオオハマボウ（*Hibiscus tiliaceus*）などの大きな葉で包んでいたという。これらの葉には、クモノスカビがついているのである。テンペはインドネシアのジャワ島では、日常食として食べられており、その消費量も多い。揚げて食べるのが一般的なようだ[*19]。

日本でも一時期、テンペが流行ったことがある。食べやすい納豆というキャッチフレーズで、テレビや雑誌でテンペが取り上げられた。「大宅壮一文庫」のデータベースで「テンペ」を検索してみたところ、雑誌で初めてテンペが取り上げられたのが、一九九〇年で、一九九〇〜二〇一四年の二四年間で、二〇誌合計三六の記事が見つかった。ほとんどの記事には、ダイエット効果、便秘解消、発がん予防効果といった見出しが並ぶ。その効果のほどはよく分からないが、実際に抗菌性や抗酸化性の面では優れた機能性を備えている[*20]。三六の記事のうち、約七割の記事が二〇〇三〜〇五年の三年間に集中しており、そのことから考えると、この頃がテンペブームだったと言える。この時期、岡山県ではテンペの生産を推進し、「岡山テンペ協会」も設立されている[*21]。二〇〇三年の前にはほとんど話題にも上らない発酵大豆食品で、またブームが終わった二〇〇六年以降には年間一〜二本程度の記事しか見られないことから、日本ではそれほど普及していないと思われる。

日本でつくられたテンペを食べてみたが（写真2−10）、本場インドネシアのテンペと違って、種皮付きのまま発酵させたもので、納豆のような臭みが全くない。見た目はカビが生えているので、抵抗があるかもしれないが、大豆の素材の味がそのまま封じ込められたような素朴な味がする。個人的には栗を食べているのではないかと錯覚するような味だと表現しておこう。

写真2-10　テンペ

⑨毛豆腐納豆

大陸部のラオスでつくられている乾燥センベイ状のトゥアナオの形態を模した発酵大豆食品である。[*22] これは、中国の毛豆腐《マオトウフ》をセンベイ状に加工したものなので、「毛豆腐納豆」と称することにした。東南アジア大陸部を調査した限りでは、カビで発酵させた納豆は、ラオス北部のポンサーリー県で見られたこの一事例だけである。つくり方は、枯草菌で発酵させるトゥアナオとは全く違っていた。まずは豆腐をつくるところから始めるが、石の重しを載せて普通の豆腐よりも水をしっかりと切り、それを竹で編んだ網の上で天日乾燥させながら（写真2−11a）、ケカビを豆腐の表面に生えさせる（写真2−11b）。中国では、この状態で毛豆腐として食べられる。この後、毛豆腐を電動のミンチ機で潰すが、まだ水分が含まれていてベタベタするので、それを軽く炒る。そして、丸い型に入れて平たくしてから天日乾燥して出来上がりである（写真2−11c）。

製品の状態では、東南アジアの納豆を見てきた人にしか乾燥センベイ状納豆と毛豆腐納豆の違いを見分けられないだろう。あえて違いを述べるなら、トゥアナオが焦げ茶色なのに対し、カビで発酵させた毛豆腐納豆は黄土色っぽいことだろうか。また、塩やトウガラシなどの香辛料を入れないので、そうした混ざり物があるかないかで判断することも可能である。ただし、まれに大豆だけの乾燥センベイ状納豆もあるので、それが判断の決め手にはならない。

なお、毛豆腐を塩漬けしたものは、中国では腐乳《フウルウ》と呼ばれる調味料で、東南アジア各地で売られている。私が見たラオスの世帯でも、毛豆腐のすべてが「毛豆腐納豆」にされることはなく、一部は腐乳の生産に使われていた。

毛豆腐納豆の生産者は、ラオスでホーと称されている中国から移住してきた民族である。今で

写真2-11a　通常の豆腐よりも水気をよく切った豆腐を竹で編んだ網の上で天日乾燥させる

写真2-11b　豆腐の表面にケカビが生える。中国ではこの状態で「毛豆腐」として食べられる

写真2-11c　「毛豆腐」を電動のミンチ機で潰して軽く炒った後、丸い型に入れて平たく成形して天日乾燥

も、日常生活では中国語を使用しており、この毛豆腐納豆のことを「豆豉」と称していた。中国でも、このような納豆が生産されているのかもしれないが、中国側での詳細な調査を実施していないので不明である。

照葉樹林文化とナットウの大三角形

さて、このような多様な発酵大豆食品は、どこで生まれたもので、どのように伝播して現在にいたるのか。

照葉樹林文化の提唱者である中尾佐助は、一九七二年に著した『料理の起源』の中で、現在の味噌と納豆の分布範囲をもとに、納豆と味噌の起源と伝播を論じた「ナットウの大三角形と味噌楕円」仮説を提示した[*23]（図2―3）。加塩発酵大豆食品は、日本から中国の華北にかけての地域で古くから味噌や醤油などの加工品がつくり出されており、その歴史的変遷はすでに解明されている。一方、無塩発酵大豆食品の納豆の歴史はよく分からない。しかし、インドネシア・ジャワ島のテンペ、ヒマラヤのキネマ、日本の納豆を結ぶ三角形の範囲に無塩発酵大豆食品が分布しており、もしそれらが一カ所から伝播したのであれば、その起源地は中国雲南省付近で、まずはヒマラヤとジャワ島に伝播し、さらにジャワ島から日本に納豆が伝播したものだと中尾は説明する。室町時代にポルトガル人によって、鉄砲やカボチャなどの南蛮物が日本に導入されたことを引き合いに出し、糸引き納豆もその一つとして、ジャワから日本に伝わったということだが、当然、これは中尾の推論に過ぎない。

「ナットウの大三角形」は、納豆の起源について書かれている書籍や学術論文には必ず引用される非常にポピュラーな説となっているが、中尾の『料理の起源』は、納豆と味噌を比較するという視点ではなく、華北の文化と照葉樹林文化の比較に重点が置かれていると読み取ることができる。「ナットウの大三角形」の範囲には、華北とは異なる文化要素が多く見られ、照葉樹林文化の要素が、三角形の範囲に展開したということを強調したかったのであろう。

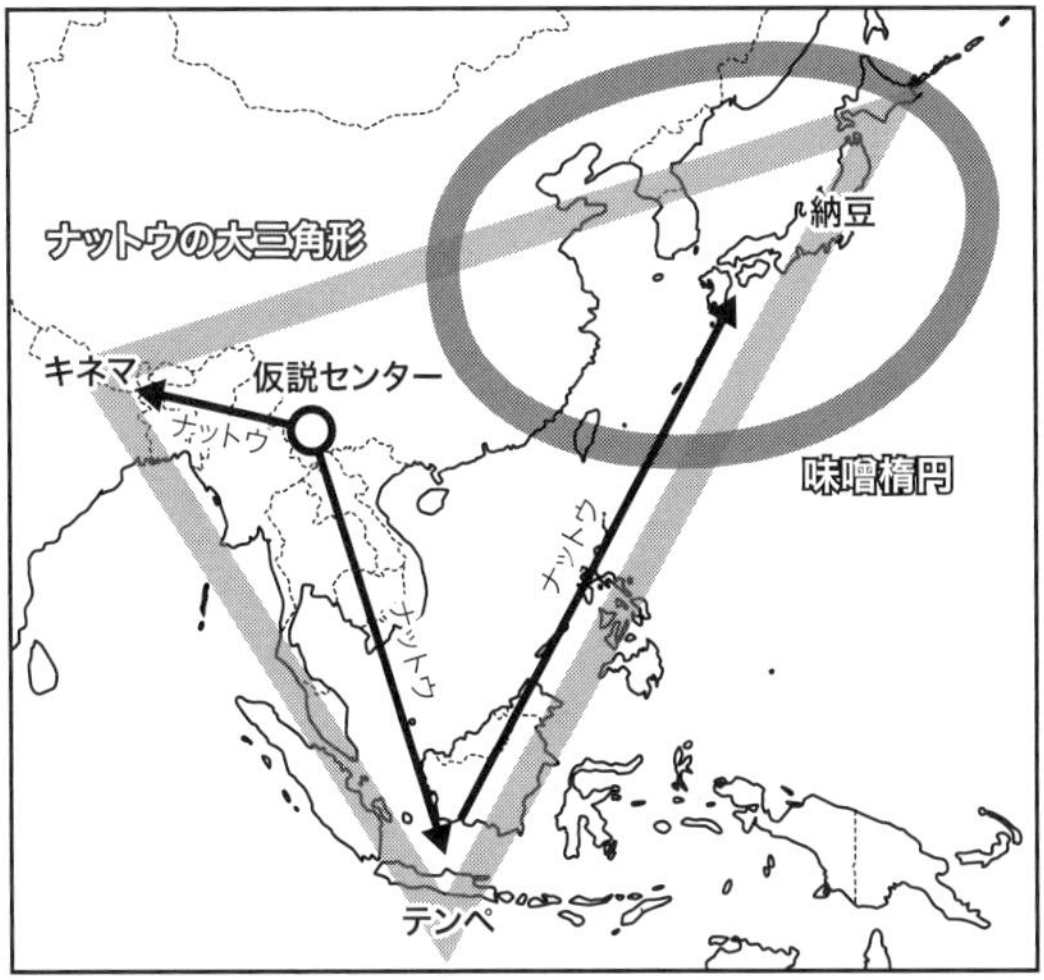

図2-3　中尾佐助による「ナットウの大三角形」と味噌楕円
出典：中尾佐助『料理の起源（ＮＨＫブックス）』日本放送出版協会、1972 年、121-124 頁

これら三つの納豆のうち、ヒマラヤのキネマと日本の納豆は枯草菌による発酵だが、ジャワ島のテンペはクモノスカビを用いた発酵である。したがって、日本の納豆と同じ枯草菌を用いた納豆の分布範囲は、三角形ではなく、日本とヒマラヤを結んだ楕円状の地域になるとの指摘が、小﨑道雄と内村泰によってなされている。[*24] また、シッキム大学のタマン教授は、「ＫＮＴトライアングル」という説を唱えている[*25]（図2-4）。Ｋとはキネマ

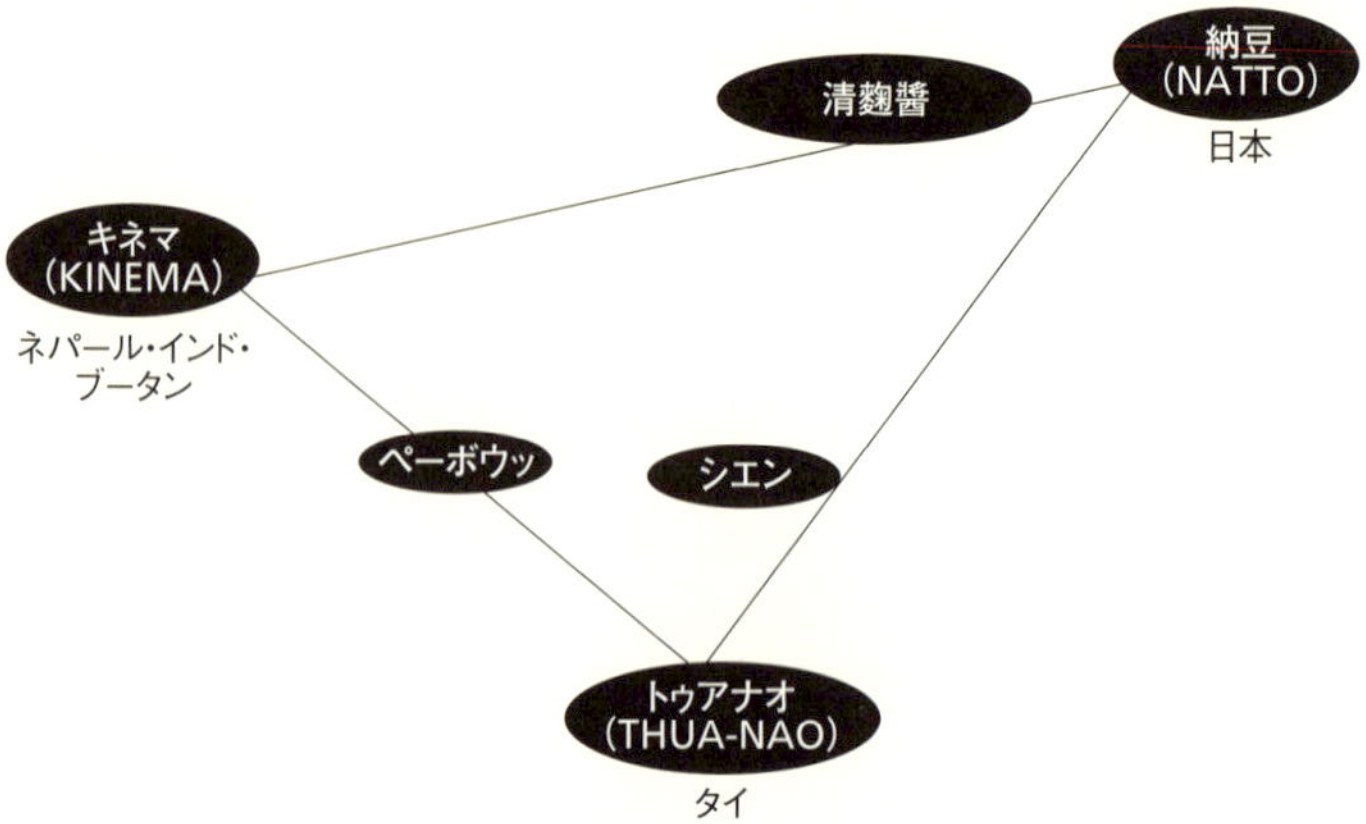

図2-4　ジョティ・プラカッシュ・タマンの「KNTトライアングル」

出　典：Tamang, J. P. 2010. *Himalayan Fermented Foods: Microbiology, Nutrition, and Ethnic Values*, CRC Press, pp.232

（Kinema）、Nは納豆（Natto）、そしてTはトゥアナオ（Thua-nao）のことで、これは、枯草菌で無塩発酵させた、ネバネバしてアンモニア臭がする発酵大豆が見られる範囲だとする。つまり、テンペがトゥアナオに置き換わっただけである。特に新しさはないし、三角形にこだわる必要性が感じられない。

また、吉田集而は、菌の違いだけではなく、三つの納豆の形状や粘りを考慮すると、テンペだけは粘りのない堅い板状で、照葉樹林帯の嗜好性とは異なるとし、「ナットウの大三角形」の成立に疑問を投げかけた。[*26] さらに、テンペの起源を探る調査の中で、テンペは中国由来ではなくジャワ島起源の発酵食品だと結論づけている。よって、テンペに照葉樹林文化の要素はないため、「ナットウの大三角形」も成立しないと述べる。[*27]

しかし、大豆を発酵させる菌が細菌なのか、カビなのかという違いはあるにしろ、現在でも「ナットウの大三角形」を無塩発酵大豆食品の分布範囲として捉えることは可能である。また、雲南を起源とする一元説も否定されていない。

豉・失敗起源説

中尾佐助が、照葉樹林文化の中心地である中国雲南地域と納豆の起源地を結びつける説を提唱したのに対し、吉田集而は栽培ダイズの起源地と納豆の起源地を結びつける。以下、吉田集而の説について説明しよう。[*28]

栽培ダイズの起源をめぐる最新状況については、第一章に述べた通りであるが、吉田集而はダイズの生態系や形質の地理的分布、遺跡からのダイズ炭化種子の出土状況とダイズの品種数の豊富さなどを総合的に考慮して、中国江南地域をダイズの起源地だと論じている。そして、糸引き納豆は、中国において茹でた大豆に麴カビを生やした「豆黄」という発酵大豆食品をつくる過程で、麴菌ではなく枯草菌が付いてしまったものとする。なぜ枯草菌が付いてしまったかというと、豆黄は華北で製法が確立されたが、それが南に伝播して行くにつれ、気温が高くなり、温度管理に失敗してしまったからであろうという。これを、「豉・失敗起源説」と称し、古く見積もっても四〇〇〇年前ぐらいが起源としている。その起源地は、ダイズの栽培起源地とした江南地域と相関があるだろうと述べる。

中国では醬と豉が糸引き納豆の誕生よりも古くから成立していた。豆醬は肉や魚を保存するために麴と塩を加えてから発酵させる肉醬や魚醬の流れから発生し、その技術は麴で酒を造る技術がすでにあったことが前提となる。穀物にカビを生やしたりして発酵させたものが食べられるということは、酒造りにおいて既知であったに違いないので、糸引き納豆は、悪臭にもかかわらず、食べられることになった。

吉田集而の糸引き納豆の起源の考え方の根底には、酒造りがある。酒造りの技術を応用して、カビを生やして食べにくい豆で食品をつくろうとしたということである。その結果、カビではなく、納豆菌が付いたものができてしまったが、それは十分に食べられるもので、かつ温度管理を厳密に行わなければならない豉とは違って、簡単につくることができた。そして、西はラオス、タイ、ミャンマー、北東インド、ネパールへ、東は朝鮮半島と日本に伝播したとする。これは、中国江南を起源とする一元説で、一九八五年七月に筑波で開催された「アジア無塩発酵大豆会議」における基調講演で発表されたのが最初だと思われる。

多元説の可能性

この会議で、吉田集而の講演のコメンテーターを務めたのが石毛直道であった。そして、吉田集而の一元説に対して次のようにコメントしている。[*29]

「この発表はダイズ発酵食品の一元的な起源説でございます。ただし、これは一つの仮説でございまして、各地で多元的に独立発生した可能性を否定するわけにもまたいかないわけです。つまり、食べるために大豆を煮てそれを放置しておく、そのとき偶然にこういった製品ができるという可能性はいくらでもあるわけで、そこでほんとにこれが一元的な起源なのか、一つの中心から分布していったものかどうか。それに対してはさらに検討がくわえられなくてはならないかと思います。」

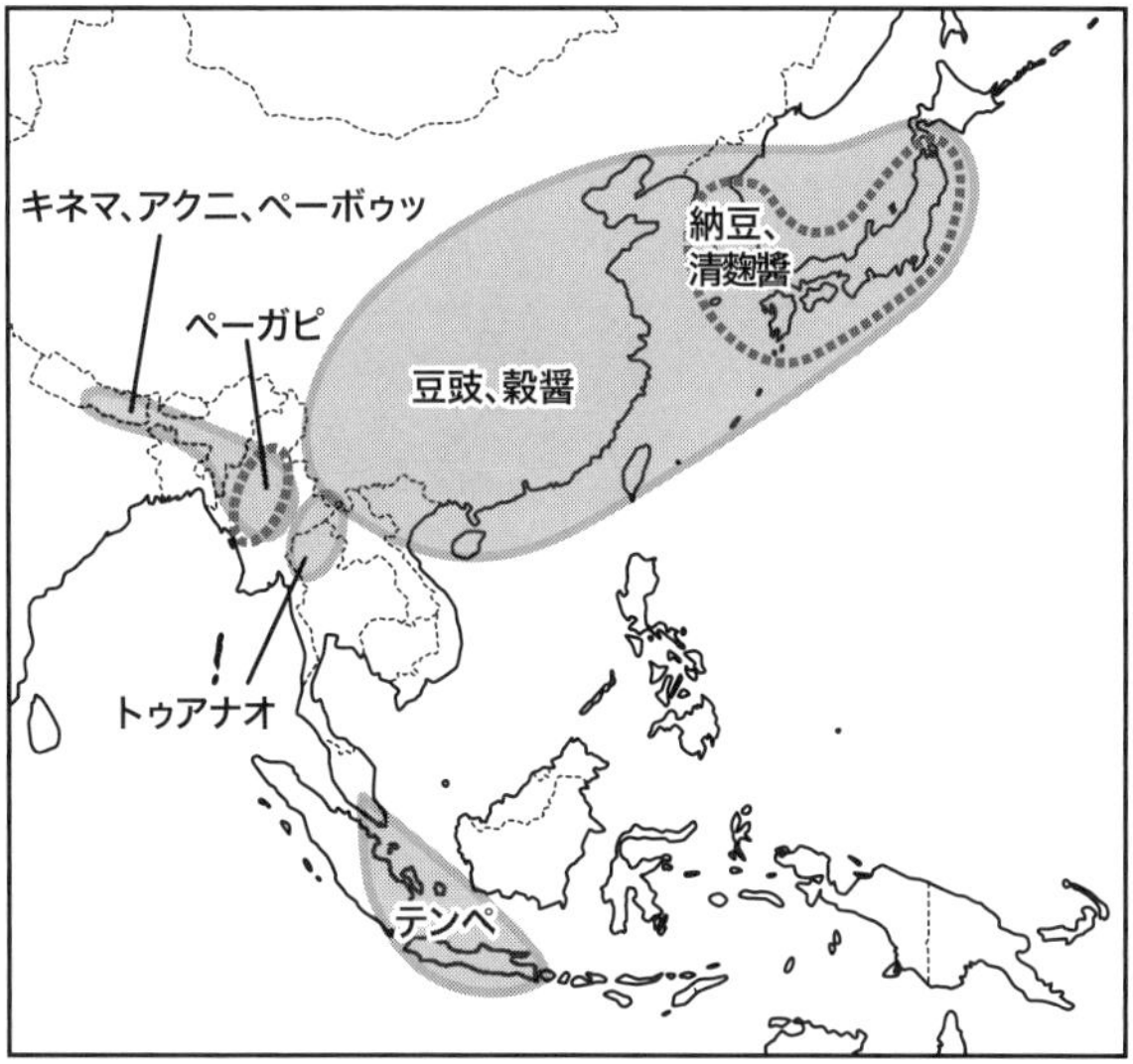

図2-5　石毛直道による発酵大豆食品の分布図

出典：石毛直道・ケネス＝ラドル『魚醤とナレズシの研究――モンスーン・アジアの食事文化』岩波書店、1990年、351-354頁

これは国際会議の講演集からの引用であるが、石毛は発酵大豆製品の分布図（図2－5）を提示しながら東アジアからヒマラヤにかけて存在する無塩発酵大豆食品について、製造技術の視点に加えて、他の発酵食品との関係、民族の出自も考慮して、各地域の特徴を論じている。また、石毛とケネス・ラドルの共著『魚醤とナレズシの研究』[*30]においても触れられているので、それらをまとめて紹介することにしよう。

日本の納豆および韓国の清麴醤《チョングクジャン》はともに稲ワラを用いた発酵で、一つのグループと見ることができる。それ

写真2-12a　大きな容器に入ったペー・ンガピ

写真2-12b　袋入りのペー・ンガピ

らは、穀醤や豆豉から発展した様々な発酵大豆製品が見られるより大きなグループの一つだとされる。そして、無塩で大豆を発酵させた後に円盤状に加工するタイ北部やミャンマー東部のトゥアナオのグループがある。なお、ミャンマーには加塩発酵大豆食品のペー・ンガピ（ペーカピ）という調味料も見られ、それが一つのグループとされている。石毛によると「魚醤の総称であるンガピ ngapi にたいして、「豆のガピ」という意味の名称であるペーガピ pee-ngapi と呼ばれるダイズの発酵食品がある。煮たダイズに塩を加えて、水切りをして二〜三日放置したのち、つき砕いては乾燥させる操作を繰り返してから、カメに入れて貯蔵してつくった食品である。コウジを発酵スターターとして加えることはないが、自然にある微生物の作用で発酵するものと考えられる。[*31]」と述べている。そして、円盤状やチップ状に加工しないヒマラヤのキネマ、インドのナガランドのアクニ、ミャンマーのペーボゥッが一つのグループに分類されている。ただし、このキネマのグループは、トゥアナオのグループと一緒にできる可能性があるとする。また、インドネシア・ジャワ島のテンペも一つのグループとする。

さて、このグループ分けについてであるが、第一に、ミャンマーのペー・ンガピは、納豆ではなく醤だと考えられる。市場では、大きな容器に入ったペー・ンガピ（写真2－12a）のほか、工場でつくられた袋入りのペー・ンガピ（写真2－12b）も売られていた。この袋には、ビルマ語でペー・ンガピと書かれているほかに、中国語で豆瓣醤《トウバンジャン》とはっきり書かれている。一般的に豆板醤はソラマメを原料とするが、ミャンマーの場合、よく分からない。いずれにしろ、ペー・ンガピを納豆であるペーボウッと同列に扱ってひとつのグループとして独立させるのは、無理がある。このペー・ンガピのグループは無いほうがよいであろう。

また、ネパール、インド北東部、ミャンマー、タイを同じグループとして捉えることについては、もう少し検討の余地がある。ブータンとアルナーチャル・プラデーシュの熟成させた味噌状納豆は、キネマやペーボウッのグループに入れることはできない。

石毛直道は、グルーピングしたそれぞれの地域で独立発生的に無塩発酵大豆食品が発生したとは主張していないが、一元説を否定していることから考えても、おそらく多元説を意図した分類であろう。

魚の発酵食品と大豆の発酵食品との関係性

石毛は、東南アジアにおける、魚の発酵食品と無塩発酵大豆食品の関係にも言及しており、今までの説とは違う見方を提供している。たとえばタイに見られる魚の発酵食品には、ナムプラー

（魚醤）、プラーラー（魚の塩辛）、カピ（小エビの塩辛）などが調味料として一般に普及しているが、その消費量には地域差がある。[*32] 魚の発酵食品の利用が少ない北タイでは、その代替としてトゥアナオが調味料として利用されていると述べている。利用のされ方は全く同じで、東北タイで魚の塩辛を利用する料理を北タイではトゥアナオでつくるのだという。どちらも発酵させることによって、旨み成分であるアミノ酸が生成されるのは同じである。石毛と同様の視点から、一九七二年にアメリカ人のサンダガルも、安く、入手しやすく、そしてタンパク質が豊富な大豆が北タイでは、魚の発酵食品の代わりに野菜スープなどに調味料として加えられているとして、トゥアナオに着目している。[*33]

後述するが、私が二〇一四年三月に調査をしたミャンマー内陸部のチン州ミンダッの市場では、ヤンゴンから持ってきたという大量のンガピ（小エビの塩辛）が売られており、それを売っていた人は、「最近はンガピが安く買えるから、納豆をつくる人は減っているよ」と言う。やはり魚の発酵食品と無塩発酵大豆食品の利用には何らかの相関がありそうだ。しかし、私がこれまで重点的に調査を行ってきたラオス、タイ、ミャンマーの三カ国では、すでに大量生産されている魚醤が山間部でも普及しており、現在その相関をはっきりと見ることは難しい。

また、無塩発酵大豆食品の分布を魚の発酵食品の分布との関係から論じることができる地域は、それを調味料として利用している東南アジア大陸部に限られていることにも注意する必要がある。魚醤の利用頻度が高くないヒマラヤ地域は、また違った視点から見なければならないだろう。

エージ・アンド・エリアの仮説と納豆

中尾佐助は、「ナットウの大三角形」に加えて、エージ・アンド・エリア仮説を適用した伝播仮説を提示している。

まず、中尾佐助が現在の納豆の分布をどのように考えているのか、少し長くなるが紹介しよう。

「……発酵に特定の植物の菌が関係していることが著しい特徴で、ナットウはいわば大豆と植物とそれにつく菌の三種の、植物複合文化となっている。またこれら原始ナットウ類の存在する場所は、ナットウの大三角形の頂点か、その付近に位置するという分布上の特色を示している。

これに対してナットウの起源地と目される中国、および朝鮮、ミャンマー北部、カンボジアのナットウは、複雑な加工による、いわば〝高度ナットウ〟で、とくに中国の豉のグループには多様に分化した複雑な製品がみられる。ナットウ類はこのように、その種類と分布地域のうえに、かなり明瞭な傾向がみられる。

このような現象を統一的に理解するには、エージ・アンド・エリア（分布と年代）の仮説を適用すれば明快である。

（中略）エージ・アンド・エリアの仮説は、わかりやすく説明すれば、つぎのようになろう。池の中に石を一つ投げこめば、そこから波がおこって、周辺に波がおよんでいく。何回も石を投げこめば、はじめの波ほど遠くにいき、新しい波は近くまでしかいかない。このたとえで、石の代わりに新しい文化要素が誕生すれば、その最古の波は最外部まで到達し、その後の高度化した新しい波はそれほどまで到達できにくいことになる。

このように考えていくと、ナットウ類のなかの原始ナットウ類と高度ナットウ類の分布のようすは説明しやすく、理解もしやすいことになる、ナットウの場合は、文化現象のなかでも、どうもエージ・アンド・エリアの仮説がうまく適用できる例の一つといえるようだ。」[*34]

これは、起源地の一元論である。しかし、ナットウの大三角形の時よりも、起源地の空間的範囲をかなり広げており、中国雲南省に加えて、ミャンマー北部、カンボジア、そして朝鮮までを含める見解に変わっていることは見逃せない。現在、中国雲南省あたりでは糸が引く粒状納豆はほとんど見られず、加工品が主流を占めているのは指摘の通りである。また、ミャンマー北部というのは、シャン州なのかカチン州なのかによっても異なるが、シャン州のことを指しているのであれば、乾燥センベイ状納豆であるし、カンボジアのシエンは粒状熟成納豆なので、加工された「高度ナットウ」といえる。しかし、中尾佐助のたとえで述べると、最初の波は、何百年か何千年かの時間を経て、東ネパールと日本にまで届き、いまでも古く単純な方法でつくられている粒状納豆が残っている。一方、起源地の中国やミャンマーなどでは、かなり古くから納豆がつくられており、東ネパールや日本に届くまでの間に様々な加工納豆が生まれたが、それは第二波、第三波であり遠くまでは波及しなかったということだ。

現在の納豆の形状分布を何らかの理論に当てはめて説明しようとした場合、大局的にはエージ・アンド・エリアの仮説は当てはまるかもしれない。しかし、最初の波がどのようにして東ネパールと日本に行ったのか、また朝鮮の清麹醤《チョングクジャン》は熟成させる「高度ナットウ」なのに対し、なぜ日本は発酵させたままの古い形状のままなのか。距離的に近い二地域が異なる納豆をつくっている原因を説明することは困難である。また、「高度ナットウ」がつくられている範囲でもイレギュラーな古い形状の粒状納豆が残っているのは言うまでもない。民族の移動や納豆の利用のされ方という視点を加えずに、エージ・アンド・エリアの仮説だけで、現在の納豆の分布を捉えることには無理がある。しかし、石を同じところに何度も投げるのではなく、最初の石は中国だけであったが、二度目の石は朝鮮とヒマラヤに投げたとすればどうだろうか。もう少し違った視点で議論ができる可能性は残されており、非常に面白い仮説である。

遺伝子解析による起源地の推定

近年になって納豆の起源に関する議論は、遺伝子解析の成果も加わるようになった。大きく進展するかと期待していたのだが、結局は、それほどでもない。

まず、原敏夫が枯草菌の遺伝子配列をもとにした納豆菌プラスミドの系統樹を作成した[*35]（図2－6）。その結果、ある共通の起源から一億六〇〇〇万年前にネパールのキネマ由来菌が分岐し、一億三〇〇〇万年前にタイのトゥアナオ由来菌、さらに七〇〇〇万年前に日本の納豆と中国の豆豉由来菌が分離したことが明らかにされた。単一の起源から菌が分岐したことを示しているため、一般の方々がこの図を見たら、伝播の一元説のように思うかもしれない。しかし、このような系統樹を作成すれば、必ず一つの起源となる。また、これは枯草菌の分岐を示しているのであって、

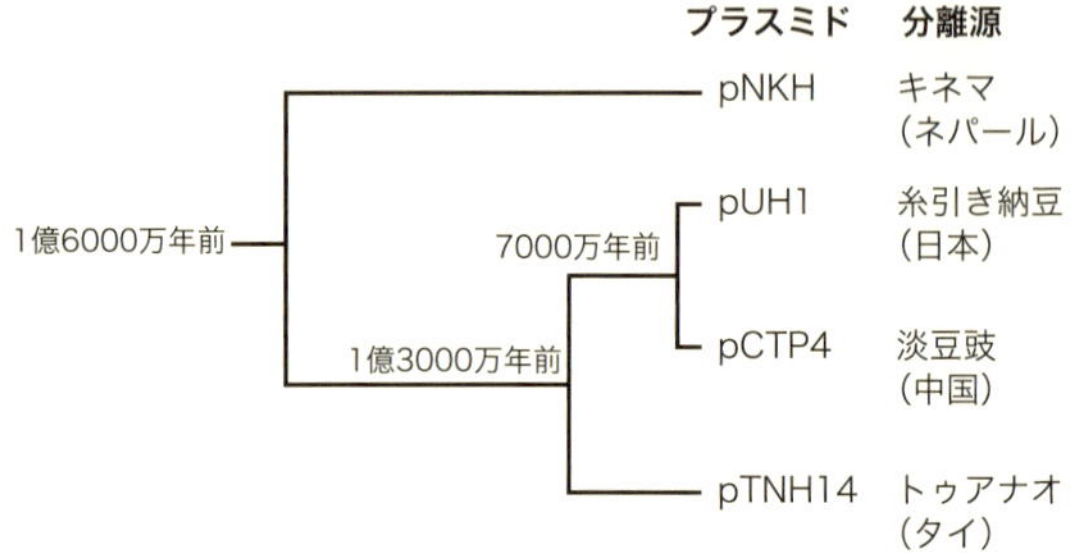

図2-6　アジアの納豆から分離した菌プラスミド

出典：原敏夫「納豆のルーツを求めて」『化学と生物』28(10)、日本農芸学会、1990年、676-681頁

納豆の伝播を示しているわけでないことは、一億数千年前という年代からもわかるであろう。まだヒトが誕生していなかった時代なのだ。しかし、原は次のように記している。

「東アジアで常食されている無塩発酵大豆から分離したγ－PGA生産菌が保持する納豆族プラスミドは、ある共通の祖先を有しており、種族、民族の移動あるいは交流により、あるものはマウンテンロード沿いにブータン、ヒマラヤを越え、ネパールへと西進し、一方、華南、華中とシナ大陸を北上した後、東へ進み、朝鮮半島や日本にまで伝播してきたのであろうし、またあるものはタイ北部山岳地帯へと南下していったのであろう。納豆様発酵食品が、このように三つのグループに分かれたであろうことが、これら納豆族プラスミドの分岐した年代の推定を行なうことにより明らかになった。同時に、これらの納豆族プラスミドの分岐した方向性から考えて、「東アジア照葉樹林文化圏」に固有の食文化である無塩発酵大豆の源流は、中国の雲南辺りにあると考えるのが妥当であろう。」[*36]

日本に納豆がやってきたのが何千年前かは分からないが、日本で言えば縄文時代後期か弥生時代あたり、やっと稲作が始まった頃だとしよう。中国で納豆をつくることができる菌が稲ワラについていることを分かっていて、それを製法とともに日本に伝えたということか。人の移動とともに枯草菌も移動したと考えるのは、極めて困難であり、この説は完全に否定できる。科学的で客観的なデータを出しているにもかかわらず、最終的に納豆の起源を説明する時に引用するのが、非科学的で主観的な照葉樹林文化論というのが、科学的な分析によって起源を導き出すことの困難さを浮かび上がらせている。

　また、稲津康弘によるアジアの発酵大豆由来の納豆菌の分析では、菌を分離した地域とバンドパターンの間に明瞭な関係性が認められていないことが明らかになっている[*37]（図2-7）。詳細は専門的になるので省くが、要するに、近い場所で分離

図2-7　アジアの無塩発酵大豆食品由来納豆菌のバンドパターン

出典：稲津康弘「概説・日本と世界の納豆」木内幹・木村啓太郎・永井利郎編『納豆の科学――最新情報による総合的考察』2008年、建帛社、203-208頁。

した菌なら、似たような特徴の菌であるはずなのに、そうではないという結果が得られたということだ。そして、類縁の菌が近い場所に分布していると言えない以上、作物や動物の移動に伴って、納豆菌が日本まで移動してきたとは考えにくいとしている。これは、人間がダイズやイネを栽培するより前から枯草菌が存在していて、それが各地で独立して進化を遂げたとする多元説を説いているように思える。しかし、それは菌だけの話である。使用される納豆菌が各地で異なっていたとしても、ある場所から別の場所へ納豆の製法が伝わったという可能性まで否定することはできない。

第一章で、私は栽培ダイズの起源地について、科学的な分析では、分析資料の物理的な違いは明らかにすることはできても、そこから起源について説明することは困難を極めると記した。納豆の起源についての科学的な分析も全く同じことである。科学的な分析によって、日本の納豆菌は七〇〇〇万年前に中国の豆豉由来菌と分岐したという事実は明らかにできても、起源は説明できない。また、近い場所同士なのに菌の特徴が違うことが分かっても、なぜ違うかは分からない。結局、分析で得られた事実をどのように解釈するのかは、私たち人間であり、分析装置は何も教えてくれないのである。

第三章

納豆交差点——ラオス

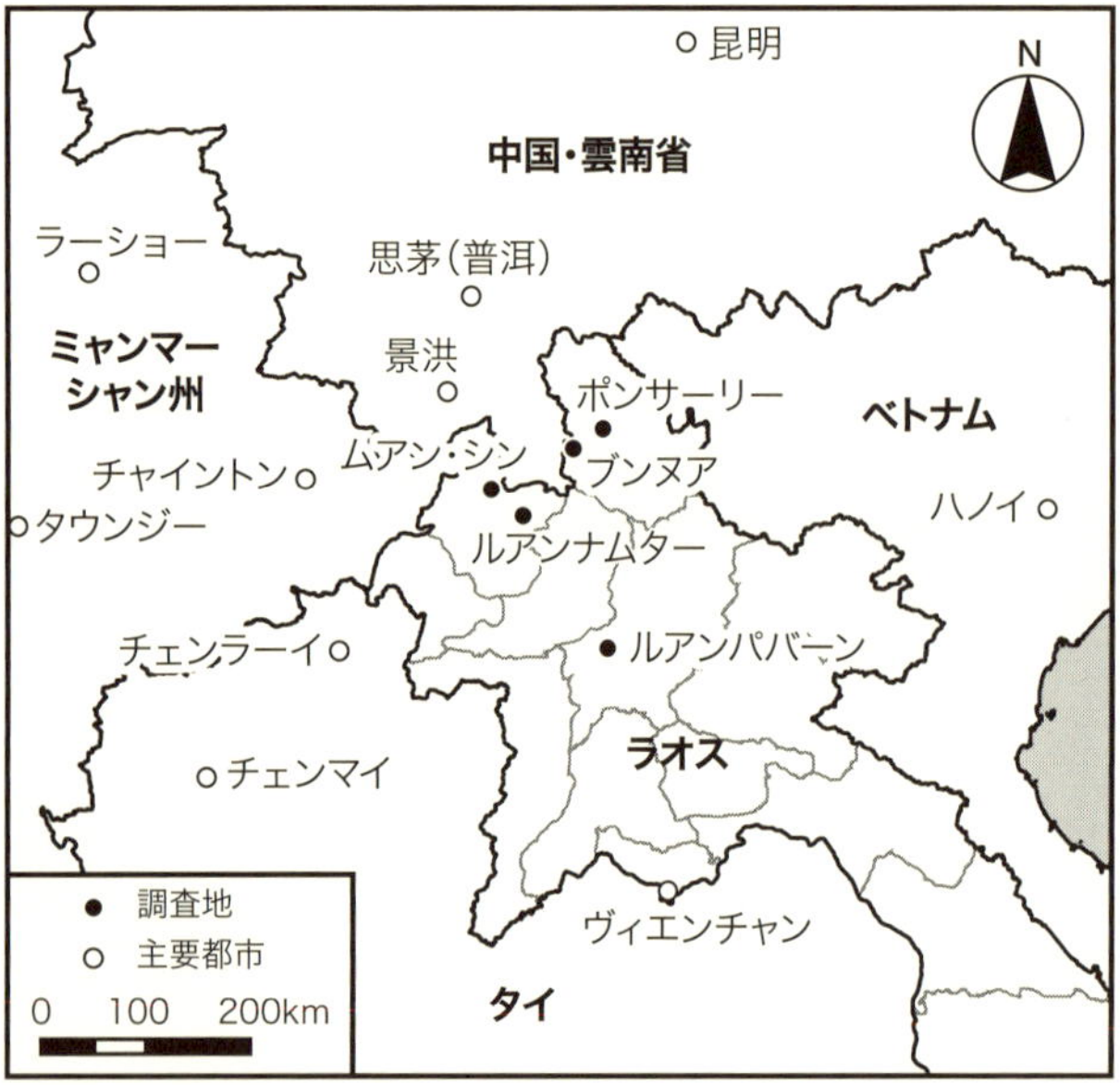
昆明
N
中国・雲南省
ラーショー
思茅（普洱）
ミャンマー
シャン州
景洪
ポンサーリー
ベトナム
ムアン・シン
ブンヌア
チャイントン
ハノイ
タウンジー
ルアンナムター
チェンラーイ
ルアンパバーン
ラオス
チェンマイ
調査地
主要都市
ヴィエンチャン
0 100 200km
タイ

謎に包まれたラオスの納豆

序章で述べたように、初めて私が海外の納豆と出会ったのが、二〇〇〇年。場所はラオス北部のルアンパバーンであった。トゥアナオと呼ばれるラオスの納豆は、地域的にはラオス北部にしか見られないマイナーな食べ物である。首都ヴィエンチャンで、トゥアナオのことを尋ねると、その存在自体は知っているが、食べたことがない人が大半である。しかし、北部では皆が知っているなじみ深い食べ物である。

ラオスの納豆については、吉田集而が「煮豆をかごに入れて葉で覆う。トウガラシなどを加え、円盤状にし、半乾燥」[*1]と記述しているだけであり、ほとんど何も分かっていない。また吉田よし子は、アジアの納豆の分布を示した地図で、ラオスの納豆を「トゥアシ」と記している。[*2]ラオス出身の友人の情報だということで「豆豉」に由来するらしい。ところが、私はトゥアナオのことを「トゥアシ」と呼ぶラーオ人に一度も出会ったことがない。どこで、「トゥアシ」と呼ばれているのか不思議である。ラオス北部の中国と国境を接するポンサーリー県で「毛豆腐納豆」をつくっているホーと称されている中国から移住してきた民族の中で使われている中国語の「豆豉《トウチ》」の聞き違いではないかと思う。もしかして、ラーオ語で豆を意味する「トゥア」と中国語の「豉」が混ざった言葉なのか。

だとすれば、文字だけで推測すると、ラオスの納豆は中国から伝えられたという仮説を立てることができる。あくまでも推測であるが、「トウチ」なら、「トゥアシ」とも聞こえるのかもしれない。

本章では、これまでほとんど知られていないラオスの納豆トゥアナオを現地調査で得たデータに基づいて、その生産と利用、そして周辺国の納豆との関係を明らかにしていこう。

ルアンパバーンの納豆

ルアンパバーンは、一四世紀以降、東南アジア大陸部で大きな勢力を誇ったランサーン王国とルアンパバーン王国の王都であった。

写真3-1　川海苔「カイペーン」

また、フランスから独立した後も、一九四五～七五年まで、ラオス王国の王都として栄えた。一九九五年に市街地全域がユネスコの世界文化遺産に登録されると、世界中から観光客が押しかけるようになった。特に乾季の観光シーズンになると、ホテルの予約が困難になるほどの賑わいを見せる。

市内中心部に位置するかつての王宮は、現在、博物館として一般に公開されている。夕方から夜にかけて、その王宮博物館の周囲には、観光客向けに食材やお土産などを売る出店が軒を並べる。多くの外国人観光客がルアンパバーンで購入する特産物は、ラーオ語で「カイペーン」と呼ばれる川海苔（写真3－1）だろう。国内のラーオ人がお土産として買っていくのは、水牛の皮が入ったカラシ味噌の「チェオボーン」である。そのような特産物に混じって粒状納豆と乾燥セン

表3-1　ルアンパバーンの市場で売られているトゥアナオの生産地

市場	店	粒状	ひき割り状	乾燥センベイ状
ポーシー（2007年8月27日）	1	ルアンパバーン	ルアンナムター	ルアンナムター
	2	ルアンパバーン	×	ルアンナムター
	3	×	×	ルアンナムター
	4	ルアンパバーン	ルアンナムター	×
	5	ルアンパバーン	×	×
	6	×	ルアンナムター	ルアンナムター ルアンパバーン
	7	×	×	ルアンナムター
	8	ルアンパバーン	ルアンパバーン	×
	9	×	ルアンナムター	×
ミッタパープ（2007年8月27日）	1	ルアンパバーン	ルアンナムター	×
	2	ルアンパバーン	ルアンナムター	×
	3	×	ルアンナムター	×
ターフア（夜）（2007年8月31日）	1	×	×	ルアンパバーン
	2	×	×	ルアンパバーン
ターフア（朝）（2007年9月1日）	1	×	ルアンナムター	ルアンナムター
	2	×	×	ルアンパバーン
	3	ルアンパバーン	×	×
	4	×	ルアンナムター	×
	5	×	×	ルアンパバーン
	6	×	×	ルアンパバーン
	7	ルアンパバーン	×	×
	8	ルアンパバーン	×	×
	9	ルアンパバーン	×	ルアンパバーン
	10	ルアンパバーン	×	×
	11	ルアンパバーン	×	×
	12	×	×	ルアンパバーン
	13	×	ルアンナムター	×

ベイ状納豆がひっそりと並んでいる。

二〇〇七年、私はルアンパバーンの納豆を調査する機会を得た。まずは、市街地の三カ所の食料品市場を訪ねることから始めることにした。市内で最も大きなポーシー市場では九軒、中規模のミッタパープ市場では三軒、そして王宮の横の露天市場であるターフア市場では一三軒が納豆を販売していた（表3－1）。売られていた納豆の種類は、粒状納豆「トゥアナオ・メット」が一三軒、ひき割り状納豆「トゥアナオ・ムン」が一一軒、乾燥センベイ状納豆「トゥアナオ・ペーン」が一三軒であった。納豆の種類ごとに生産地が分かれており、粒状納豆はルアンパバーン、ひき割り状納豆はルアンナムター、乾燥センベイ状納豆はルアンナムターとルアンパバーンが約半分ずつであることが分かった。

ルアンパバーンで生まれ育った五〇代の知り合いに聞いたところ、昔はルアンパバーンで納豆はつくられておらず、ボケオ県フエイサイ（ラオス北部のタイ国境の街）とルアンナムター（ラオス北部の中国国境の街）から納豆が入ってきていたと言う。しかし、二〇〇七年の調査では、フエイサイの納豆は売られていなかった。フエイサイでは納豆がつくられていないので、フエイサイを経由してタイから入ってきた納豆であると推測される。

納豆をつくり始めた中国系のホー族

ルアンパバーンの街中で納豆を生産している、サントゥさんという中国系のホーの世帯を訪ねた（写真3－2）。サントゥさんの家系は曽祖父母（三つ上の世代）の時に、中国からラオスの最北部、ポンサーリー県のベトナム国境に近い村に移り住んだ中国人の子孫である。一九八〇年代半ばにラオスの軍隊に加わり、一九八九年にポンサーリー県からルアンパバーンに移動してきた。しかし、軍隊で怪我をしてしまったので、除隊して、そのままルアンパバーンに定住することになったという。何か商売をやりたいと思っていたところ、中国雲南省の西双版納《シップソーンパンナー》タイ族自治州景洪《ジンホン》市にいる親戚が豆腐や納豆をつくっていたので、それを習いに行ったという。二年ほど中国の親戚のところに滞在しながら、つくり方を学び、一九九一年にルアンパバーンに戻ってきた。

　サントゥさんは、一九九二年から粒状・ひき割り状・乾燥センベイ状の三種類の納豆、そして豆腐と豆乳をつくって市場に卸している。納豆はポンサーリー県に住んでいた時から食べたことはあったが、つくったことは一度もなかった。ルアンパバーンに住み始めた一九八九年当時、すでにここでも納豆が売られていたが、それは地域外でつくられたものだったので、地元でつくれば売れると思ったと言う。今でもルアンパバーンで納豆を生産しているのは、サントゥさんだけである。彼が中国で習ってきたというつくり方は図3－1を参照して欲しい。この中で、東南アジアの他の地域と異なるプロセスが三つ見られた。

写真3-2　ルアンパバーンで納豆をつくっているサントゥさんの妻

　一つ目は大豆を茹でる前に軽く炒ることである。茹でる時間が短くなるから軽く炒っておくのだと言う。しかし、それが納豆を

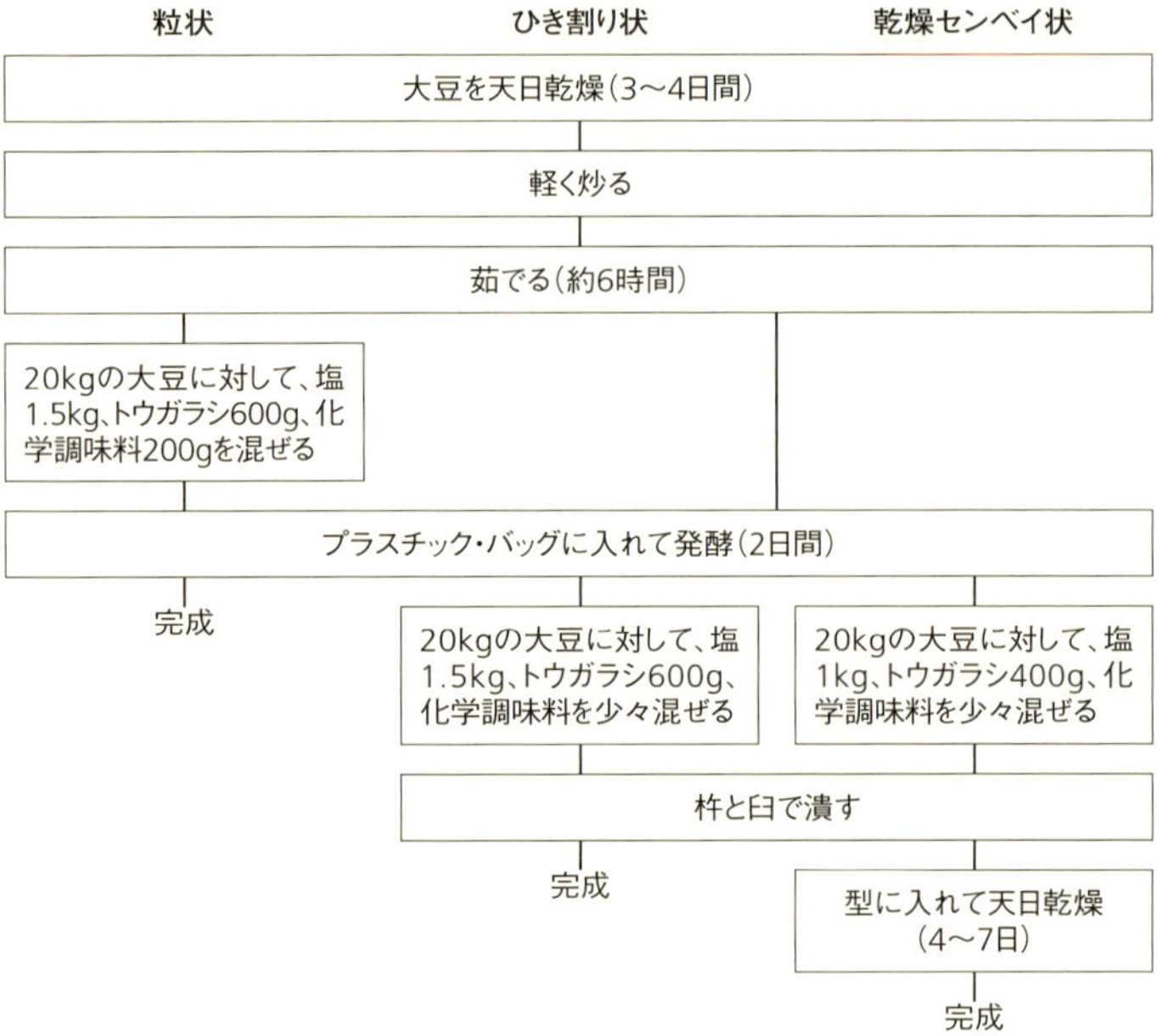
粒状
ひき割り状
乾燥センベイ状
大豆を天日乾燥(3〜4日間)
軽く炒る
茹でる(約6時間)
20kgの大豆に対して、塩1.5kg、トウガラシ600g、化学調味料200gを混ぜる
プラスチック・バッグに入れて発酵(2日間)
完成
20kgの大豆に対して、塩1.5kg、トウガラシ600g、化学調味料を少々混ぜる
20kgの大豆に対して、塩1kg、トウガラシ400g、化学調味料を少々混ぜる
杵と臼で潰す
完成
型に入れて天日乾燥(4〜7日)
完成

図3-1　ルアンパバーンの納豆のつくり方(ホー)

つくる上でどのような影響があるのかは分からない。

二つ目は粒状納豆をつくる時に限り、発酵前に塩や香辛料などを加えることである。発酵後にそれらを入れてかき回すと、粒が砕けてしまうので、発酵前に入れるのだと言う。ひき割り状と乾燥センベイ状の納豆の場合は、杵と臼で潰す時に、塩や香辛料を入れられるが、粒状納豆の場合は難しい。我々日本人には考えられないが、塩や香辛料で味付けされていない納豆は、市場に出しても売れないのだという。ラオスに限った話ではないが、タイやミャンマーでも大抵の納豆は、塩や香辛料で味付けされている。

そして三つ目は、乾燥センベイ

状納豆は厚さがあるため、乾燥時間が乾季でも四日間、雨季では一週間と非常に長いことである（写真3－3）。東南アジアで調査してきた乾燥センベイ状納豆の中では最厚である。サントゥさんがつくる乾燥センベイ状は厚さ七～八ミリメートルほどだが、同じラオスのルアンナムターでは厚さ三～四ミリメートル程度、そしてタイやミャンマーのシャン州では非常に薄く厚さ二ミリメートル程度である。シャン州ラーショー近郊のティンニー村で「厚い乾燥センベイ状はつくらないのか」と尋ねると、「厚いのは中国人の納豆だ」と言っていた。また、同じくシャン州のタウンジーで納豆を大量生産する中国系ミャンマー人も、厚さの薄い納豆はミャンマー人向けで、厚い納豆は中国系の住民向けだと説明してくれた。

写真3-3　天日干しされた乾燥中の乾燥センベイ状納豆

タイとミャンマーなどのタイ系諸族の民族が乾燥センベイ状納豆をつくる時は、団子状に丸めたひき割り状納豆を叩いて平たくするのに対し、中国系の住民は、型に入れてつくる。中国で納豆づくりを学んできたサントゥさんは、ひき割り状納豆を型にはめて乾燥センベイ状納豆をつくり続けており、薄いものをつくったことが無いと言う。

さて、問題は発酵の菌であるが、サントゥさんのつくり方では、植物を何も用いていないので、何が菌の供給源となっているのか判断できなかった。しかし、発酵はしていて、納豆臭もするのである。序章でも簡単に触れたが、納豆をつくっている場所に耐熱性の枯草菌が自然に存在しており、その菌によって茹でた大豆が発酵されていると考えるしか説明がつかない。

ルアンパバーンの納豆は鹹鼓の失敗か

サントゥさんによると、粒状納豆は、ビニール袋に入れて長期保存できるとのことである。もし長期保存できるとしたら、それは納豆ではなく味噌のようだ。本当に食べられる状態で長期保存できるのか、かなり疑わしいが、サントゥさんは、そのように中国の親戚から教わり、信じているようであった。

納豆をつくり始めた当初は、プラスチック・バッグではなく、壺で発酵させ、そのまま熟成させていたらしい。かつて使っていたという壺を見せてもらった（写真3－4）。サントゥさん本人は、「中国でトゥアナオのつくり方を習った」と言っていたが、塩を入れて壺で発酵させていたということは、習ったのは「納豆」ではなく、加塩発酵の「鹹鼓《かんし》」（第二章、三七－三八頁参照）のつくり方だったのではないか。鼓は、麴室に自生する微生物を用いた天然の麴で発酵させた後、塩や香辛料を加えて数カ月間熟成させてつくるのが一般的だが、[*3] おそらく中国国内でもいろいろなつくり方があるだろう。

鼓は温度管理が難しく、また麴菌を付けるための特別な環境が必要となる。しかし、あまり気にしないで普通に煮豆を置いておくと、雑菌がついて納豆になってしまうので注意しなければならないことは、中国の古い文献でも記されている。[*4] 第二章で紹介した吉田集而による納豆の

「豉・失敗起源説」は、豉をつくる時に失敗しても食べられるものが出来上がり、それが納豆として広まったという仮説だが、ルアンパバーンの中国系のホー族がつくっていた納豆が、まさにその失敗によってできたものかもしれない。現在は、壺での熟成からプラスチック・バッグを用いた発酵に変えており、独自の変更を加えているので、納豆をつくり始めた一九九二年当時の状況は把握できない。いずれにしろ、ルアンパバーンでつくられている納豆は、中国雲南省西双版納から伝播してきたものであることは確実である。

ルアンパバーンの市場で売られているすべての粒状納豆は、ホー族のサントゥさんがつくったものである（写真3－5）。おそらく私が二〇〇〇年に初めて海外で出会い、感動しながら食べたあの納豆は、サントゥさんがつくった納豆だったということになるだろう。しかし、それは豉をつくる際に失敗してできた納豆だったのかもしれない。豉の失敗作を食べて、納豆の研究に目覚めたというのは、あまり自慢できる話ではないが、私を納豆の世界に導いてくれたのは、紛れもなくサントゥさんがつくった納豆なので、その出会いに感謝したい。

写真3-4　サントゥさんがかつて使用していた発酵熟成用の壺

写真3-5　ルアンパバーンの市場で売られているサントゥさんの粒状納豆

納豆生産の中心地ムアン・シンへ向かう

ラオス北部の中心地であるルアンパバーンで調査をすれば、ラオスの納豆のことは理解できると思っていた。しかし、ルアンパバーンの納豆は、中国でつくり方を習った中国系のホー族がラオスに伝えたものであった。これをラオスの納豆だと結論づけて良いのだろうか。

ルアンパバーンの市場で売られていたひき割り状納豆と乾燥センベイ状納豆の多くは、ラオス北部のルアンナムターでつくられているという。そこで、ルアンパバーンでの調査を途中で切り上げ、ルアンナムターに向かうことにした。

ルアンパバーンからバスで丸一日を要したルアンナムターの市場では、六軒の店でトゥアナオを売っていた(写真3-6)。そこで情報収集したところ、ほとんどのトゥアナオはルアンナムター北西のムアン・シンのタイ・ルー族とタイ・ヌア族の村でつくられたものだという。そこで、今度は乗り合いトラックでさらに二時間かけてルアンナムターからムアン・シンに移動した。

ムアン・シンは、ラオス北部ルアンナムター県北西部の中国とミャンマーと国境を接する郡である。ラーオ語で「ムアン」は「郡」のことを意味するので、日本語にすると「シン郡」となるのだが、ラオス人は単に「シン」とは呼ばずに、必ずムアンを付けて、「ムアン・シン」と呼ぶ。本書でもムアン・シンと記すことにしたい。一九世紀までタイ・ルー族の王国であるムアン・シン王国が存在しており、*5 古くからタイ・ルー族の居住地であった。

ムアン・シンの市街地が位置する谷底平野では、タイ・ルー族の村落を中心に、タイ・ヌア族、黒タイ（タイ・ダム）族などのタイ系諸族が混住している。一方、平野部を取り囲む山地部にはチベット・ビルマ系のアカ族が多く居住している。多民族が共存する地域のムアン・シンの市場には、民族衣装を身につけた様々な人びとが訪れるため、一九九〇年代後半あたりから、多くのバックパッカーがそれらの民族を見学するために訪れるようになり、市街地には何軒もの簡易宿泊所が建ち並ぶようになっていった。

私は、二〇〇一年に観光の調査でムアン・シンを訪れたことがあった。当時、街には電気が来ていなかったので、夜九時になれば宿の発電機が停まって、真っ暗闇になった。またムアン・シンは、アヘンの取引で有名な場所であり、発電機が停止してからも寝ずに起きて話などをしていると、警察がアヘンを吸引しているのではないかと疑って宿にやってくるような状況であった。[*6] 実際、当時は市街地の外れにバックパッカーにアヘンを吸わせるアヘン窟が存在していた。

二〇〇七年にムアン・シンを再訪し、その変貌ぶりに驚いた。電気が二四時間使えるようになり、かつて市街地中心部に位置していた汚くて小さかった市場は、市街地の外れに移転して綺麗で大きくなった（写真3−7）。加えて、街にはアカ族の女性たちが、観光客を見つけて土産物を押し売りする姿が見られるようになった。訪れるツーリストもバックパッカーよりは、パッケージツアーの団体客やトレッキングなどを楽しむエコツーリストが多

写真3-6　ルアンナムターの市場でトゥアナオを売る女性

くなり、タイ北部のチェンマイさながらの観光地のようになっていたのである。

二〇〇一年の調査時には、納豆が市場で売られていることを確認しただけで、詳しいことは全く調べていなかった。もし、この時に少しでも納豆のことを調べていれば、二〇〇七年の調査を計画する段階で、はじめからムアン・シンでの調査も予定に入れていただろう。

写真3-7　2007年に再訪したムアン・シンの市場

二〇〇七年のムアン・シンの市場では、ひき割り状納豆を大きな器に入れて量り売りしていた店が一四軒、ひき割り状納豆を小さなビニール袋で小分けして売っていた店が八軒、そして乾燥センベイ状納豆を売っていた店が二軒見られた。いずれの出店者もムアン・シン地区のタイ・ヌア族とタイ・ルー族の住民である。ムアン・シンの納豆は、ひき割り状納豆が中心で、乾燥センベイ状もほとんど見られず、そして粒状納豆については全く売られていなかった。市場の出店者は、自らつくった納豆を売るか、特定の知り合いの生産者の納豆だけを扱っているので、複数の生産者から納豆を仕入れるようなことはしていなかった。よって、ルアンパバーンの市場とは違って、一つの店で何種類もの納豆を扱うようなことはない。

ムアン・シンのタイ・ヌア族の納豆

市街地から北に一〇分ほど軽トラックのタクシーで移動したところに位置するタイ・ヌア族のパートォイ村とクム村、そしてタイ・ルー族のナムケオノイ村とナムケオルアン村で調査を行った。それらの村の納豆のつくり方を図3-2にまとめた。大豆を茹でる時間、発酵後に加える塩や香辛料の量に若干の違いが見られたが、基本的にはすべて同じつくり方であった。

最初に訪れたのは、タイ・ヌア族のパートォイ村である。ここでは、サムオーンさんという気の良さそうなおじさんの家を訪問した。ちょうど納豆を臼で搗いて、ひき割り状納豆をつくろうとしていたところで、発酵が終わったばかりのトゥアナオを見せてもらうことができた（写真3-8）。それはルアンパバーンで見たホー族の生産者の発酵のさせ方と同じで、茹でた大豆を肥料袋のようなプラスチック・バッグに入れ、風通しの良い日陰で二日間放置しただけだと言う。スターターとなる菌も植物も何も入れない。食べさせてもらったが、糸は引かないものの、味は間違いなく納豆であった。

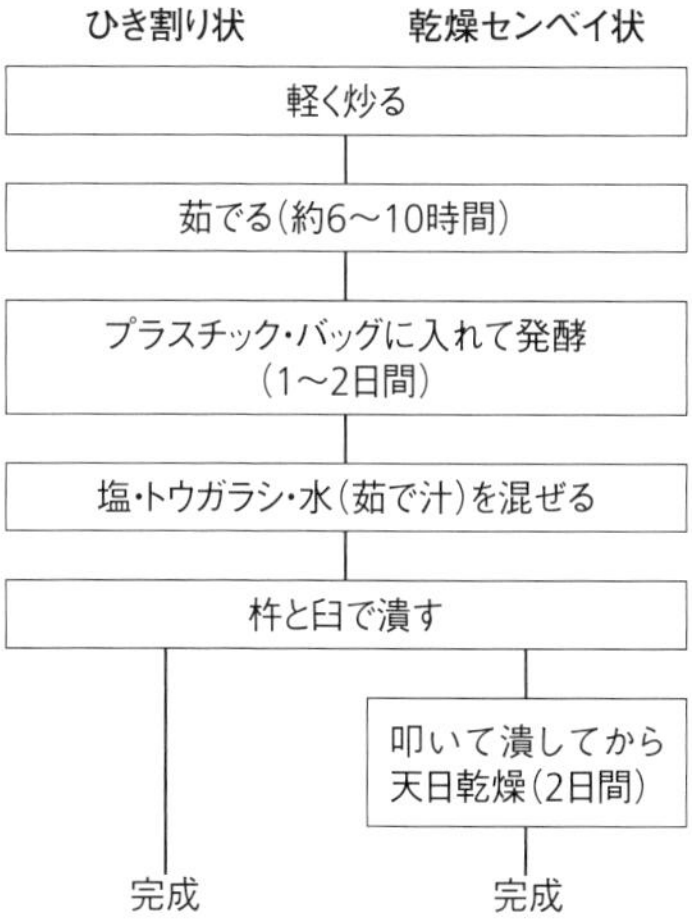
ひき割り状
乾燥センベイ状
軽く炒る
茹でる（約6～10時間）
プラスチック・バッグに入れて発酵（1～2日間）
塩・トウガラシ・水（茹で汁）を混ぜる
杵と臼で潰す
叩いて潰してから天日乾燥（2日間）
完成
完成
図3-2　ムアン・シン地区の納豆のつくり方（タイ系諸族）

この地域の臼は、てこの力を利用して足で搗く唐臼（別名、踏み臼）である。これまで調査をしたところ、東南アジアのタイ系諸族の杵と臼は、ほとんどが唐臼である。サムオーンさんの家では、子供たちが杵をついている棒を足で踏み、大人は臼に入れた納豆と塩や香辛料の加減を調整しながらかき混ぜる役割を担っていた（写真3－9）。この家では、一回につき約五〇キログラムの大豆を使って納豆をつくる。茹で時間は約八時間で、茹で上がると一〇〇キログラムを超えるという。ひき割り状納豆をつくる時は、一〇〇キログラムの粒状納豆に対し、二〇キログラムの塩、五キログラムのトウガラシ、そしてバケツ二杯分の水を加えるという。ひき割り状にした後に味見をすると、かなり塩っ辛い（写真3－10）。乾燥センベイ状の納豆は注文があった時だけつくるという。つくった納豆は、地元ムアン・シンとルアンナムターの二つの市場に卸す。

写真3-8　発酵が終わったばかりのトゥアナオ。プラスチック・バッグに茹でた大豆を入れて日陰で二日間放置させる

写真3-9　塩や香辛料の量を調節しながら唐臼でひき割り状納豆をかき混ぜるサムオーンさん

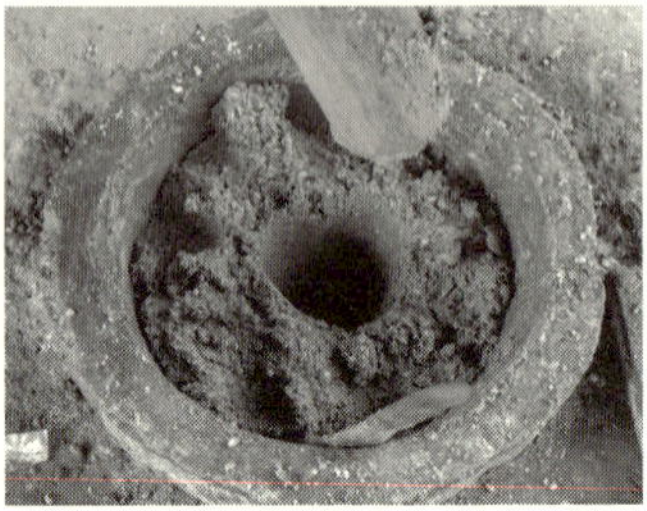

写真3-10　唐臼の中のひき割り状納豆。納豆に対して2割の塩が入れられており、かなり塩辛い

サムオーンさんは、祖父母が中国雲南省[*7]からこの地に移り住んだと親から教えてもらった。二世代前なので、おそらく六〇年ぐらい前、一九四〇〜五〇年あたりであろう。納豆は親の世代から自家消費を目的につくっていたが、一九九一年から市場で売り始めたという。一九九一年に商業生産を始めたのは、ムアン・シン地区では遅いほうだと言っていた。

次にパートォイ村の隣にある、同じくタイ・ヌア族のクム村のポームさんの家を訪れた。ここでも、発酵のさせ方は茹でた大豆を袋に入れて放置するだけの方法で、ひき割り納豆をつくる時に入れる塩とトウガラシの比率も先のパートォイ村のサムオーンさんとほとんど同じであった。基本的にひき割り状納豆しかつくらず、一九七五年からルアンナムターの市場に卸している。乾燥センベイ状は、注文があった時だけつくるが、粒状納豆で出荷したことは一度もない。ラオスでは粒のまま売っても誰も買ってくれないらしい。

ポームさんは、祖父母が納豆をつくっていたことを覚えていると言う。クム村は曽祖父母の時代に雲南省思茅《スーマオ》地区（現在は普洱《プーアール》市）から移り住んできた人たちがつくった村だが、ムアン・シン周辺には、他にも同じ時期に思茅地区からラオスに移り住んだタイ・ヌア族の村が多いと言う。タイ・ヌア族は皆納豆を食べるし、つくることもできるので、おそらく中国に住んでいた時から、納豆をつくっていたに違いないと話してくれた。

ムアン・シンのタイ・ルー族の納豆

ラオスには、菌の供給源となる植物などを使って大豆を発酵させている生産者はいないのかもしれない。しかし、ムアン・シン地区には多くの納豆生産者がいるので、諦めずに、今度はタイ・ルー族の村に行くことにした。

訪ねたのは、ナムケオノイ村。肝っ玉母さんみたいな風貌のイェントゥイさんの家であった（写真3－11）。高床式住居の柱の下に、五〇キログラムの納豆が入る袋が一〇袋ぐらいは置かれていた。

彼女は、「私のつくるトゥアナオは、他の家のトゥアナオとはちょっと違うのよ」と言う。かなり期待したが、やはりプラスチック・バッグで茹でた大豆を二日間発酵させており、菌の供給源は何も入れていなかった。何が違うのかと尋ねたら、「これよ」と言って、バケツに入っている黒い水を指差した（写真3－12）。腐敗しているとしか考えられない臭いを放っている大豆の茹で汁である。彼女は「豆も発酵、茹で汁も発酵、私がつくるトゥアナオは全部発酵させているのよ」と言う。粒状納豆を潰してひき割り状にする時に、この茹で汁を入れると味が濃厚になるとアピールするが、さすがに腐った茹で汁入りの納豆を味見する気にはなれなかった。塩とトウガラシを入れる分量は、タイ・ヌア族がつくる納豆とほとんど同じであった。父母の代からつくっているが、売り始めたのは一九八〇年代後半からである。つくったひき割り状納豆はすべてルアンナムターの市場に卸している。祖父母は中国雲南省の生まれだが詳細は分からないという。

イェントゥイさんによると、ムアン・シン地区で納豆を生産している世帯が最も多い村は、ナムケオルアン村だと言うので、その村も訪問してみることにした。ムアン・シンの市街地から歩いて二〇分ぐらいのタイ・ルー族の村である。そこではケオさんとスックさんの二つの世帯で調査をさせてもらった。その二世帯の納豆のつくり方も、ムアン・シン地区の他の世帯と基本的に同じである。

ナムケオルアン村の二世帯でも、ひき割り状にする時に大豆の茹で汁を入れていたので、タイ・ヌア族とタイ・ルー族の違いは、タイ・ヌア族は、ひき割り状の納豆にする時に水を加えるのに対し、タイ・ルー族は茹で汁を加えるということになる。しかし、調査のサンプル数が少ないので、それが民族の違いによるものとすることはできない。加える水の違いも大切かもしれないが、それよりは、ムアン・シン地区では、どの生産者も茹でた大豆をプラスチック・バッグで発酵させており、菌の供給源に植物を使っていないことが分かったことのほうが大きな成果である。

写真3-11　ナムケオノイ村の納豆生産者、イェントゥイさん

写真3-12　発酵した大豆の茹で汁

ラオスの納豆は植物を使わないのか

ムアン・シンでの調査を終え、乗り合いトラックでルアンナムターに戻る途中、クム村のポームさんが同じトラックに乗り込んできた。五〇キログラムの袋に入った四袋のひき割り状納豆をトラックに積み込んだ。ルアンナムターの市場で売るのだと言う。ルアンナムターの市場には、ルアンパバーンを含むラオス北部各地から商人が納豆を求めてやってくる。約二〇〇キログラムのトゥアナオは三〜四日で売り切れると言う。ルアンナムターの市場は、地元の住民に納豆を売ることに加えて、ラオス北部各地に納豆を供給する中継地点のような機能を果たしているようだ。

ムアン・シン地区で私が訪れた四村の聞き取りだけでも、おそらく五〇世帯ぐらいは販売目的でトゥアナオを生産していた。ラオスで、これだけの世帯がトゥアナオ生産に従事している地区はここ以外にはないので、ムアン・シン地区はラオスのトゥアナオ生産の中心地であることは間違いない。しかし、生産者であるタイ・ルー族とタイ・ヌア族は、その出自が中国である。おそらく、ラオスで納豆が独自に生まれたと考えるのは無理があり、中国に居た時から納豆を生産しており、移住とともにラオスにも伝えられたと考えるのが自然であろう。

また、納豆のつくり方に関して、現在は発酵させる時に植物を用いていないが、そのようなつくり方が中国からの移住とともに納豆がラオスに入ってきた時も同じであったのかどうかは分からない。もしかして、ルアンパバーンのホー族と同じように、豉をつくる時に失敗しても食べられるものが出来上がったものかもしれない。最初に中国からラオスに移り住んだ世代が、どのように納豆を製造していたのか、現住民に聞いても分からなかった。プラスチック・バッグだけで発酵を行うようになったのはいつからなのか、まだまだ不明点は多い。

最北部ポンサーリーの納豆

二〇〇八年一二月にラオス最北部のポンサーリー県を訪れる機会があった。県都ポンサーリーへの道中、ブンヌア郡ヨー地区というところで小休憩をした時だった。目の前に、厚焼きクッキーにそっくりな乾燥センベイ状納豆が売られている。二〇〇七年に調査をしたルアンパバーンとムアン・シン地区で見かけたことのない形状である。売っている人に尋ねたら、近くに住むタイ・ルー族が昔からつくっている納豆だという。しかし、そのクッキーのような納豆は、一つの店でしか売られておらず、その数も三〇枚ぐらいであった。別の店では袋に入ったひき割り状納豆が売られていた。ルアンナムターから定期的に売りに来るとのことである。

写真3-13　タイ・ルー族がつくっている
クッキーのような乾燥センベイ状納豆

とりあえず厚焼きクッキーにそっくりな乾燥センベイ状納豆を味見するために、一枚だけ購入した（写真3－13）。食べてみたところ、この納豆は薄味で、塩とトウガラシは若干加えられているようだが、全く塩辛くなかった。ブンヌア郡ヨー地区は、ムアン・

シン地区と同じタイ・ルー族が多く住んでいるので、この地で納豆をつくっていても不思議ではない。納豆の調査のために来たわけではないため、残念ながら時間を割くことができなかった。もっと詳しく調べたかったが、ヨー地区を立ち去り、ポンサーリーへと車を走らせた。

県都のポンサーリーは、標高が一五〇〇メートルの山の尾根につくられた街である。そこに住む住民はタイ系諸族ではなく、チベット・ビルマ系諸族のプーノーイ族と中国系のホー族である。日常会話もラーオ語ではなく、それぞれの民族の言語が使われる。ここはラオスではないのではないかという雰囲気にさせられる場所だ。

ポンサーリーに到着し、さっそく市場を訪れた。そこでは、中国では一般的だが、ラオスの市場では滅多に見かけない腐乳《フウルウ》が多くの店で売られていた。そして、腐乳が売られている店のほとんどで、乾燥センベイ状納豆が売られていた。売っていたのは、ホー族の女性である。二〇〇七年にルアンパバーンのホー族のサントゥさんのところで見た形状の納豆、すなわち型にはめて乾燥させた分厚いセンベイ状納豆が並んでいた。タイ系諸族の薄いものは全く見当たらない。やはり、型にはめた分厚い乾燥センベイ状納豆が中国系のホー族がつくる納豆の特徴だと言ってよいだろう。

しかし、形は乾燥センベイ状の納豆と全く同じであるが、大豆の粒が全く残っておらず、色も薄い納豆のようなものが一緒に並んでいた（写真3－14）。納豆は焦げ茶色だが、その納豆のようなものは、黄土色である。後で分かったのだが、それが、第二章で述べたカビで発酵させた「毛豆腐納豆」（第二章、写真2－11）であった。初めてこの「毛豆腐納豆」を見た時に、私は当然それがカビで発酵させたものだとは思わなかったが、納豆とは違うことは何となく勘付いた。そこで、数枚購入して宿に持ち帰った。一通り写真を撮ったあと、試食してみたところ、納豆特有の臭いがなく、淡泊な味がしたので驚いた。これまで食べたことのない味だった。これは何なのか。

それを知る機会は突然訪れた。日中の調査を終えて、夕飯まで時間があるので、ポンサーリーの市街地をメンバーで散策することになった。市街地から少し奥に入ると、ラオスでは滅多に見ない石畳の道が続き、その両脇には土壁の平屋建てが並ぶ景観が広がり、中国の農村に迷い込んでしまったような錯覚に襲われた（写真3－15）。そして、目の前に現れたのが、毛豆腐納豆をつくっている現場であった。

写真3-14　ラオスの市場で売られていた毛豆腐納豆

写真3-15　ポンサーリーの街並

ポンサーリーの人びとは、毛豆腐納豆も枯草菌で発酵させた納豆も同じく「腐った豆」を意味するトゥアナオと呼んでおり、両者の間に明確な区別はないように思えた。ホー族の生産者に何と称するのか尋ねたところ、「豆豉」という答えが返ってきた。中国語でも納豆を表す言葉は「豆豉」なので、当然の答えである。これを枯草菌で発酵させた納豆と比較して論じることはできないが、現地の人びとが毛豆腐納豆をトゥアナオだと呼ぶことを否定する必要もないだろう。
ポンサーリーでこれまで報告がなかった毛豆腐納豆について調査することができたわけだが、結局、植物を菌の供給源にして発酵させる納豆のつくり方は確認できなかった。

発酵に植物を使う納豆

二〇一三年三月、私が指導していた大学院生がブンヌア郡のヨー地区で一カ月ほど現地に滞在しながら農業の調査をしていた。その頃、私もちょうどある研究プロジェクト[*8]でラオスを訪れたので、二日間ほどその院生と一緒に調査を行うことにした。ヨー地区は、二〇〇八年に厚焼きクッキーにそっくりな乾燥センベイ状納豆を見た地区である。だが、調査前、私は五年前にその場所で納豆を見たことすら忘れていた。

タイ・ルー族のシェンピー村で、農家世帯の主人に聞き取りを行っていた時である。夫人が、家の中から籐のお盆に載せた茶色い物体を出してきて、家の外で干し始めた。よく見ると、それは納豆であった（写真3－16）。私はこの瞬間、五年前に厚焼きクッキーにそっくりな納豆を市場で見かけたことを思い出した。目の前にある納豆は、その納豆と同じ形であった。

そのつくり方は、茹でた大豆を大きな葉に包んで発酵させるというやり方で、これまでラオスで見てきた納豆とは全く異なっていた（図3－3）。しかも、カゴやプラスチック・バッグなどを使わず、煮豆を葉に包むという方法も初めて見た。ここで使われていたのは、ラーオ語で「バイ・トンチン」と呼ばれている大きな葉で、クズウコン科のフリニウム属（*Phrynium pubinerve* Blume）である（写真3－17）。バイ・トンチンはちまきをつくる時にもよく使われる葉で、森に入れば比較的容易に入手できる。もし、どうしてもバイ・トンチンがない場合は、バナナや食用カンナのような大きな葉を使っても納豆はできるが、バイ・トンチンで発酵させた納豆が一番美味しいと言う。粒状のままで食べることもあるが、ほとんどは乾燥センベイ状にする。ムアン・シン地区と違い、ひき割り状で食べない。なお、私が現場を見たのは、天日干ししようとしていたところだったので、発酵させた後に糸が引くかどうかは確認していない。尋ねてみたが、粘りは出るが、糸を引くほどではないらしい。この村では、市場で売る人はいないが、自家用として納

茹でる（約6～10時間）
↓
バイ・トンチンの葉に煮豆を包んで発酵（2日間）
↓
杵と臼で潰す
↓
手で形を整えてから天日乾燥（2日間）
↓
完成

図3-3　シェンピー村の納豆のつくり方（タイ・ルー族）

写真3-16　シェンピー村で干されていた納豆

写真3-17　「バイ・トンチン」と呼ばれる大きな葉

豆をつくっている世帯は多いと言う。また、納豆のほかにも白菜の漬け物のような発酵食品も自家用につくっていた。

ヨー地区では、タイ・ルー族が古くから水田稲作を営んでいた。大学院生の調査によると、シェンピー村のタイ・ルー族は、約五〇年前に中国雲南省西双版納から移住してきたとのことである。村の長老が子供の時、両親と共にラオスに入り、新しい村をつくったことを記憶しているという。

こうして、二〇〇七年の調査の時には確認できなかった、植物を使って発酵させた納豆のつくり方を、五年越しでようやく確認することができたのである。

納豆の利用法

ラオスでは、納豆はどのように利用されて、食されているのだろうか。ルアンパバーンの市場で納豆を売っていた人たちに聞き取りをしてみた。

粒状とひき割り状のトゥアナオは、モチ米や野菜につけるソースの「チェオ」（魚醬、トウガラシ、各種ハーブなどを混ぜる）をつくる時に入れるとか、人によっては豆腐と一緒に食べると言う。また、乾燥センベイ状のトゥアナオは、火で炙ったり、油で揚げたりしてそのまま食べる。ムアン・シン地区の人びとに聞くと、チェオでの利用のほかに、炒め物やスープに入れたりすると言う。また、ブンヌア郡ヨー地区の人たちは、乾燥センベイ状納豆を、油で揚げたり、スープに入れたりする。調味料としていろいろな料理で使われており、その使われ方にも地域性がありそうだ。

ラオスで各地共通の使われ方は、序章でも写真で示した米麺「カオ・ソーイ」（序章、写真0－2）の豚そぼろソースでの利用であろう（写真3－18）。カオ・ソーイの豚そぼろソースは、豚挽肉、トウガラシ、ニンニク、シャロット、塩、油、鶏だしなどを混ぜて炒めた後に、ひき割り状納豆を混ぜてつくる。[*9] おそらく、地域によって若干の違いがあるだろうが、トゥアナオは必ず入れる。ラオス北部では、朝食や昼食に食堂でカオ・ソーイを食べる人が多く、トゥアナオの消費量の大半はカオ・ソーイによる利用だと考えられる。私が調査をした限りでは、ラオスで納豆が売られている範囲とカオ・ソーイがつくられている範囲はほぼ一致していると思われた。また、その納豆のほとんどは、ムアン・シン地区のタイ・ヌア族とタイ・ルー族の村落でつくられたものが各地に流通したものである。近年は、首都ヴィエンチャンでもカオ・ソーイを提供する食堂がある。しかし、そのような店は独自のルートでルアンナムターからひき割り状のトゥアナオを仕入れている。

写真3-18 「カオ・ソーイ」に使われる豚そぼろソース

もう一つ、ルアンナムターあたりでよく食べられている「カオレーンフン」と呼ばれる軽食にも納豆が使われている（写真3－19a）。つくっているのはタイ系民族である。酸っぱいタレに、米を寒天状にして適当な大きさに切ったものを入れ、その上にひき割り状納豆とトウガラシを混ぜたものを載せて食べる。

実は、これとほとんど同じものがベトナム北部でも食べられていた。ある研究プロジェクトで同じ研究メンバーである京都大学の柳澤雅之さんと話していて、ベトナムでも納豆を見たことを教えてもらった。どんな納豆なのか、写真を送ってもらったところ、ラオスのカオレーンフンとそっくりの食べものであった。これは、ライチャウ省フォントー県ザオサン村の定期市で売られている「クア・スー（もしくはダイ・スー）」と呼ばれる食べ物らしい（写真3－19b）。原料は米ではなく食用カンナで、ネギと出汁を入れて、上に納豆のようなものを混ぜて食べるとのこと。ベトナムに納豆があるということだけでも驚きなのに、つくっているのは山地民のモン族（写真3－19c）ということでさらに驚いた。ラオスやタイのモン族で納豆を食べたり、つくったりすると

写真3-19a 「カオレーンフン」

写真3-19b ベトナム北部で食べられている「クア・スー」（写真提供：柳澤雅之）

写真3-19c 「クア・スー」をつくっていたモン族の女性（写真提供：柳澤雅之）

いう話を一度も聞いたことがない。クア・スーに使われている納豆のような豆が納豆なのかどうか分からないが、写真を見た限りでは、納豆のように見える。

カオ・ソーイと納豆の関係

カオ・ソーイは、ラーオ語で「カオ」は米で、「ソーイ」は細く切るという意味なので、直訳すれば単に「米の麺」という意味になる。しかし、ラオスには米でつくった麺が他にもある。半発酵米麺の「カオ・プン」、ベトナム風乾麺の「フゥー」、もちもちとした食感のうどん「カオ・ピアック・セン」などが各地で食べられている。しかし、納豆を入れる米麺はカオ・ソーイだけである。

では、カオ・ソーイの起源はどこなのか。カオ・ソーイの豚そぼろソースは納豆がなければできないので、この二つには関係がありそうだ。ムアン・シン地区のタイ・ヌア族とタイ・ルー族が中国雲南省から移動してくる時に、カオ・ソーイと納豆の両方を持ち込み、それがラオス北部に広がったことが証明できれば、現在の納豆とカオ・ソーイの分布の一致も説明できる。しかも、石毛直道は、アジアの麺の起源は中国であると推測している。[*10]

中国雲南省の名物でもある米麺の「米線《ミーシエン》」は、タイ系諸族のふるさとである西双版納でも庶民の食事である。食堂で米麺を頼むと、鶏ガラなどで出汁をとったあっさりした味のスープに米麺と肉そぼろが入っているものが出される。店の隅に置かれているテーブルに薬味が何種類も用意されていて、それを好きなだけ入れて、独自の味付けで食べる。その薬味のひとつに豆豉が用意されている。景洪市のホテルに泊まった時、朝食で米線が出され、親切に英語と中国語の説明が書かれた薬味がテーブルに並んでいた。そこには、ショウガ、ニンニク、トウガラシ、腐乳、そして豆豉の器が並ぶ。その奥には、砂糖や塩、醤油などが置かれている。発酵大豆の豆豉を入れる中国雲南省の米線は、納豆を入れるラオスのカオ・ソーイと近い食べ方なので、カオ・ソーイも中国雲南省から持ち込まれたのかもしれないという期待を持たせる。

カオ・ソーイがよく食べられているルアンパバーンでの聞き取りや知人からの情報では、カオ・ソーイはムアン・シンが発祥地だとする意見と、タイと国境を接するボケオ県が発祥地だとする意見の二つに分かれた。前述したように、昔はルアンパバーンの納豆はボケオ県フエイサイから入っていたようなので、ボケオ県の可能性も十分にある。ボケオ県はタイ北部のチェンラーイ県と接しているのだが、チェンラーイ県でも納豆がつくられており、そしてラオスと同じカオ・ソーイが日常的に食べられているのだ。

私の共同研究者であるタイ・チェンマイ大学農学部のカノック教授に連絡を取り、チェンラーイ県での納豆とカオ・ソーイについて尋ねてみた。カノック教授はラオス北部でも何度も調査をしており、ラオスの納豆やカオ・ソーイのこともよく知っている。その回答は、ラオスのルアンパバーンと同じような納豆を使った豚そぼろソースがかかったカオ・ソーイがタイのチェンラーイでも普通に食べられているとのことであった。タイ北部のチェンラーイあたりにも納豆を使ったカオ・ソーイがあるならば、ラオス北部のカオ・ソーイは、ラオス北部とタイ北部のメコン川岸付近で生まれたと考えることもできる。

なお、タイでカオ・ソーイと言えば、チェンマイ付近で食べられているカオ・ソーイを指すのが一般的だが、それはラオス風の納豆が使われているカオ・ソーイとは全く違う。タイでは、その一般的なカオ・ソーイに対して、納豆が使われているカオ・ソーイを「カオ・ソーイ・ナムナー」と区別して呼んでいる。

実は、ミャンマー・シャン州にもカオ・ソーイと呼ばれる米麺があり、それは、どちらかというとタイのカオ・ソーイよりもラオスのカオ・ソーイに似ている。非常に興味深いトピックであるが、これらの麺については、後の章でもう少し詳しく取り上げることにして、ここでは、ラオスのカオ・ソーイと納豆との関係に焦点を絞ることにしたい。

ラオスの納豆はどこから来たか

ラオスの納豆の起源について、調査結果に基づく私の仮説を図3-4と図3-5を使って説明しよう。

ひき割り状納豆は中国雲南省あたりから移り住んできたタイ・ヌア族とタイ・ルー族が、ムアン・シン地区およびその周辺に持ち込んできた。それについては、現在、納豆を生産している世帯の移住歴から考えると間違いない。また、粒状納豆については、中国でつくり方を習った中国系のホー族がルアンパバーンで生産しているだけであり、中国からの伝播であることが分かった。

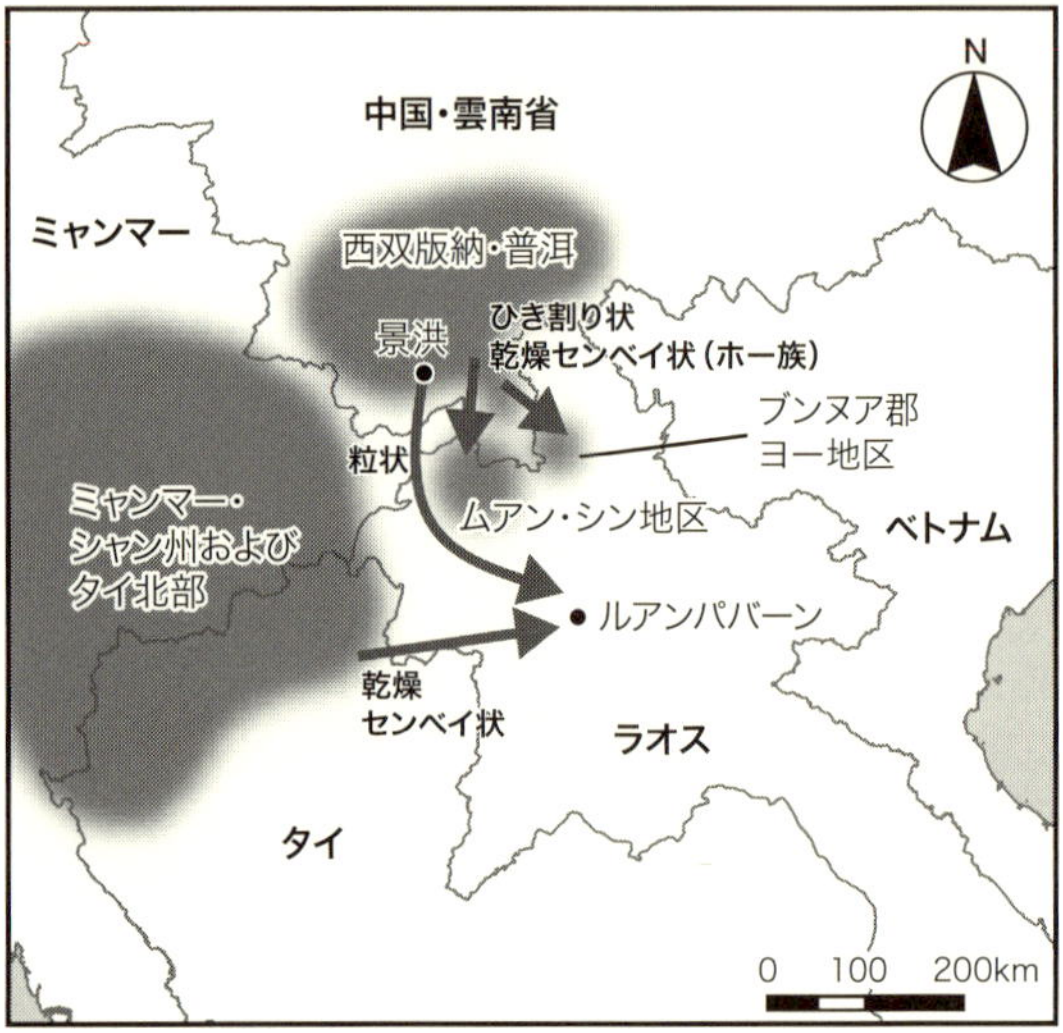

図3-4　ラオスの納豆の伝播ルート

ラオスにおける納豆の主な用途は、カオ・ソーイに使われる豚そぼろソースの原料であり、カオ・ソーイが提供されている分布と市場で納豆が売られている分布の範囲はほぼ一致している。市場で売られている納豆の大半はムアン・シン地区でつくられたものなので、カオ・ソーイの広がりとともにムアン・シン地区の納豆もラオス北部各地に流通するようになったと思われる。

しかし、中国から納豆と一緒にカオ・ソーイもムアン・シン地区に伝えられ、その二つが同時にラオス北部に拡散したと考えるのは早急である。現在のラオス北部のカオ・ソーイは、雲南省の米麺ではなく、ラオス北部とタイ北部およびミャンマー・シャン州のメコン川岸の地域でポピュラーな納豆を使った米麺である。納豆とカオ・ソーイの分布は一致していたとしても、その伝播経路は分けて考えたほうが賢明だろう。

米麺の起源が中国雲南省付近だとしても、カオ・ソーイは雲南省の米線から独自変化してラオス北部とタイ北部およびミャンマー・シャン州のメコン川岸の地域で生まれ、それが今のラオス北部各地に拡がっていったのではなかろうか。それがいつ頃なのかは知る術を持たない。しかし、カオ・ソーイがラオス北部の伝統的な麺として認知されていることを考えると、この一〇年や二〇年の話ではないだろう。おそらく、ラオスが社会主義に転じた一九七五年以前に、すでにカオ・ソーイは存在したに違いない。

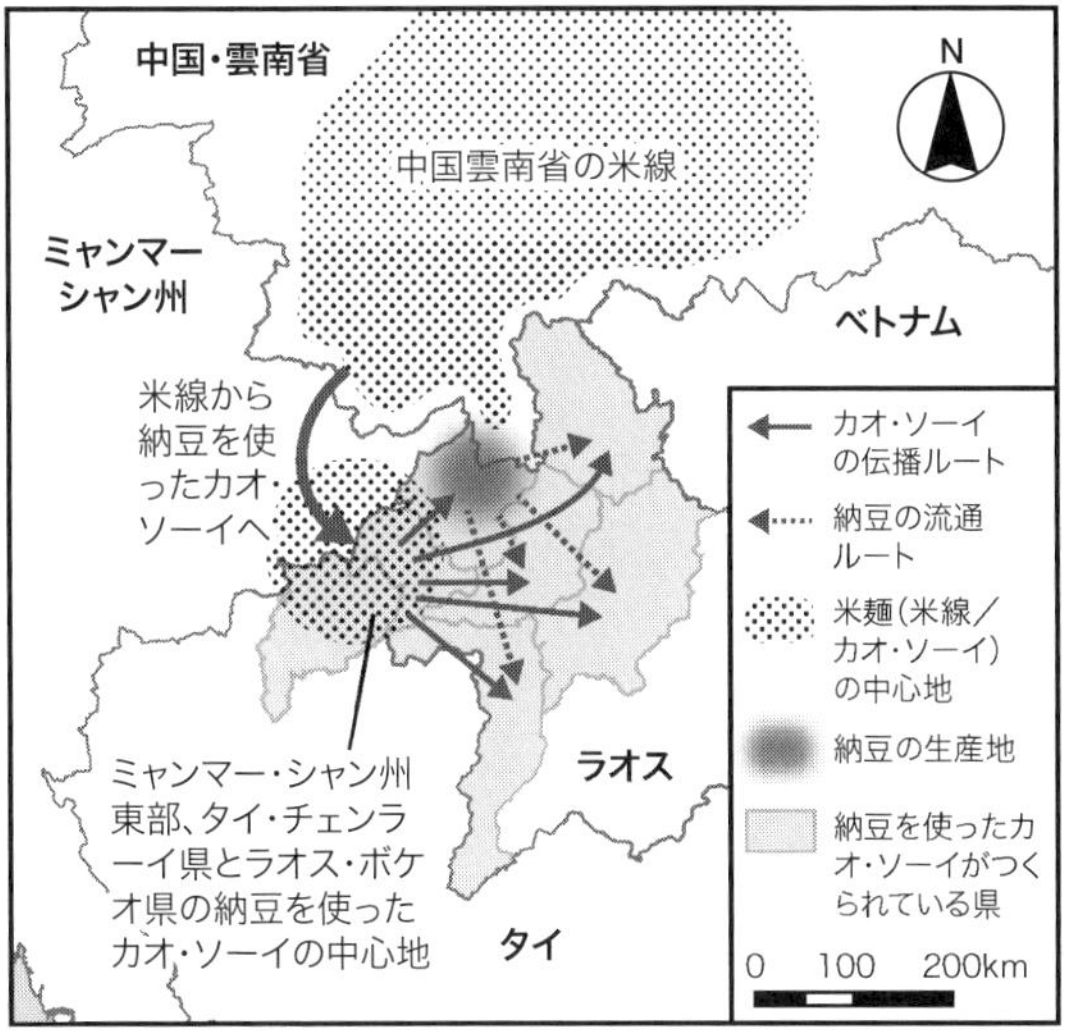

図3-5　カオ・ソーイの伝播ルート

　では、昔はどこの納豆をカオ・ソーイに使っていたのかという疑問が生じる。おそらく、社会主義に変わる前まではカオ・ソーイに使われる豚そぼろソースの原料となっていた納豆は、タイから入ってきたのだろう。

　ムアン・シン地区で、かつて自家用の納豆しか生産していなかったタイ・ヌア族のポームさんが商業的な納豆生産を始めたのが一九七五年であった。一九七五年から商業的な納豆生産を始めたこととラオスの政変が無関係だとは思えない。タイとラオスの国境は一九七五年に政変によって閉鎖されてしまったからである。タイからの物資が入ってこなくなったので、カオ・ソーイに使われる納豆の供給も止まり、これまで自家用の納豆をつくってきたムアン・シン地区に納豆の供給が求められることになるのは当然の流れである。

一九七五年を境にして、ムアン・シン地区の自給的な納豆生産が商業的な納豆生産へと転じた理由は、タイとラオスの国境の閉鎖が大きく影響しており、その背景には、すでにカオ・ソーイがラオス北部に普及していたからだとすれば、すべてつじつまが合うのである。

次に、乾燥センベイ状納豆であるが、それは、中国から入ってきたひき割り状納豆とは別のルートで入ってきたものだと考えるのが妥当である。ムアン・シン地区では、注文があった時だけしか乾燥センベイ状はつくらず、普段はひき割り状納豆だけを生産しているし、現地の市場でもひき割り状納豆ばかり売られている。よって、ムアン・シン地区のタイ・ヌア族とタイ・ルー族が乾燥センベイ状を伝えたとは考えにくい。一方、ルアンパバーンのホー族は乾燥センベイ状納豆をつくっている。しかし、先に述べたように、それは中国系のホー族が中国でつくり方をならって持ち込まれたものであることが判明している。現在、ラオス北部において積極的に乾燥センベイ状納豆をつくっている地域や民族が存在しないので、消去法で考えると、乾燥センベイ状納豆がポピュラーであるタイ北部からカオ・ソーイと一緒に入ってきたと考えるしかない。

これらのことをふまえると、ラオスは、中国から伝播してきたルートとタイから伝播してきたルートがちょうど交わった場所、すなわち「納豆交差点」なのではないか。そして、ラオス北部に納豆が広がったのは、カオ・ソーイによるものではないだろうか。

ひとつよく分からないのが、タイ・ルー族のブンヌア郡ヨー地区で見た、クッキーのような乾燥センベイ状納豆である。この地区の納豆だけ、形状もつくり方も独特で、ラオスの他地域との共通性がない。タイ・ルー族が多く住む中国雲南省西双版納と比較するのが良いと思うが、西双版納の市場で売られている発酵大豆食品は、トウガラシと各種調味料を混ぜた水豆豉の加工品ばかりである。雲南省で何カ所かの市場を調べたが、私が見たのは、前章で説明した西双版納勐臘県のおにぎり形の蒸し納豆だけであった（第二章、写真2－6）。現時点では、ブンヌア郡ヨー地区の乾燥センベイ状納豆は、どこが起源なのか不明である。しかし、前章で紹介したインドとの国境付近のミャンマーのチン州などでつくられる厚焼きクッキーのような乾燥納豆とほとんど同じ形状だという点は見逃せない。偶然の一致なのか、それとも何か関係があるのか、様々な地域の納豆との比較検討を通して考察しなければならないだろう。

第四章

多様なる調理法——タイ

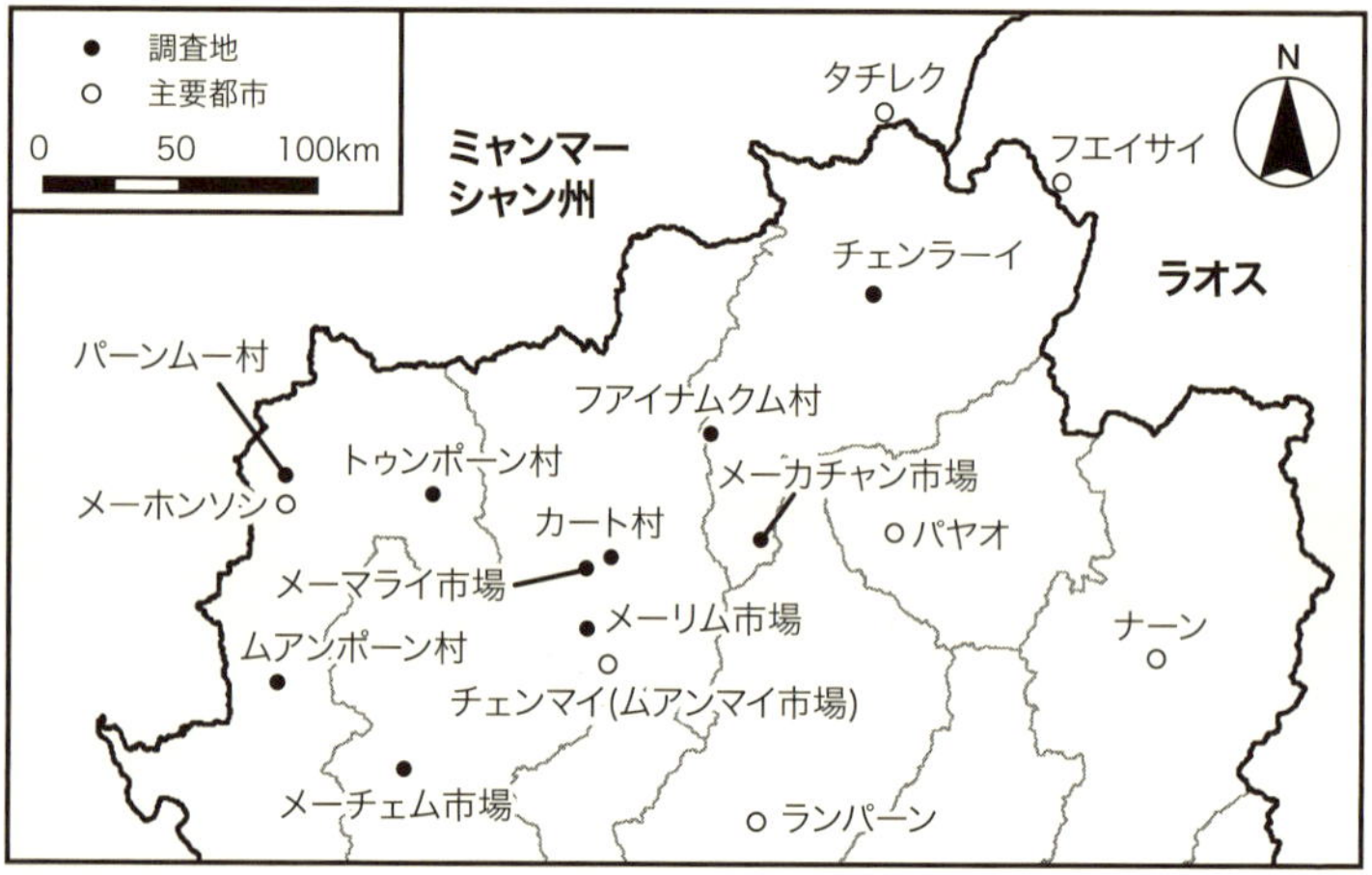

調査地
主要都市
0
50
100km
ミャンマー
シャン州
タチレク
フエイサイ
N
チェンラーイ
ラオス
パーンムー村
ファイナムクム村
トゥンポーン村
メーカチャン市場
メーホンソン
カート村
パヤオ
メーマライ市場
メーリム市場
ナーン
ムアンポーン村
チェンマイ(ムアンマイ市場)
メーチェム市場
ランパーン

タイの納豆を見る視点

タイの納豆は、ラオスと同じく「トゥアナオ」と呼ばれ、タイ北部の特産物である。一三世紀頃のラーンナー王朝の領土であったラーンナー・タイと称される現在のタイの最北部の地域が主たる生産地である。粒状納豆の「トゥアナオ・サー」、ひき割り状納豆の「トゥアナオ・ムム」、乾燥センベイ状納豆の「トゥアナオ・ペーン」の三種類の納豆がつくられている。

タイは旅行がしやすいこともあり、企業や一般の人びとからの情報発信が多く、インターネットの検索で「トゥアナオ」と入力すれば、タイの納豆とそれを使った料理を紹介するウェブサイトが簡単に見つかる。日本の納豆と違って乾燥したセンベイ状であるとか、調味料として使われているなどと記されている。

しかし、タイにも納豆があることが知られるようになったのは、照葉樹林文化論が紹介された一九六〇年代後半以降になってからである。極めて最近のことなのだ。第二章でふれたように、東南アジア大陸部の民族と宗教の専門家である岩田慶治ですら、一九六〇年代前半にタイ北部の村で乾燥センベイ状納豆を見ても、それが納豆だとは気づいていなかったと思わせる文章を残している。日本人にとって、納豆のイメージは糸引き納豆であるから、照葉樹林帯で納豆がつくられているという事前情報が全くない状況では、致し方ないことであろう。

では、タイで納豆がつくられていることが知られるようになってから、学術的に何か新しい発見があったのであろうか。微生物学的視点からのトゥアナオの菌についての分析は、進んでいるようだ。[*1] しかし、タイ人研究者によって二〇一〇年に発表された、従来研究をレビューした論文[*2]では、わずか一八本の研究論文しか紹介されておらず、その中で最も古い論文は一九七二年[*3]であった。タイの納豆に関する研究は、歴史が浅く、その数も非常に少ないのである。

タイ北部では、多種類の納豆がつくられており、また菌の供給源となっている植物の利用も様々である。また、納豆をつくっている地域や民族によって、製法に違いが見られる。そして、それらがタイ系民族のシャンの人たちが住むミャンマーのシャン州でつくられている納豆とどのような関係があるのか、また前章で示したラオスの納豆と比べるとどうなのかは何も分かっていない。

本章では、タイ北部の納豆を単に紹介するだけでなく、民族の特徴や地域間の関係について、もう一歩踏み出した論考を提示してみたい。

納豆をつくる人たち

タイでは、様々な民族の混血化が進んでいるため民族分類が行われていない。その背景には、タイは国民国家形成のために民族分類をせずに、タイはタイ人の国家であるとする政策も関係しているようだ。[*4] しかし、内務省公共福祉局では、不法に国境を越えてタイの北部および北西部へ移住してきたとされるカレン、モン、ラフ、アカ、ヤオ、リス、ティン、ルア、カムー、ムラブリの一〇の山地民に限っては、「チャオ・カオ」として分類している。[*5]

チャオ・カオは、中国雲南省から耕作適地を求めて移動し、ラオス側もしくはミャンマー側からタイの山岳地域へと入ってきた。これまで述べてきたように、中国雲南省では、発酵大豆食品が多くつくられている。したがって、タイ北部で納豆をつくっているのが、チャオ・カオと分類される山地の民族ならば、納豆の伝播や拡散について簡単に説明がつく。しかし、山地の民族は、全く納豆をつくらない。既存研究でも報告が無い。では、誰が納豆をつくっているのか。私が調査をした限りにおいては、山地民ではなく低地で水田を営む、コンムアンおよびタイ・ヤイのタイ系民族であった。

タイ北部におけるコンムアンの定義は、かなり曖昧である。コンムアンは、ユアン（タイ・ユアン）族のことであるが、タイ語で「街の人」を意味し、平地に住むタイ北部の人の総称である。[*6] タイ北部は、ラーンナー王朝がビルマに支配された時代（一六世紀半ばから一八世紀後半まで）にビルマ系の民族が入ってきたが、その後にスコータイ王朝に支配されてシャム族が入ってきた。共同研究者のチェンマイ大学のカノック教授によると、シャム族が入ってきた時に、ラーンナー王朝時代から住んでいた人たちは、シャム族に対してビルマ系の民族とは違うということを示すために、自らを「コンムアン」と自称したのだと言う。

コンムアン（タイ・ユアン）と同じタイ系民族のタイ・ヤイは、西はタイ北部のチェンラーイ県、東はミャンマー北部カチン州東南部、北は中国雲南省徳宏《ドウーホン》タイ族ジンポー族自治州、南はミャンマーのシャン州南部にかけて、広く居住している。なお、前章でラオスの納豆をつくっていたタイ・ヌアも同じ民族だと考えられる。「タイ」は国家・国民としてのタイ（Thai）ではなく、民族としてのタイ（Tai）を意味し、「ヤイ」は数量的に大きいことを意味する。日本語では「大タイ族」と訳されることもある。中国南部から移住してきたサルウィン川の西に住む多数のタイ系諸族が、「タイ・ヤイ」と呼ばれている。

市場で納豆を探す

二〇〇七年から三年間、地理学の研究仲間との共同研究[*7]が始まり、私はタイ北部で日本輸出向けの農産物契約栽培についての調査を行うことになった。ラオスで納豆の調査を開始したのも同じ年であった。しかし、二〇〇七年度は準備に翻弄され、タイ北部の市場で納豆を探すという「趣味」のような調査すら行う時間的余裕がなかった。しかし、二〇〇八年からは、カノック教授の協力によって調査が順調に進み、チェンマイ県とチェンラーイ県でエダマメ栽培やショウガ栽培を行う農村を回ることができ、その時に、地方の市場で納豆を探すことができた。また二〇〇九年にはタイとミャンマーで納豆の調査を行う研究費も得られた。

まずタイ北部の市場では、どのような納豆が売られているのかを紹介してみよう。

①チェンラーイ県ウィエンパーパオ郡メーカチャーン地区　乾燥センベイ状納豆のほかに、バナナの葉に包まれたひき割り状納豆が売られていた（写真4－1）。糸はほとんど引かない。食べてみると、塩とトウガラシのほかに味の素のような化学調味料が加えられているような味がした。バナナの葉で包んだ後に軽く蒸している。売っていたのは、コンムアンの人で、親戚がつくって

いるものだという。モチ米につけて食べるのが一般的で、バナナの葉で包まれているので持ち運びしやすい。田畑の出小屋などで食べる昼食用に持って行く人がよく買っていくらしい。

②チェンラーイ県ムアンチェンラーイ郡ウィアン地区

チェンラーイ市街地の市場である。ラオスのホー族がつくっていたような分厚い乾燥センベイ状納豆が売られていた（写真４－２）。薄い乾燥センベイ状が主流のタイではあまり見かけない形状である。近くに住むホー族がつくった納豆らしい。また、ミャンマーと国境を接するターク県メーソート郡から入ってきたという、かなり雑な乾燥のさせ方をしているセンベイ状納豆も売られていた（写真４－３）。タイ系民族がつくっているのか、中国系民族がつくっているのかは分からない。

違う店では、工場で大量生産されたものと思われるパッケージに入った乾燥センベイ状納豆

写真4-1　チェンラーイ県メーカチャーン地区で見つけた、バナナの葉に包まれたひき割り状納豆

写真4-2　チェンラーイ市街地の市場で見つけた、分厚い形をした乾燥センベイ状納豆

写真4-3　ミャンマーとの国境地帯のターク県メーソート郡で生産された、形が不揃いの乾燥センベイ状納豆

とそれを粉末にした二種類の納豆が売られていた（写真4―4）。貼ってあるラベルには製造地が「チェンラーイ県メーチャン郡シーカム地区メーカム・ラック・チェット村」となっている。価格は、乾燥センベイ状が約四〇枚入って、六〇バーツ（約一六八円）で、私が市場で調査をしたところ、相場は一枚一バーツほどだったので、約一・五倍の価格である。一方、粉末のものは二〇バーツ（約五六円）であった。店の人によると、粉末は、すぐに料理に使えて便利だが、湿ってしまうので長期保管ができないらしい。

この納豆工場については、チェンマイ大学の共同研究者に情報を集めてもらうことにした。すると後日、チェンラーイ・ラーチャパット大学から出されているタイ語の報告書が送られてきた。大学が関わる地域開発のプロジェクトとして、納豆生産の衛生向上、また生産効率の改善などを目的に家内工業グループを組織化させて生産している納豆であった。センベイ状に潰す装置を改良して衛生的にしたり、発酵させる時に使っていた竹カゴをプラスチック製のバケツに変えたり、また乾燥センベイ状にする時は、ハエなどがたかりやすい天日干しではなく、ストーブを設置して室内乾燥させたりしていた。なお、発酵の際に、菌の供給源となる植物は入れていない。

③チェンラーイ県メースワイ郡ターコー地区

ファイナムクムという村の中心部の雑貨店や食料品店を見て回った。標高約一一〇〇メートルの山地で、コンムアンやタイ・ヤイなどが居住する地区ではなく、山地民が住む地区である。聞き取りでは、中国系のホー族のほかに、アカ族、ハニ族、ラフ族が混住している。タイ王室プロジェクトの支援を受けて、古くから茶と梅を栽培しており、最近はコーヒー、パッションフルーツ、柿も栽培している。ここで売られていたのが、これまでタイでは全く見かけなかった四角い乾燥センベイ状納豆であった（写真４－５）。これは、中国系のホー族がつくっているという。他の山地民も納豆は食べるが、つくらないということであった。やはり、ラオスのホー族と同じく、中国系の民族がつくる乾燥センベイ状納豆はかなり厚い。ここでは、中国系住民が好んで食べる腐乳も納豆と一緒に並んでいた。この地区の発酵大豆食品は、ホー族の影響が強く出ていると思われた。

④チェンマイ県メーリム郡メーリム地区

乾燥センベイ状納豆しか売られていなかったが、単に乾燥させたものだけではなく、火で炙った状態の納豆も売られていた（写真４－６）。乾燥させただけの納豆は、スープの出汁にも炒め物にも使えるが、火で炙った納豆はそのまま食べるとのことである。ラオスでも火で炙って食べるという利用方法があったが、タイと違って市場では売

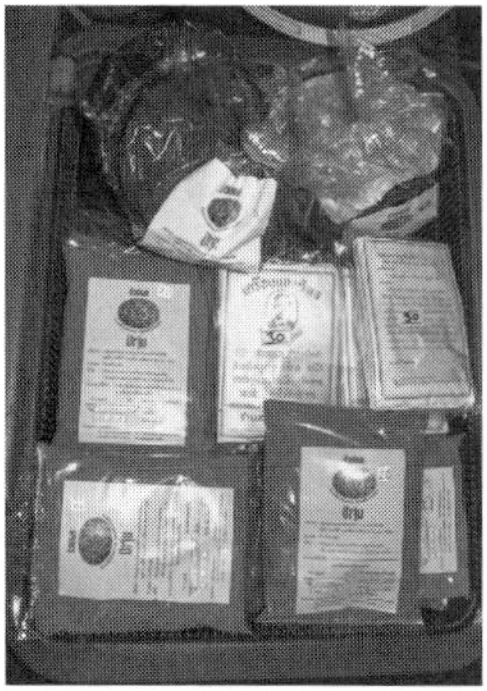

写真4-4　工場で大量生産された乾燥センベイ状納豆とその粉末

写真4-5　チェンラーイ県のフアイナムクム村の中心部で売られていた四角い乾燥センベイ状納豆

写真4-6　チェンマイ県のメーリム地区で売られていた火で炙った納豆

られていなかった。価格は乾燥させただけの納豆が四枚で五バーツ（約一四円）だったのに対し、炙った納豆は三枚で五バーツであった。炙る手間賃が乾燥センベイ状納豆一枚分とは安い。

⑤チェンマイ県メーテン郡メーマライ地区　乾燥センベイ状に加えて、ひき割り状納豆が売られていた（写真4－7）。①のチェンラーイ県ウィエンパーパオ郡メーカチャーン地区のひき割り状納豆は平たく包まれていたが、ここの納豆は綺麗な三角形であった。一緒に調査をしたカノック教授が納豆だと教えてくれたのだが、私はまったく気がつかずに店の前を通り過ぎるところであった。お盆の上に並べられているのは、シカクマメ（*Psophocarpus tetragonolobus*）で、その奥にはトウモロコシ、そして手前にはゼリーが並べられているような店で、バナナの葉で包まれたものがひき割り状納豆だとは思いもしなかった。

⑥チェンマイ県メーチェム郡チャーンクン地区　メーチェム郡最大の市場である。ここは、カレン族が多い地域なので、納豆は売っていないかと思ったが、バナナの葉で包まれた納豆らしきものを発見した（写真4－8）。つくっているのは、カレン人ではなくコンムアンだと言う。売っている女性に生産方法を尋ねたところ、知り合いがつくっているということで詳しく教えてくれた。まず、大豆を茹でて潰してから塩を入れ、その後、バナナの葉に包んで発酵させてから蒸すのだと言う。発酵させる前に塩を入れるのかどうか、念を押して聞いて見たが、塩を入れるのは間違いないと言う。潰してから塩を入れて発酵させるのは、味噌と同じつくり方である。また、バナナの葉に個別に包んで発酵させてから蒸す点も独特である。現地では、塩を入れようが入れまいが、発酵前に潰そうが潰すまいが、いずれも発酵させた豆は、すべてトゥアナオであるとい

う考え方のようだ。すべてのトゥアナオが無塩発酵大豆食品の納豆ではないことに注意しなければならない。

⑦チェンマイ県ムアンチェンマイ郡チャーンモイ地区　チェンマイ市街地ピン川の側に位置するムアンマイ市場は、タイ北部一帯からいろいろな食材が集まってくる卸市場である。市場の一角では特殊な販売形態が見られた。野菜を一杯に積んだトラックが、そのまま体育館のような場所に入ってきて駐車する。そして、トラックの荷台で商売を始めるのである（写真4－9）。トラックごとに扱っている種類が違う。農村部でトラックを所有している農民はまだ多くないので、トラックを持っている仲買人が農民から買い取った野菜をここで売っているのだ。納豆を売っているトラックは見かけなかった。ここの市場では、常設の店舗で乾燥センベイ状の納豆がわずか

写真4-7　チェンマイ県のメーマライ地区でトウモロコシなどと一緒に並べて売られていた三角形のひき割り状納豆

写真4-8　チェンマイ県メーチェム郡最大の市場で売られていたコンムアンがつくったバナナの葉で包まれた蒸し納豆

写真4-9　チェンマイ県のムアンマイ市場で見かけた、野菜を一杯に積んだトラック

に売られているだけであった。

⑧メーホンソン県ムアンメーホンソン郡チョーンカム地区

　メーホンソン市街地の最も大きな市場を見学した。多くの店で乾燥センベイ状納豆を扱っていた。これまでの市場では、店先に少しだけ置いてあったのだが、メーホンソンの市場では、山積み状態で売られていた（写真4－10）。そして粒状納豆「トゥアナオ・サー」を扱っている店も見つけた。タイの市場で粒状納豆を見たのは、ここが初めてである。発酵させた後に、塩、トウガラシ、各種のハーブを混ぜていた（写真4－11）。売っていたのは、北部のパーンムー地区から来ていたタイ・ヤイの人で、納豆をつくっているのも近所のタイ・ヤイの人だという。朝の七時に市場に行ったのだが、店の人が言うには「トゥアナオ・サーが欲しかったら、もっと早く来ないとダメよ」とのこと。市場の中ではなく、市場の入り口付近で、自らつくった納豆を売っている人が何人かいるらしく、七時ぐらいになると売り切って帰ってしまうと言う。タイ・ヤイの人たちが多く住むメーホンソンは、納豆生産が非常に盛んな地域である。やはり、本場は違うと感じざるを得ない。

写真4-10　メーホンソン市街地で最大の市場で売られている山積みされた乾燥センベイ状納豆

写真4-11　メーホンソンの市場で売られていた粒状納豆「トゥアナオ・サー」

コンムアンの納豆生産

私がタイで初めて納豆生産者を訪れたのが、二〇〇九年九月、チェンマイ県カート村のドゥアンカームさんの家であった。民族は、自称コンムアンと言うので「タイ・ユアンか」と聞き直すと、そうだと答えてくれた。この世帯では、乾燥センベイ状納豆をメーテン郡メーマライ市場から注文を受けた時だけ生産している。

ドゥアンカームさんは七九歳で、隣接するマイ村で生まれ、親の代に今のカート村に移り住んだ。マイ村に住んでいた時、祖父母が納豆をつくっていたことを覚えていて、おそらくその前からもつくっていたに違いないと述べる。この世帯では、納豆をつくるために様々な工夫を凝らしており、またこだわりを見せていた。そのつくり方を図4-1に示す。

まず、市場で購入してきた大豆を水に浸す。これは、茹でるために火の準備をするわずかの間だけである。次に大豆を茹でるのだが、薪は何でもいいわけではない。たとえば、現地で比較的多く植えられていて入手が容易な「キーレック」と呼ばれているタガヤサン（*Senna siamea*）や「マイ・マッカーム」と呼ばれるタマリンド（*Tamarindus indica*）、「カティン」と呼ばれるギンネム（*Leucaena leucocephala*）などのマメ科の樹木は豆が苦くなったり、乾燥させた時にヒビが入りやすくなったりするという。本当かどうか分からないが、そう信じているようだ。一方、薪として適しているのは、「ヤーン・ヒアン」（*Dipterocarpus obtusifolius*）と呼ばれるフタバガキ科やチー

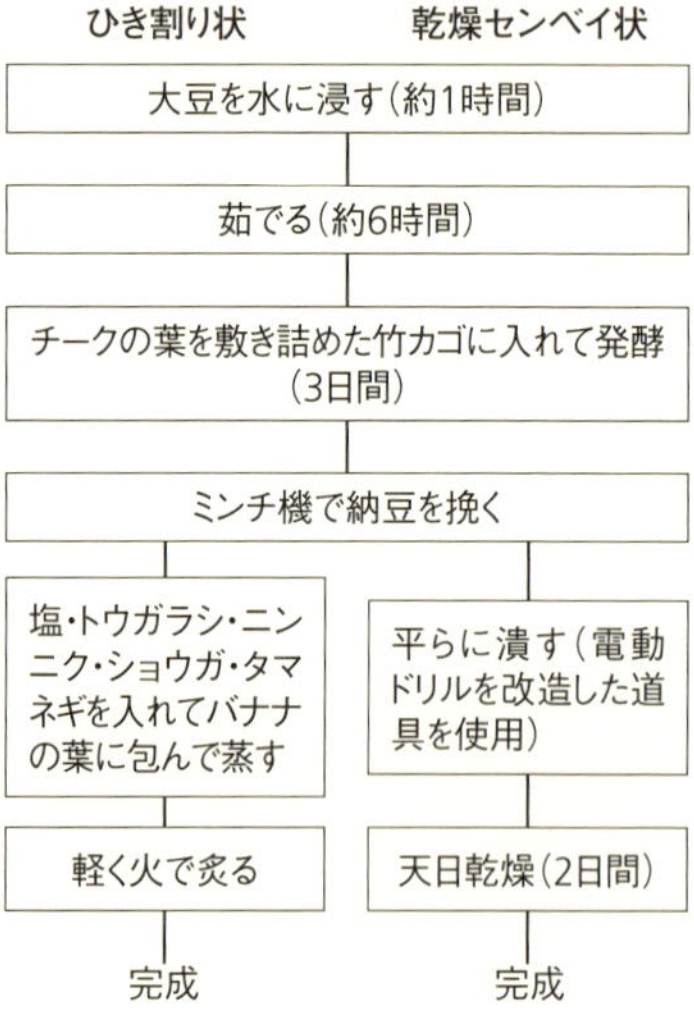
ひき割り状
乾燥センベイ状
大豆を水に浸す（約1時間）
茹でる（約6時間）
チークの葉を敷き詰めた竹カゴに入れて発酵（3日間）
ミンチ機で納豆を挽く
塩・トウガラシ・ニンニク・ショウガ・タマネギを入れてバナナの葉に包んで蒸す
平らに潰す（電動ドリルを改造した道具を使用）
軽く火で炙る
天日乾燥（2日間）
完成
完成

図4-1　カート村の納豆のつくり方（コンムアン）

ク（*Tectona grandis*）のような断面が赤っぽい色をしている材だと言う（写真4－12）。これらの材は納豆をつくるために、リヤカー一台分を二五〇バーツ（約七〇〇〇円）で仕入れている。

　訪問した時は、ちょうど大豆を茹でている時で、発酵させている最中の納豆も見ることができた。大豆は朝七時から茹で始め、昼過ぎには茹で上がるという。その後、チークの葉を敷き詰めた竹カゴに、茹で上がった大豆をしっかりと水を切って入れ、三日間発酵させる。発酵二日目の納豆の表面には白い綿状の菌膜ができていて、枯草菌で正常に発酵していることが示されていた（写真4－13）。チークの葉は、必ず裏面が大豆と接するように敷く。チークの葉裏には星状毛があるが、それが発酵にどのように作用しているのかは分からない。

　なお、二日間発酵させたものは、全く糸は引いていなかった。納豆を売るようになって二〇年近く経つが、自家消費のために納豆をつくっていた親の時代には、「チーコック」と称されるショウガ科の植物（未確認）の葉を利用していた。しかし、葉が小さいため必要な量を集めるのが大変で、商用生産に向かなかったので、タイ北部で広く植林されていて入手が容易なチークの葉を用いるようになったと言う。

　ドゥアンカームさんに「プラスチック・バッグは使わないのか」と尋ねたところ、プラスチック・バッグでつくっている生産者がいるのは知っているが、一度も試したことはないし、それでは上手くつくれないだろうと言う。カート村近郊のコンムアンの村では、かつてはどの世帯も竹カゴに植物の葉を入れて自家用の納豆をつくっていたが、現在は市場でいつでも納豆が手に入るようになったので、このあたりではドゥアンカームさん以外はつくっていない。

　発酵させた後は、挽肉用のミンチ機で挽く。ひき割り状納豆をつくる場合は、塩、トウガラシ、ニンニク、ショウガ、刻んだタマネギを混ぜ合わせる。それをバナナの葉に包んで蒸し、その後軽く炙るのだという。炙らなければ一～二日ぐらいしか持たないが、炙ると三～四日持つようになるらしい。

写真4-12　薪に使う「ヤーン・ヒアン」

写真4-13　発酵してから2日目の納豆

　乾燥センベイ状納豆をつくる場合は、ひき割り状納豆をピンポン球より少し小さく丸めて、平たく潰す。その時、壊れた古い電動ドリルを改造したものを利用していた（写真4-14）。ドリル刃が付いていた部分に木片を取り付けて、ハンドルを降ろすことで、押し潰すことができる。

写真4-14　電動ドリルを改造したもので納豆を平たく潰す

写真4-15　潰した後は高床式の倉庫の下の棚で乾燥させる

同じ機械が二台も家の柱に据え付けられていた。私が調査をした世帯で、電動ドリルを改造して乾燥センベイ状納豆をつくっていたのは、後にも先にもこの世帯だけであった。潰した後は、高床式の倉庫の下を改造してつくった棚で乾燥させる（写真4－15）。このような棚で乾燥させる方法を確認したのもこの家だけである。

ドゥアンカームさんは、薪にこだわり、竹カゴにチークの葉を敷き詰めて発酵させ、そして機械を改造したり、倉庫を改造したり、様々な工夫を凝らしていた。それは、生産性を向上させるための努力というだけでなく、納豆づくりそのものを楽しんでいるようにも思えた。しかし残念ながら、同居する息子は納豆づくりに興味を示さないと言う。ドゥアンカームさんの世代で納豆づくりが途絶えてしまうのは何とも悲しい。

タイ・ヤイの納豆生産

コンムアンの世帯だけでなく、二〇〇九年一二月にはメーホンソン県トゥンポーン村のタイ・

ヤイの世帯の納豆生産者を訪ねた。ここでも竹カゴにチークの葉を敷いて茹でた大豆を発酵させていた。この村に到着してすぐに、大豆を大きな鍋で茹でている家が目に入ってきた。マニーさんの家である。マニーさんは、街の近くで開かれる水曜日の定期市に合わせて納豆を生産している。そのつくり方は、図4－2の通りである。ひき割り状納豆をつくるための電動ミンチ機は、まだ買って三年しか経っていないという（写真4－16）。納豆用に台も特注して、七〇〇〇バーツ（約一万九六〇〇円）もしたと誇らしげに語っていた。電動ミンチ機を導入する前までは臼で潰していた。

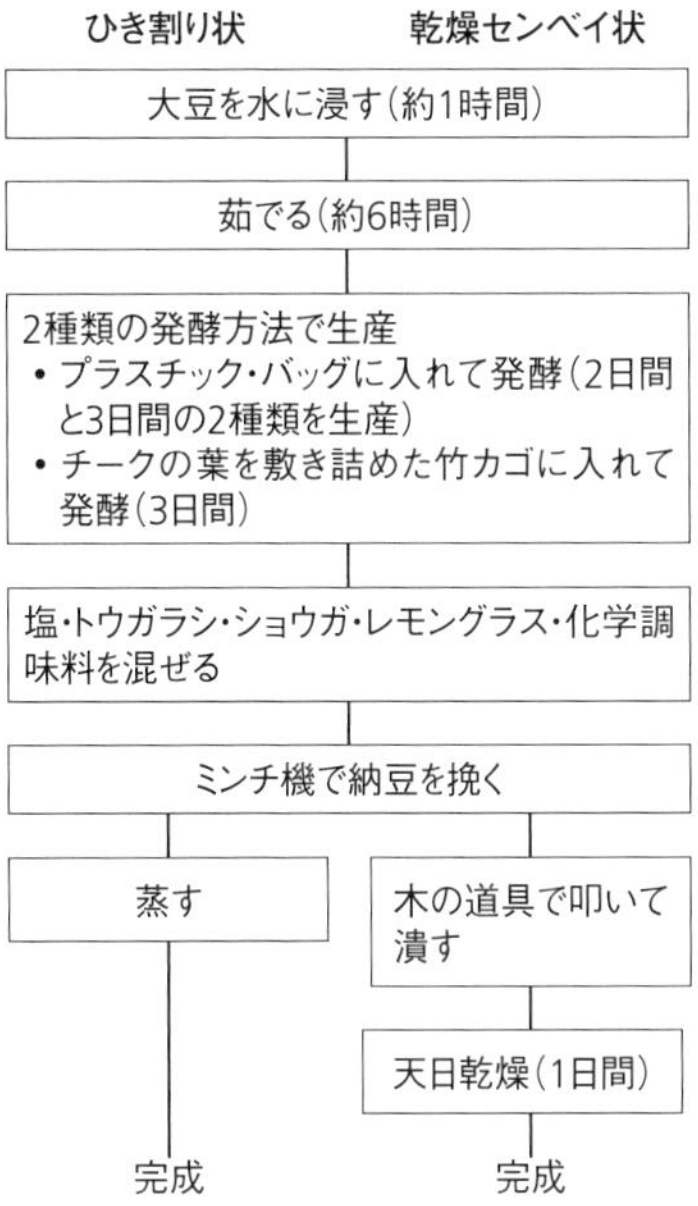

ひき割り状
乾燥センベイ状
大豆を水に浸す（約1時間）
茹でる（約6時間）
2種類の発酵方法で生産
• プラスチック・バッグに入れて発酵（2日間と3日間の2種類を生産）
• チークの葉を敷き詰めた竹カゴに入れて発酵（3日間）
塩・トウガラシ・ショウガ・レモングラス・化学調味料を混ぜる
ミンチ機で納豆を挽く
蒸す
木の道具で叩いて潰す
天日乾燥（1日間）
完成
完成

図4-2　トゥンポーン村の納豆のつくり方（タイ・ヤイ）

納豆のつくり方で最も興味深かったのは、竹カゴにチークの葉を敷いて茹でた大豆を発酵させる方法とプラスチック・バッグを用いて発酵させる方法が共存していたことである（写真4－17）。その理由は、コンムアンの人たちは、プラスチック・バッグで二日間だけ発酵させた、臭いが弱い納豆を好み、一方のタイ・ヤイの人たちは、チークで三日間発酵させた臭いが強い納豆を好むらしい。プラスチック・バッグでは発酵期間を長くさせても臭いは強くならないので、二日間で十分だという。一方、チークを用いた場合は二日間ではあまり臭いが強くならないので、三日間は必要である。両者の違いを見せてもらうと、チークの葉で三日間発酵させた納豆のほうが、プラスチック・バッグで二日間発酵させた納豆よりも、色が少しだけ濃く、また納豆臭が強かった。これまで私は、乾燥させてしまえば全部同じようなものだろうと思っていたが、明らかな差があったので驚いた。

実際に乾燥センベイ状納豆をつくっている現場を見たいとマニーさんに告げると、近所のトゥンラーさんの家がちょうどつくっている最中だというので、連れて行ってもらった。トゥンラーさんは六三歳の女性で、もう五〇年ぐらい納豆をつくっている。私たちが訪れた時、木製の板を蝶番で繋げた道具を使ってひき割り状納豆を潰していた（写真4－18）。板で挟んで潰すので、非常

写真4-16　ひき割り状納豆をつくるための電動ミンチ機とマニーさん

写真4-17　チークの葉を使う発酵とプラスチック・バッグを用いる発酵の2種類の方法が共存している

写真4-18　板で挟んでひき割り状納豆を潰すトゥンラーさん。約50年間納豆をつくり続けているという

に薄くなる。

トゥンラーさんは、約四〇～五〇年前までは、葉毛で覆われている「トンホック」と呼ばれるナス科（*Solanum erianthum*）の葉を手のひらに載せて納豆を潰していた（写真4－19a）と言う。葉毛の多いトンホックを使うと、納豆が手に付かないので作業がしやすい。トンホックは今でも庭に自生している（写真4－19b）。納豆を発酵させるために使われることはなく、潰す時だけ使われていた。しかし、それでは手のひら大の大きさの納豆しかつくれないし、潰す作業にも時間がかかった。そこで、木の板の上に載せたひき割り状納豆を上から違う板で叩いて潰すようになった。今使用している蝶番で二枚の木をつないだ木製の道具は、一九九〇年代に入ってから使うようになったと言う。潰した後は、竹で編んだ大きな網の上に並べて日当たりの良い場所で乾燥させる（写真4－20）。厚さが薄いので、天気の良い日は半日で乾くと言う。

写真4-19a　かつては納豆を手で潰す時に使ったトンホックの葉

写真4-19b　トゥンラーさんの家の庭に自生するトンホック

トゥンラーさんは、大豆を発酵させる時にチークの葉は使わず、プラスチック・バッグで二日間発酵させて納豆をつくっていた。かつてはチークの葉を竹カゴに敷いていたが、プラスチック・バッグでも味は変わらないという。葉を

写真4-20　ひき割り状納豆を潰した後、屋根の上で天日乾燥させる

集める手間が省けるのでプラスチック・バッグのほうが楽につくることができる。発酵のさせ方に関しては、同じ村でも見解が異なっているようだ。プラスチック・バッグでも、チークの葉でも、発酵させた後の糸引きはない。

この半世紀で納豆のつくり方はかなり変化している。隣国ラオスでは、納豆を商業生産している世帯でも臼を使っていたが、タイでは挽肉用のミンチ機を使うのが一般的である。また、木製の納豆を潰す道具もラオスでは見かけなかった。後述するが、この道具は、ミャンマーのシャンの人たちの間では共通で見られるものであった。

大規模な商業的生産でつくられる納豆

メーホンソン県で調査を行うためにチェンラーイから車で移動していた時、道路脇で乾燥センベイ状納豆を大量に売っている店を見つけた。店の裏で納豆をつくっているというので、立ち寄って調査させてもらうことにした。

その村は、メーホンソン県パーンムー村で、住民はタイ・ヤイである。この村では、売るか売らないかは別として、ほぼ全世帯が納豆をつくっているという。メーホンソン市街地の最も大きな市場で売られていた粒状納豆もこの地区の生産者であったことは、すでに記した通りである。

私たちが訪ねた時は、大きな鍋で大豆を茹でている最中であった。一カ月で四五タン[*8]（約六七五キログラム）の大豆を使うという。年間では八・一トンもの大豆を使用することになる。この世帯では、水田で乾季に大豆を生産しているが、その収穫分だけでは、納豆生産に必要な量の四分の一にしかならない。よって、多くの大豆は山地民から一キログラムあたり一三〜一五バーツ（約三六〜四二円）で直接買い入れている。高床式の住居の下には、二〇〇袋以上の大豆、そして納豆を乾燥させるための竹の網が二〇〜三〇枚ほど置かれており、その生産規模を窺い知ることができた（写真4-21）。

毎日、朝の七時から夕方六時まで、二二〜二三キログラムもの大豆を茹でるため、薪の消費量も多い。そのため、火の持ちが良くて火力も強い、現地で「マイデーン」と呼ばれ、日本では「ピンカド」（*Xylia xylocarpa*）と呼ばれている木を、リヤカー一台分三〇〇バーツ（約八四〇円）で購入している（写真4-22）。茹でた大豆はプラスチック・バッグに入れて二日間発酵させる。植物は何も入れないが、枯草菌によってきちんと発酵されているようだ（写真4-23）。発酵終了後は、電動のミンチ機で砕き、トゥンポーン村と同じ、木製の納豆を潰す道具を使用してセンベイ状にする。天日で一日乾燥すれば出来上がる。

仲買人が納豆を毎日買い取りに来て、北部だけではなく、中部やバンコクにも送られる。タイではひき割り状納豆にする時に塩やトウガラシ、また各種ハーブを混ぜるのが一般的だが、この世帯では何も入れない。なぜなら、地域や民族によって好みがあるので、タイ北部のタイ・ヤイ好みの香辛料を入れると、それ以外の地域や民族に売れなくなるからだという。

この世帯が商業的生産を始めたのは一九九〇年代の中頃だという。その前からプラスチック・バッグを用いるつくり方をしていたが、今でもパーンムー村では、竹カゴとチークの葉で発酵させるつくり方のほうが一般的だという。

伝統的な納豆生産

カノック教授のところに、メーホンソン県出身のタイ・ヤイの学生が在籍している。その学生の出身村でも納豆をつくっており、様々な料理に使っているという。そこで、タイ・ヤイの人た

写真4-21　パーンムー村の納豆生産者の家には、高床式住居の下に200袋以上の大豆などが置かれていた

写真4-22　リヤカー 1台分の薪、「マイデーン」

写真4-23　プラスチック・バッグに入れて2日間発酵が進んだ大豆

ちが普段どのように納豆を利用しているのかを調査するために、その学生から村に連絡を入れてもらい、事前に納豆料理を準備してもらった。訪問したのは、メーホンソンの市街地から約六〇キロメートル南に位置するムアンポーン村のラヴィーワンさんの家である。

まず、納豆のつくり方から説明しよう（図４－３）。基本的には先に説明したトゥンポーン村のタイ・ヤイと同じであったが、この村で使われている菌の供給源は、チークではなく、現地で「トゥーン」と呼ばれているフタバガキ科（*Dipterocarpus tuberculatus*）の葉であった。チークの場合と同じく、葉は必ず葉毛のある裏側が大豆と接するようにし、さらにラヴィーワンさんの家では、マツの棒を上から刺す（写真４－24）。香りが良くなるのだという。三日間発酵させると、粒状

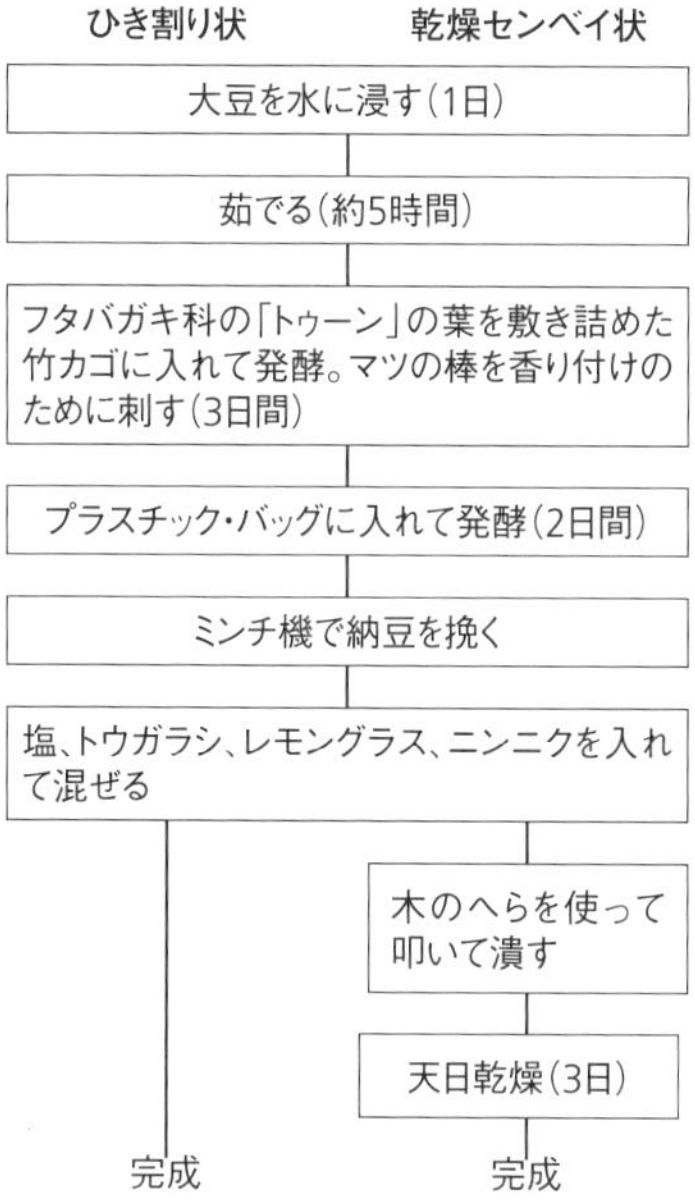

ひき割り状
乾燥センベイ状
大豆を水に浸す（1日）
茹でる（約5時間）
フタバガキ科の「トゥーン」の葉を敷き詰めた竹カゴに入れて発酵。マツの棒を香り付けのために刺す（3日間）
プラスチック・バッグに入れて発酵（2日間）
ミンチ機で納豆を挽く
塩、トウガラシ、レモングラス、ニンニクを入れて混ぜる
木のへらを使って叩いて潰す
天日乾燥（3日）
完成
完成

図4-3　ムアンポーン村の納豆のつくり方（タイ・ヤイ）

写真4-24　「トゥーン」の葉にマツの棒を上から刺し込む

写真4-25　「トゥーン」の葉でつくられた住居の屋根

写真4-26a　ラヴィーワンさんの家では「トンホック」を使って納豆を丸めていた

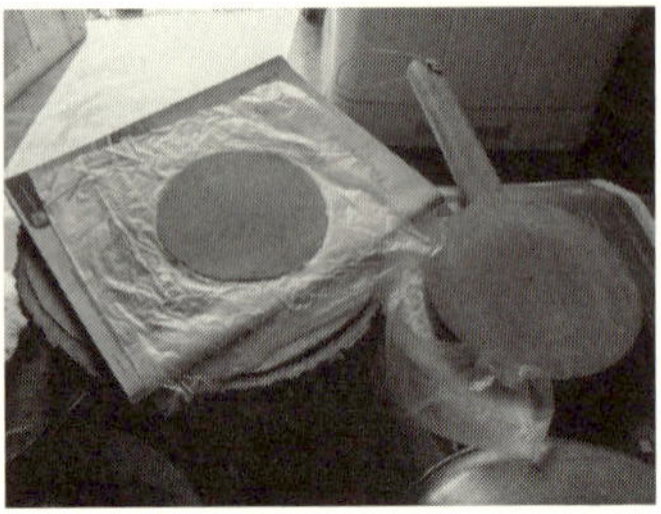

写真4-26b　ひき割り状納豆を平たく成形する時に使う木製のへら

納豆が完成する。糸引きは弱い。なお、トゥーンの葉は、現地では伝統的家屋の屋根材としても用いられている（写真4－25）。

大豆を発酵させた後の粒状納豆は、そのまま食べることはなく、ひき割り状にする。ひき割り状納豆を料理に使う時は、塩やトウガラシなどは入れない。モチ米につけて食べる時は、乾燥センベイ状納豆をつくる時と同じく、塩、トウガラシ、ニンニク、レモングラスを入れ、炭火で軽く炙る。化学調味料は一切使わないという。乾燥センベイ状納豆のつくり方も、トゥンポーン村のタイ・ヤイのつくり方と同じであるが、潰す前のひき割り状納豆を丸める作業の時に、今でも村落内に自生しているナス科の「トンホック」（写真4－19a）を使っていた（写真4－26a）。そして、平たくする時に使うのは蝶番が付いた木の道具ではなく、木のへらであった（写真4－26b）。かつては、叩いて手で潰す時にもトンホックを用いていたといい、その点でもトゥンポーン村と同じであった。つくった納豆は、村内の市場で売る時もある。ひき割り状納豆は、バナナの葉で小さく包んだものが一個五バーツ（約一四円）、乾燥センベイ状納豆は一キログラムで八〇バーツ（約二二四円）だという。

ムアンポーン村では大豆も自給している。この村を訪れたのは二〇〇九年一二月二〇日で、イネ収穫後の田んぼに大豆を播種《はしゅ》している最中であった（写真4－27）。自ら育てた大豆を用い、地域の植物資源を使って納豆をつくっているムアンポーン村は、これまでタイで見てきた中で、最も伝統的な納豆つくりが継承されている地域であると感じた。

写真4-27　田んぼに大豆を播種している様子

多様な納豆の調理方法

ラヴィーワンさんには、特別なものではなく日常的に食べているものを用意してもらうように頼んでおいた。出来上がった納豆料理を写真4－28に示す。

最も代表的なものは、「ナムプリック・トゥアナオ」と呼ばれるソースである。香菜、豚肉、魚醤、トウガラシと納豆を絡めたもので、これはラオスやタイ東北部で「チェオ」と呼ばれているソースと同じである。タイ北部では「ナムプリック・オーン」と呼ばれる納豆を使ったソースが一般的だが、それよりは、どろどろしている。一緒に並んでいるモチ米、茹で野菜、野菜の天ぷらなどにつけて食べる。

炙った乾燥センベイ状納豆を石臼で叩いて粉末状にした「ナムプリック・トゥアナオ・ポン」も、茹でた野菜などにつけて食べる。炙った納豆の香ばしい香りが口いっぱいに広がる。粉末納豆を野菜につけて食べるのは、間違いなく日本でも受け入れられそうな味だ。

また、見た目は普通の野菜スープ「ゲーン・パック」は、納豆で出汁を取っている。しかし、日本の味噌汁や納豆汁とは明らかに違う。トウガラシ、ニンニク、魚醤、そして各種ハーブが入っていて、それらと納豆の味のバランスが絶妙である。大豆の味が前面に出過ぎず、隠し味のような感じであった。

定番である軽く炭火で炙ったひき割り状納豆「トゥアナオ・ム」は、モチ米につけて食べると最高に旨い。これだけあれば、おかずは何もいらない。また、炭火で炙った乾燥センベイ状納豆「トゥアナオ・ペーン」は、ご飯のおかずにしてもいいが、箸休めに少しちぎって食べたり、食事が終わった後の口直しで食べたりするといい。

ラヴィーワンさんの家では、つくるところから料理するところまで、すべてを通して見させてもらったが、その調理方法は、明らかに日本よりも多様性に富んでいた。これほどまでに多様な納豆の調理方法が見られることに驚いたとともに、タイ・ヤイの人びとの生活に納豆が浸透していることも理解できた。自家製納豆をつくるタイ・ヤイの人びとの納豆へのこだわりは、スーパーで既製品の納豆を買うだけの日本人よりも、ずっと強いものである。

写真4-28　タイで日常的に食べられている納豆を用いた料理

麺と納豆の関係

タイ北部における納豆は、タイ・ヤイや一部のコンムアンだけが利用する食品なのかというと、実はそうではない。民族にかかわらず、納豆はかなりポピュラーな食材である。

麺類での納豆利用がそれを証明している。前章で紹介したラオスでは、「カオ・ソーイ」と呼ばれる米麺で納豆が使われており、それがラオスで最も一般的な納豆利用であることを論じた。そのカオ・ソーイは、タイ北部では、チェンラーイ県でも「カオ・ソーイ・ナムナー」として、民族に関係なく日常的に食べられている。

第三章でも述べたが、ここで、誤解がないように説明しなければならないことがある。チェンラーイ県のカオ・ソーイ・ナムナーとタイ北部で一般的にカオ・ソーイと呼ばれている麺は、全くの別物である。ラオスのカオ・ソーイとチェンラーイ県のカオ・ソーイ・ナムナー、そしてミャンマーのシャン州で食べられているカオ・ソーイ（もしくはシャン・カオ・ソーイ）は、雲南のタイ系民族がつくる米麺と同じ系統の麺類だと考えられる。しかし、タイ北部で一般的にカオ・ソーイと称されているものは、ココナッツミルクとカレーをミックスしたスープで、麺は米麺ではなく、揚げた卵麺が入れられる。味付けは、酸っぱくて辛いトムヤムスープによく使われる「ナムプリック・パオ」と呼ばれるトウガラシと干しエビをメインにつくられたソースが使われる。ナムプリック・パオには納豆は入っていないし、カオ・ソーイのトッピングにも納豆は入らない。

写真４－29はチェンラーイ県ファイナムクム村でイスラーム教徒のホー族が経営する食堂で食べたカオ・ソーイである。店によって、多少の違いはあるだろうが、これは標準的なカオ・ソーイだろう。チェンマイ市街地でもイスラーム教徒の多い地区のハラール・フードを提供する店では必ずカオ・ソーイがメニューにある。カオ・ソーイは、ハラール・フードとして導入され、タイ北部で広がったようである。チェンマイ大学図書館タイ北部情報センターのウェブページには「カオ・ソーイはイスラーム料理である。ホーと称される中国系イスラームがカオ・ソーイ・ホーもしくはカオソーイ・イスラーム・イスラームと称している。よって、鶏肉か牛肉のいずれかしか使われない。」と紹介されている。[*9]

写真4-29　ファイナムクム村で食べた「カオ・ソーイ」

写真4-30　「ナム・ンギャオ」

また、タイ北部では「ナム・ンギャオ」と称されるスープと、「カノム・ジーン」と呼ばれる発酵米麺の組み合わせが名物料理となっている。ナム・ンギャオは、固めた豚の血、豚肉、そして納豆で出汁を取り、キワタノキ（*Bombax ceiba*）の花の雄しべを乾燥させた「ギウ」で香り付けしたスープである（写真４－30）。「ンギャオ」とは、コンムアンの人がタイ・ヤイのものを指す時に使う言葉で、軽蔑の気持ちが込められている言葉らしい。[*10] カノム・ジーンは、見た目は日本の素麺と似ており、ラオスでは「カオ・プン」、ミャンマーでは「モヒンガー」と呼ばれる発酵米麺と同じである。カノム・ジーンとナム・ンギャオの組み合わせは、チェンマイなどでは専門店もあるほど人気がある。

菌の供給源となる植物の利用

私がタイの調査で訪れた四つの村の納豆の情報と、これまで発表されている雑誌、書籍、論文などの情報も加えたものを表４－１にまとめてみた。私が調査をした一〜四番の地点については、すでに詳しく説明したので、ここでは他の八地点について補足しておこう。

まず五番の納豆は、メーホンソン県の納豆である。[*11] 場所と民族については記されていない。発酵については、「水煮中に生き残った耐熱性の菌（*Bacillus* 属の菌）が種となる。竹カゴに大きな葉を敷き煮豆を入れる。食塩は入れない。この葉はタイ語でトントゥーンと呼ばれ、裏面にびっしりと細かい毛が生え、通気性の確保に役立っている。バナナの葉は表面がつるつるのためよくないと同行のタイ学者から聞いた。」と記されている。まず、トントゥーンであるが、「トン」とはタイ語で木を意味するので、樹木の名前はトゥーンである。これはムアンポーン村でトゥーンと称されていたフタバガキ科（*Dipterocarpus tuberculatus*）の葉で間違いないと思われる。

植物の利用に関しては、もう少し詳しい説明が欲しい。大豆を茹でる鍋などに付着している耐熱性の枯草菌が、発酵するための菌の供給源となっていることは否定しない。では、なぜ生産者

表4-1　タイ北部における納豆生産の場所・民族・菌の供給源・形状の相関

No.	場所	民族	菌の供給源	納豆の形状	出典
1	チェンマイ県メーテン郡メーホープラ地区カート村	コンムアン	チーク（*Tectona grandis*）	ひき割り状 乾燥センベイ状	2009年現地調査
2	メーホンソン県パーイ郡トゥンヤオ地区トゥンポーン村	タイ・ヤイ	チーク（*Tectona grandis*）	ひき割り状 乾燥センベイ状	2009年現地調査
3	メーホンソン県パーンムー郡ムアン地区パーンムー村	タイ・ヤイ	なし	乾燥センベイ状	2009年現地調査
4	メーホンソン県クンユワム郡ムアンポーン地区ムアンポーン村	タイ・ヤイ	*Dipterocarpus tuberculatus*	ひき割り状 乾燥センベイ状	2009年現地調査
5	メーホンソン県	不明	トントゥーン（タイ語から推測して*Dipterocarpus tuberculatus*）	ひき割り状 乾燥センベイ状	岡田(2008)
6	チェンラーイ県	不明	バナナ（*Musa* spp.）	不明	Chukeatirote et al.(2006)
7	チェンラーイ県	タイ・ヤイ	チーク（*Tectona grandis*）	ひき割り状 乾燥センベイ状	大村(2013)
8	チェンマイ県ファーン郡	不明	ヒメシダ（*Thelypteris subelata*(Bak.) K. Iwats.）	不明	Leejeerajumnean et al.(2001)
9	ナーン県チェンクラン郡ターワンパー村	タイ系民族（詳細不明）	バナナ（*Musa* spp.）	不明(おそらくひき割り状)	長野(2006)
10	ナーン県チェンクラン郡チェンクラン村	不明	なし	ひき割り状	長野(2006)
11	ナーン県チャルームプラキット郡ポン村	不明	バナナ（*Musa* spp.）	ひき割り状	長野(2006)
12	パヤオ県チェンカーム郡チェンカーム村	不明	不明（Madueと呼ばれている植物）	ひき割り状	長野(2006)

出典：岡田憲幸「トゥアナオ」木内幹他編『納豆の科学』建帛社、2008年、214頁。Chukeatirote, E. et al. "Microbiological and Biochemical Changes in Thua Nao Fermentation." *Research Journal of Microbiology* 1(1),2006, pp.38-44. 大村次郷「納豆の旅」『食文化誌 ヴェスタ』89、2013年、49-53頁。Leejeerajumnean, A. et al. "Volatile compounds in Bacillus-fermented soybeans." *Journal of the Science of Food and Agriculture* 81, 2001, pp.525-529. 長野宏子『伝統発酵食品中の微生物の多様性とそのシーズ保存』岐阜大学教育学部、2006年

は納豆をつくるためにトゥーンの葉を入れるのか。単に通気性を保つために毛が生えている葉を敷いているとは思えない。もし通気性を保つためだけなら、タイ北部で商業的な納豆生産をしている住民のようにプラスチック・バッグを使う方法のほうが効率的である。私がタイ・ヤイの住民に聞き取りしたところ、チークの葉を入れたほうが美味しい納豆ができるとか、フタバガキ科のトゥーンを使って、さらにマツの棒を指すと美味しいと述べるような生産者のこだわりは、何を意味するのであろうか。

住民が菌の種類を認識してい

るとは思えないが、納豆をつくるために特定の植物の葉を入れる行為には意味があるはずである。おそらく、その植物に付着している特定の枯草菌が納豆の味を決めていると考えるほうが説得力に富む説明ができるだろう。よって、植物を使って納豆をつくっている地域の発酵は、自然界の菌ではなく、植物から供給される枯草菌だと捉えるのが妥当なのではなかろうか。

続いて、六番のチェンラーイ県の事例では、バナナの葉（*Musa* spp.）を敷いた竹カゴで茹でた大豆を発酵させる。[*12] しかし、具体的な地域や民族についての情報は無い。

七番のチェンラーイ県の事例は、写真と共に簡単な説明が加えられている雑誌記事からの情報である。[*13] チェンラーイ県のどの地区なのか分からないが、タイ・ヤイの生産者がミャンマー・シャン州のチェントゥンで生まれ、その後中国の西双版納で過ごした後、タイのチェンラーイで生活し、またチェントゥンに戻っていったという説明がなされている。この生産者は発酵の際にチークを使用して納豆をつくっているが、同じような種類の納豆を生産している地域が、ミャンマーのシャン州、中国雲南省の西双版納、タイ北部にまたがっていることを暗示しているものと捉えられ、非常に興味深い。

また八番目のチェンマイ県ファーン郡の納豆では、ヒメシダ科ヒメシダ属（*Thelypteris subelata* (Bak.) K. Iwats.）を用いて大豆を発酵させている事例が紹介されている。[*14] シダを用いて発酵させる事例は、次章で述べるミャンマー・シャン州でも確認できた。タイの納豆しか見ていなければ、これは特殊な事例として位置づけられるのかもしれないが、ミャンマー・シャン州のシャンやパオーなどの民族がつくる納豆と共通する。したがって、地域間比較という視点が極めて重要なのだが、論文中には、どこにも民族に関する記述がない。非常に残念である。

九番から一二番までの報告は、岐阜大学・長野宏子名誉教授が代表となった研究プロジェクトの報告書に記されていた納豆である。[*15] 貴重な情報であるが、納豆をつくるプロセスに特化した記述になっており、私が知りたい、具体的な場所の情報と民族については、ほとんど述べられていないのが残念である。この表で記した場所情報は、個人的に長野教授から聞いたもので、報告書には記されていない。

タイ北部で納豆を生産する時の植物利用に関して、これまでの雑誌記事や論文などを検索して分かる範囲で紹介したが、未だに分からないことが非常に多いことに気づかされる。特に菌の研究をメインにしている理系の研究者の情報は偏っており、どの民族が納豆をつくっているのかといった情報はほとんど記されていない。さらに、村の位置などの空間情報もあいまいである。科学の世界では、リピータビリティ（再現性）が重視されるにもかかわらず、第三者が同じ村を訪れて、納豆の生産を確認することができないような論文の書かれ方である。現地から納豆のサンプルを得て、微生物学的な菌の解析をするという目的は理解できるが、それ以外は何も解明することができない。これは、非常に残念なことである。

第五章

納豆の聖地へ――ミャンマー

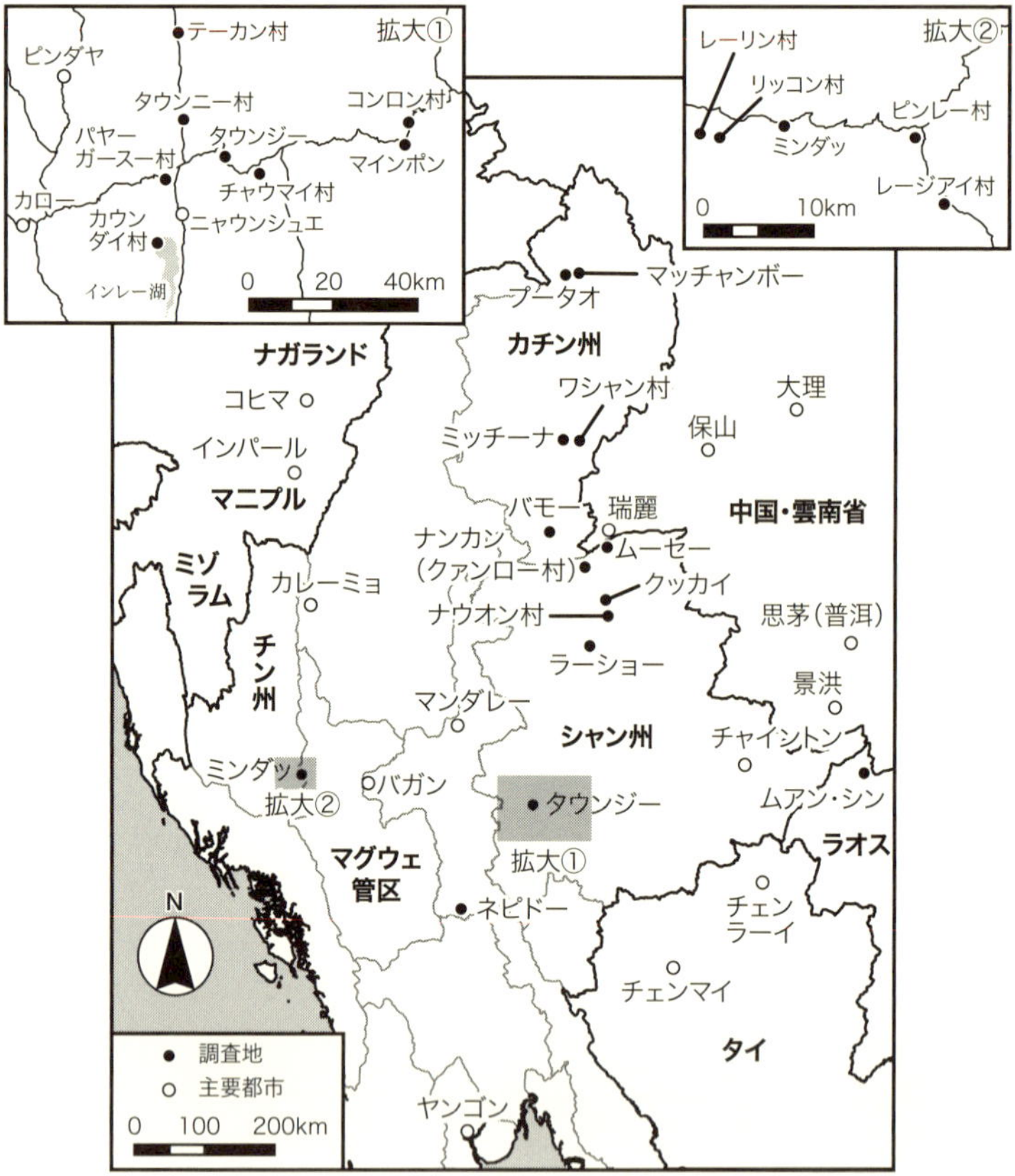

拡大①
テーカン村
ピンダヤ
タウンニー村
コンロン村
パヤー
ガースー村
タウンジー
マインポン
チャウマイ村
カロー
カウン
ダイ村
ニャウンシュエ
インレー湖
0
20
40km
拡大②
レーリン村
リッコン村
ピンレー村
ミンダッ
レージアイ村
0
10km
マッチャンボー
プータオ
カチン州
ナガランド
コヒマ
ワシャン村
大理
保山
ミッチーナ
インパール
マニプル
バモー
瑞麗
中国・雲南省
ナンカン
(クァンロー村)
ムーセー
ミゾ
ラム
カレーミョ
クッカイ
ナウオン村
思茅(普洱)
ラーショー
チン州
景洪
マンダレー
シャン州
チャイントン
ミンダッ
バガン
タウンジー
ムアン・シン
拡大②
拡大①
ラオス
マグウェ
管区
N
ネピドー
チェン
ラーイ
チェンマイ
調査地
主要都市
タイ
ヤンゴン
0
100
200km

あこがれのミャンマー調査

私が初めてミャンマーを訪れたのは一九九四年四月である。研究ではなくバックパックを背負っての観光であった。その時は、「一九九四年ミャンマー観光年（Visit Myanmar Year 1994）」なる政府の観光キャンペーンが行われており、噂では外国人も国内を自由に旅行できるようになったということであった。実際、観光査証も簡単に取ることができたので、かなり期待したのだが、実際にミャンマーに行くと、自由旅行とは名ばかりで、入国時に二〇〇ドル分の公定レートでの両替が強制され、外国人が行けるところや宿泊場所も限られた、かなり不自由な旅行であったことが記憶に残っている。それ以降、ミャンマーと関わる機会がない状態がしばらく続いた。

ミャンマーは、納豆の研究では重要な地域である。世界の大豆食品について書かれた吉田よし子の『マメな豆の話』には、ミャンマーのタウンジー周辺が現在の「東南アジアの納豆センター」だと書かれている。[*1] 納豆の仮説センターを中国の雲南だと主張した中尾佐助とは違う論であり、とても気になっていた。そして、ついに、二〇〇九年に一五年ぶりにミャンマーを再訪する貴重な機会が訪れた。

序章で簡単に触れたが、二〇〇九年の調査では、旧首都ヤンゴンを出発して、ミャンマー最北の州であるカチン州ミッチーナまで、幹線道路を北上しながら移動した。その調査で、私はミャンマーの納豆について、納豆生産における空間的な非連続性という重要な知見を得た。ヤンゴンからマンダレーまでのビルマ系民族が住む地域では、ほとんど納豆を見かけなかったが、マンダレーを出てタイ系民族のシャンの人たちが住むシャン州に入ると、どこでも納豆を見かけるようになったのだ。その後、シャン州を出てチベット・ビルマ系民族が多く住むカチン州に入ると、今度は納豆の形状とつくり方が急に変化したのである。このような変化を感じることができたのは、長距離を連続的に移動しながら、多くの地点を訪れることができたからである。

ミャンマーでの納豆調査は、その後、二〇一四年二～三月にチン州とカチン州プータオ、そして二〇一四年九月にシャン州タウンジーの計三回実施した。納豆をつくっている地域は、少数民族自治区で、しかも外国人の入域が許可されていない地域が多く、まだ調査していない場所がたくさん残されていることは言うまでもない。しかし、ミャンマーの納豆の大まかな状況は把握できたので、ここで一区切りをつけて、本書で報告することにしたい。

ミャンマーにおける納豆の研究

ミャンマーの納豆についての研究は極めて少ない。納豆研究の第一人者であるシッキム大学のタマン教授と二〇一〇年に会った時、彼もミャンマーで納豆の調査を行ったことがないと言っていた。しかし、ラオスとは違って、全く調査されていないという状況ではない。

ミャンマーの納豆を紹介した最も古い調査報告は、先にも紹介した吉田よし子の『マメな豆の話』で紹介されたシャン州の大豆利用と納豆生産であろう。[*2] しかし、これは論文ではなくエッセイであり、おそらく学術研究として最も早くミャンマーの納豆に注目したのは、共立女子大学の研究グループであろう。二〇〇〇年三月に、メンバーの一人である田中直義《ただよし》が、マンダレー、ミッチーナ、バモー、ラーショーに行き発酵食品を調査している。[*3] その後、共立女子大のメンバーで組織した研究グループが、二〇〇四年一一月と二〇〇六年一〇月にミャンマーで発酵大豆食品の総合的調査を実施している。[*4] その調査報告書では、どこにどのような納豆があり、それがどうやってつくられているのかについて詳しく紹介されている。[*5・6] 本書でも多くの記述で参考にさせていただいた。

共立女子大の研究グループがミャンマーに最後に入った二〇〇六年以降、納豆を調査するために入った研究者は、私以外にはいないと思う。そもそも、二〇〇〇年代半ばからは、軍事政権の意向もあり、外国人がミャンマーで学術研究をすることは困難であった。このような状況で、二〇〇九年に陸路でヤンゴンからミッチーナまで移動しながら調査できたことは、本当に幸運であった。

なお、前章のタイでは、タイ・ヤイの納豆とコンムアンの納豆を分けて、納豆をつくっている人を単位に論じてきた。ミャンマーも同じようにできればいいのだが、調査をしたのが空間的に広範囲におよび、また民族も入り乱れている状況なので、タイのように簡単にはいかない。そこで、この章では、調査をした時系列順に論じていきたいと思う。

最初に断っておくが、タイとラオスの場合、民族を問わず、納豆はすべて「トゥアナオ」と呼ばれていた。しかし、ミャンマーでは、民族ごとに納豆を指す言葉が異なる。ミャンマーの国語であるビルマ語では、大豆と納豆が全く同じ言葉で「ペーボウッ」と呼ばれるので、この章では、ミャンマー国内でつくられている納豆は、ビルマ語の「ペーボウッ」で統一し、個別の民族ごとの納豆の呼び名は文中で紹介する。なお、ペーボウッは、乾燥しているか、湿っているかによって、大きく二つに分けられる。乾燥しているのは「ペーボウッ・チャウ」と称され、ラオスやタイの乾燥センベイ状納豆がそれに相当する。一方、湿っているのは「ペーボウッ・ソー」と称され、ラオスやタイの粒状納豆とひき割り状納豆がそれに相当する。

また、ミャンマーのシャン州およびその周辺に居住する「タイ（Tai）」と自称する民族についても最初に断っておく必要がある。他の民族からは「シャン」と呼ばれているシャン州の州都タウンジー近郊のシャンの村の人たちは、自らを「タイ・ヤイ」と呼んでいた。前章でも記したとおり、タイのタイ・ヤイ、ラオスのタイ・ヌア、そして雲南省徳宏のタイ・ヌーとシャンは同じ出自である。本書では、国家のタイ（Thai）と混乱しそうなので、ミャンマーで「タイ」もしくは「タイ・ヤイ」と自称する人たちは「シャン」と記すことにした。

シャン州北部ラーショー

二〇〇九年八月、旧首都ヤンゴンに到着した翌日の早朝、開通してそれほど時間が経っていない高速道路に乗って、新首都のネピドーへと向かった。さっそくネピドーの市場を見学してみると、粒状納豆を売っている店を見つけた。いきなり納豆を発見してすごく興奮したのも束の間、味見をすると、とても納豆とは呼べない代物だった。売っていたのはビルマ人で、「ペーボゥッ」(納豆)だと言う。しかし、それは上手く発酵がされていない、単に茹でた豆を一〜二日間ほど置いただけの出来損ないのような煮豆であった(写真5－1)。

首都移転で突然多くの公務員がネピドーに来ることになって、つくり始めた納豆なのだろう。古くからネピドー周辺に住んでいたビルマ系の民族は、納豆をつくっていなかったが、その存在は知っていたはずである。ネピドーから数十キロ東に行けば、納豆をつくっているシャン族が住む地域なので、見様見真似で納豆をつくったとも考えられる。もしかして、シャン族から教わったのかもしれない。これは非常に面白い事例である。

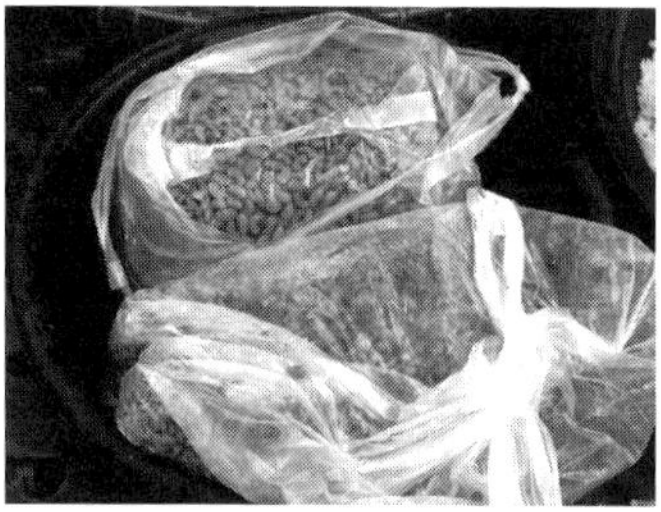
写真5-1　ネピドーの市場で売っていた「ペーボゥッ」

さて、私たちは、ミャンマーの農業灌漑省のスタッフ三名と共に合計九名でネピドーからミャンマー最北部のカチン州まで陸路で移動することになった。ネピドーからマンダレーまでのマンダレー管区では、納豆は全く売られていなかった。ミャンマー第二の都市マンダレーの市場も訪ねたが、そこでも納豆を見つけることができなかった。その後、イギリス植民地時代に避暑地として開発されたメイミョー(現在はピン・ウー・ルウィン)にも立ち寄ったが、全く納豆がない。ビルマ系民族が住むマンダレー管区では、納豆は一般的な食べ物ではないようだ。

しかし、メイミョーからシャン州に入ると状況は一変した。メ

写真5-2　チャウメーの食道では乾燥センベイ状納豆が棚に山積みになって陳列されていた

イミョーから七〇キロほど北のチャウメーという小さな街の食堂で昼食を取ることになった時、私の目に止まったのが、溢れんばかりの乾燥センベイ状納豆が陳列されていた棚である（写真5－2）。その横に置かれていたワゴンにも、乾燥センベイ状納豆が山積みされていた。薄い円形だけではなく、長方形も存在し、さらに厚さも一センチを超える厚いものもあった。タイの納豆「トゥアナオ」よりも、乾燥センベイ状納豆の種類は多い。どれもチャウメー近郊でつくられているものだという。シャン州に入ると、納豆の聖地に来たような気分になり、これからいったいどんな納豆が現れるのか、期待に胸が膨らんだ。

共立女子大学の調査チームは、二〇〇四年一二月にチャウメーにおいて、市場で植物の葉に包んで発酵させた粒状納豆、そして民家で稲ワラのベッドの上に茹でた大豆を広げて三日間発酵させる納豆について報告している[*7]。納豆を包んでいた葉は、シャン語で「パクァ」と呼ばれているものらしいが、写真で見る限り、クワ科イチジク属（*Ficus* spp.）と考えて間違いないだろう。また、東南アジア地域において稲ワラを用いた納豆を紹介したのは、共立女子大学の調査チームが初めてであり、非常に貴重な調査報告である。

次に訪れたシャン州北部の中心都市であるラーショーの市場では、乾燥センベイ状納豆が多くの店で売られていた。その後、ラーショー県ティエンニー郡区[*8]ナウ・オン村で納豆をつくっているドータンラーさんの世帯を訪れた。家の庭先では、乾燥センベイ状納豆が天日干しされていた（写真5－3）。竹で編んだ網の上で干すのは、タイのタイ・ヤイと全く同じである。そのつくり方は、図5－1の通りである。ナウ・オン村では、村内七五世帯のうち約六五世帯が商業的な納豆生産を行い、市場で売ったり雑貨店に卸したりしている。

　煮豆を発酵させる際、プラスチック・バッグを用いていたが、その中に現地語で「イン」と呼ばれる葉を入れていた。これは、フタバガキ科（*Dipterocarpus tuberculatus*）の葉で、タイのメーホンソン県ムアンポーン村で用いられているものと同じである。チークの葉も使うという。

　この発酵のさせ方は、葉で煮豆を包む方法と、全く植物を使わないでプラスチック・バッグに入れるだけの方法の中間型である。本当は植物で発酵させるほうが美味しい納豆ができるのだが、葉を集めるのは大変だから、プラスチック・バッグを使おう。しかし、菌の供給源として、インの葉は欠かせないので入れておこう。何だか、そんな折衷案のような発酵のさせ方であった。

　ナウ・オン村で私が興味を持ったのは、粒状の納豆をひき割り状にするための手動ミンチ機である（写真5－4）。東南アジアやヒマラ

乾燥センベイ状

大豆を水に浸す（一晩）
↓
茹でる（半日）
↓
プラスチック・バッグの中に茹でた大豆とインもしくはチークの葉を一緒に入れて発酵（2日間）
↓
納豆専用の木製ミンチ機で納豆を挽く
↓
塩・トウガラシ・ショウガを入れる
↓
木の道具で叩いて潰す
↓
天日乾燥（1日間）
↓
完成

図5-1　ナウ・オン村の納豆のつくり方（シャン）

ヤ地域でひき割り状納豆や乾燥センベイ状納豆がつくられている地域では、粒状納豆を臼で叩き潰すか、挽肉用の伝統的なミンチ機で挽くかのいずれかである。どちらも汎用品の応用であるが、ナウ・オン村のミンチ機は納豆専用として開発されたものである。このようなミンチ機は、ここでしか見られなかった。また、ひき割り状納豆を乾燥前に平たく潰す時の道具は、タイのタイ・ヤイが使っていた蝶番で二枚の板を繋いだものであった（写真5－5）。

ミャンマーのシャン族の納豆生産は、つくり方がタイのタイ・ヤイ族と非常に近い。当然、生産するプロセスにおいて地域独自の工夫が加えられたりすることはあるが、それは同じ出自を持つ民族が、それぞれの地域で生活する何百年かの間で独自に変化を遂げたのであろう。

写真5-3　ドータンラーさんの家の庭先で天日干しされた乾燥センベイ状納豆

写真5-4　ナウ・オン村で見た手動ミンチ機

写真5-5　ひき割り状納豆を蝶番の二枚の板で挟んで平たく潰す

シャン州北部ムーセー

次に私たちは、中国と国境を接するムーセー県に入り、クッカイ郡区の市場を訪問した。共立女子大学のチームの報告では、この市場ではカチンの人が葉に包んだ納豆を売っていたと記されているが、葉の種類は写真だけでは判断できない。[*9] なおクッカイはシャン州なのだが、カチン独立機構(KIO)から分裂したカチン防衛軍(KDA)の支配地域であり、多くのカチン州出身者が住んでいる。私がこの地を訪れた二〇〇九年の時には、乾燥センベイ状納豆しか見ることができなかった。

その後、ムーセー郡区の市場を訪ねると、ここで、シャン州では初めて乾燥センベイ状以外の納豆を見ることができた。それは、油で揚げて甘い味付けをした納豆(写真5-6)、蒸し納豆、豆板醤のようなソースをからめた納豆など、中国雲南省の市場で見られるような加工品が多く見られた。

ナンカン[*10]郡区のシーピンターヤー市場では、納豆を自らつくって売る「納豆専門店」も三店舗見られた。一店舗目が、乾燥センベイ状納豆、干し納豆、そしてトウガラシやショウガなどを振りかけた粒状納豆の三種類を扱っていた店(写真5-7)である。粒状納豆は全く糸引きがない。二店舗目は、乾燥センベイ状納豆と蒸し納豆を扱っている店、三店舗目が乾燥センベイ状納豆だけを売る店であった。日本人としては珍しい蒸し納豆は、ミャンマーではナンカン郡区のタイ・マオの人たちがつくっているのだという。タイ・マオとは、中国雲南省の徳宏地区のムアン・マオ（瑞麗）からの移住者の自称である。[11]

そこで、タイ・マオの集落であるナンカン郡区のクァンロー村を訪問してみた。村を歩いていると、大量の大豆を干している家が目に入ってきた（写真5－8）。商業的な大量生産を行っているサイナムカンさんの家である。大豆も自家生産しているが、それだけでは足りないので、不足分はマンダレー豆と呼ばれる小粒の大豆を買って納豆を生産している。この地域でつくっている大豆は、「トーホン」という品種で、彼らはそれをシャン豆と呼んでいた。納豆用としては、マンダレー豆のほうが適しているが、この地域では栽培が難しいので、シャン豆をつくっている。訪問した時はシュエイジョーさんという八五歳のおばあさんも在宅していた。シュエイジョーさんは彼女の祖父母の時代から納豆をつくっていたことを覚えているという。少なくとも四世代前、

写真5-6　ムーセー郡区の市場で見た油で揚げて甘く味付けされた納豆

写真5-7　シーピンターヤー市場で粒状、乾燥センベイ状、干し納豆の三種類を扱う専門店

写真5-8　クァンロー村の納豆生産者・サイナムカンさんの家。壁に大量の大豆が干されている

およそ一二〇年前の時点では、すでに納豆をつくっていたということだ。

クァンロー村の納豆のつくり方を、図5－2に示す。サイナムカンさんの家では、プラスチック・バッグを用いた発酵で、植物は何も入れていなかった（写真5－9）。一九八〇年代までは、竹カゴにチークの葉もしくはシダ（ビルマ語でダインガウ）を敷いていたという。しかし、一九九〇年代に入ってからは葉を使わずに、麻袋で煮豆を発酵させるようになり、その後、市場に売るようになった一九九九年からは、プラスチック・バッグだけで納豆をつくるようになった。シダを用いた発酵から、プラスチック・バッグに至る間に、麻袋というワンクッションが入っているのが興味深い。植物体そのものから植物繊維へ、そして化学繊維へという変化は、ヒトの衣服の変化のようである。

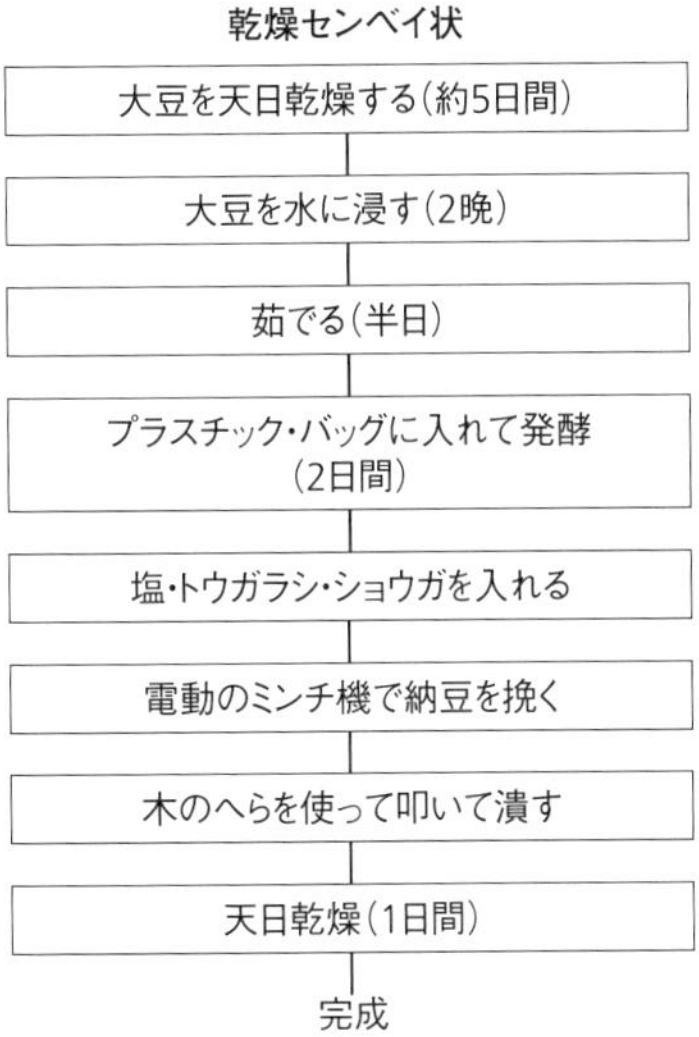
乾燥センベイ状
大豆を天日乾燥する（約5日間）
大豆を水に浸す（2晩）
茹でる（半日）
プラスチック・バッグに入れて発酵（2日間）
塩・トウガラシ・ショウガを入れる
電動のミンチ機で納豆を挽く
木のへらを使って叩いて潰す
天日乾燥（1日間）
完成

図5-2　クァンロー村の納豆のつくり方（シャン）

かつて使用していたというシダは、今でも家の側に生えていると言い、それを持ってきてくれた（写真5－10）。シダはタイ北部でも利用されており、東南アジア大陸部の広範囲にわたって菌の供給源として利用されている植物のようである。

乾燥センベイ状納豆をつくる時に潰す方法や用いる道具などは、タイのタイ・ヤイと同じであった（写真5－11）。叩きつぶす前に挽いた納豆を適量取る際、手に付かないようにビニール袋を使っていたが、かつてはチークの葉の裏側を使ったという。前述した通り、チークの葉の裏側には葉毛があるので、その葉で納豆を掴んでも、それが付着することはない。乾燥センベイ状の納豆をつくる時に入れる香辛料などは、ラーショーのナウ・オン村のシャン族と全く同じであるが、市場からの要望で、塩だけしか入れない乾燥センベイ状納豆もつくる。塩だけの乾燥センベイ状納豆は、シャン州に多いモン・クメール語族のパラウン族が好むからだという。

ナンカン郡区のシーピンターヤー市場の食堂で、納豆を使った料理を出して欲しいと頼んだら、一般的な料理を三種類つくってくれた。一つ目は、炭火で炙った乾燥センベイ状納豆を油で揚げただけの非常にシンプルなものである（写真5－12a）。これは、タイでもよく食べられている。二

写真5-9　植物は使わずにプラスチック・バッグだけで発酵させるサイナムカンさんがつくった納豆

写真5-10　サイナムカンさんの家の側に生えているシダ

写真5-11　タイ・ヤイと同じように木のへらで潰して乾燥センベイ状納豆をつくる

つ目は、短冊状に切った乾燥センベイ状納豆と一緒にタマネギなどを軽く炒めたものであった（写真5－12b）。そして三つ目は、粒状納豆を砕いて、トウガラシ、ニンニク、ショウガを混ぜて炒めたものである（写真5－12c）。最後の粒状納豆を砕いて炒めたものは、ご飯に混ぜて食べるのが一般的だという。さっそく、その食べ方を試してみたが、非常に美味しかった。

カチン州バモーとミッチーナ

クァンロー村での調査を終え、私たちは最終目的地であるカチン州へと向かった。まずはカチン州バモー県を目指したが、そこに行く途中で悲劇が起こる。雨季の八月、未舗装

写真5-12a　シーピンターヤー市場で食べた、炭火で炙った乾燥センベイ状納豆を油で揚げた料理

写真5-12b　短冊状に切った乾燥センベイ状納豆をタマネギなどと一緒に炒めた料理

写真5-12c　粒状納豆を砕いて香辛料などと混ぜて炒めた料理。ご飯に混ぜて食べるのが一般的

写真5-13　悪状況の未舗装の道で立ち往生

写真5-14　植物の葉で包んだ納豆

のナンカンからバモーまでの区間は、四輪駆動車ですら通行が厳しい状況であった（写真5－13）。結局、車が壊れるのを恐れたドライバーは、私たちを置いてヤンゴンに戻ってしまった。その詳細は序章で述べた通りである。

　私たちは、トラックと乗り合いタクシーを乗り継いで、なんとかカチン州バモー県のバモーにたどり着いた。バモーの市場では、植物の葉で包んだ納豆を見つけた（写真5－14）。そして、その葉を開けると、納豆が軽く糸を引いたのである。

　二〇〇〇年にラオスで納豆と出会ってから、ずっと探し求めていた糸引き納豆がついに目の前に現れた。この納豆と出会うまでに、九年もの月日が流れていた。もし、この二〇〇九年のミャンマー調査で、糸引き納豆に出会っていなかったら、私は現在まで納豆の研究を継続させていなかったと思う。

　バモーの市場で納豆を売っていた店の人は、納豆を仲買人から買っていて、つくっているのはシャン出身の人だと言う。しかし、それがシャン族なのかどうか分からない。詳しい調査を行いたかったが、後ろ髪を引かれる思いでカチン州の州都であるミッチーナへと向かった。

ミッチーナ中心部の市場に出かけると、目的とする納豆はいとも簡単に見つかった。葉に包まれた状態で並べられている（写真5－15a）。おそらく、当地の納豆を知らない旅行者は、これを納豆だとは認識できないであろう。しかし、その葉を開いてみると、強く糸を引く納豆が姿を現す（写真5－15b）。ミッチーナで糸引き納豆が販売されているという報告は、田中直義によってもされている[*12]。

ミッチーナの市場では、魚醤、ナレズシ、漬け物、腐乳などの発酵食品が山積みであった。中でも目を引いたのが、ケバブのように表面を削り取って量り売りするナレズシである（写真5－16）。まだ液体化していないので、漬けてから日の浅いナレズシに限った売り方のようだ。そしてお目当ての納豆だが、葉で包まれた粒状納豆が約一〇店舗で売られていた。市場内の店舗ではなく、市場の外でも納豆を竹カゴに入れて売っている。

写真5-15a　ミッチーナの市場で葉に包まれた状態で売られていた糸引き納豆

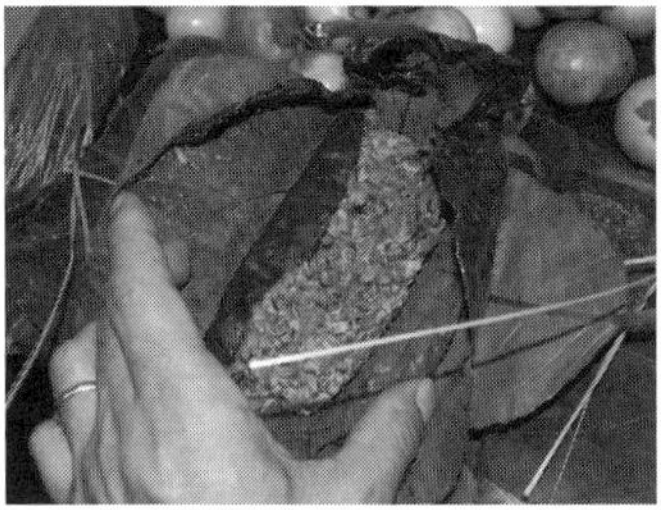

写真5-15b　葉を開くと強く糸を引く

　ちょうどその時、一人の女性が大量の納豆を持ってきた（写真5－17）。彼女はシャン族で、毎日この市場に納豆を卸していて、市場の近くのレーゴーシェンという村から来たと言う。この葉は何かと聞くと、「カアウンペッ」と言う。何の木のことなのか、当然ながら分からない。その後、同じように葉で包んでいる納豆を売っていたジンポーの女性に葉の名前を尋ねてみたところ、村では「納豆の葉」と呼んでいて、大きな実が成ると言う。糸を引く粒状納豆が見つかったのは大きな成果だったが、それはどのような葉で包んで発酵させているのか、市場での調査では全く分からなかった。

そこで、ミッチーナの中心部のはずれにある、ワインモー郡区の農業事務所を訪れ、納豆のつくり方について教えて欲しいと尋ねたところ、事務所の裏に自生している木の葉を使うのだと言う。この木の葉はクワ科イチジク属であった(写真5-18)。シャン州チャウメーで共立女子大のグループが調査した納豆で使われていた葉「パクァ」と同じものだと思われる。

事務所の近くに、納豆をつくっている村があるというので連れて行ってもらった。ミッチーナ

写真5-16　量り売りで売られていたナレズシ

写真5-17　納豆を卸しているシャン族の女性

写真5-18　クワ科イチジク属の葉

県ワシャン村、ジンポー族の村である。調査をした二〇〇九年時点で六三歳だったバンムムさんの家を訪れた。バンムムさんは、一九九〇年代後半まで、地元の小学校の教師をしていたが、早期退職して今は農業をしながら生活している（写真5－19）。納豆をつくるための大豆は市場で買っていると言う。

バンムムさんの納豆のつくり方は、図5－3の通りである。乾燥センベイ状納豆のつくり方と比較すると簡単なように思える。しかし、発酵させる時は、暖かいところに置く必要があり、冬でも囲炉裏の火は小さく付けておかなければならない。暖かいところで発酵させないと、糸引きが強くならないからだ。糸引きが強い方が美味しいので売りやすいのだと言う。

写真5-19　ワシャン村のバンムムさん

粒状

大豆を洗う
茹でる（約5時間）
茹でた大豆をイチジク属（*Ficus*. spp）の葉に包む。囲炉裏などの暖かい場所に置いて発酵（2日間）
完成

図5-3　ワシャン村の納豆のつくり方（ジンポー）

写真5-20　茹でた豆をイチジク属の葉に包んで発酵させる

写真5-21　バンムムさんがつくった自家用の干し納豆

納豆はジンポーの言葉で、「ノープー」と言う。バンムムさんが日常使っているザイワ方言では「ノーポップ」と言うらしい。第二章でも示したが、「ノー」は豆、「プー」と「ポップ」は発酵している状態のことを指す。発酵の際に使われていたのは、クワ科イチジク属の葉で、ジンポーの言葉では「コンチョー・ラッ」、ザイワ方言では「ソックサック・ラッ」と呼んでいた。「ラッ」は、葉のことを意味するので、コンチョーの葉、もしくは、ソックサックの葉という意味になる。バンムムさんの家では、その木は庭に植えられていた。ミッチーナ中心部の市場で聞いたシャンの女性が言っていた「カアウンペッ」と同じものかどうか、現物を見ていないので分からない。

カチン州のジンポーの人たちがつくる納豆は、タイ北部やシャン州のように、袋や竹かごに植物の葉を入れたり、敷いたりするのではなく、茹でた大豆を直接イチジク属の葉に包んで発酵させるのが特徴だと言えよう（写真5－20）。また、バンムムさんの家では、自家用に干し納豆もつくっていた（写真5－21）。

この家では、二〇〇〇年ぐらいまでは、両親が茹でた大豆を竹筒の中で三～四日間ほど発酵させる方法で納豆を生産していたらしい。現在でもカチン州の山地では、この方法で納豆を生産しているということだが、二〇〇九年八月の調査では、竹筒で発酵させた納豆は確認できなかった。

では、カチン州のジンポーの人たちは、どのように納豆を食べているのだろうか。市場での聞き取りをした結果をまとめると、塩とトウガラシを混ぜた粒状納豆に、タマネギや香菜などの香りの強い野菜を和えて、ご飯のおかずにするという調理方法が一般的であった。また、トマトなどと一緒に炒めるという調理方法も聞かれた。いずれも、ご飯のおかずとして、かけて食べることが多いようだ。日本と同じく糸を引く納豆だが、醬油をかけて食べることはない。

カチン州はシャン州と比較すると、加工された納豆の種類が少ない。その代わり、シャン州ではあまり一般的とは言えない、粒状で糸が引く「ペーボゥッ・ソー」が多く見られた。また、クワ科イチジク属の葉で包んで発酵させた粒状納豆が乾燥センベイ状納豆よりも多い。

ミャンマーの納豆はひとくくりで捉えることが困難な状況だと認識したのが、二〇〇九年の調査であった。

チン州南部ムン・チンの人々

二〇一四年三月、二回目のミャンマー調査を実施した。調査の目的は、今まで誰も報告をしていない地域で納豆を探すことであった。事前に情報を集めて、納豆が確実にあり、かつ調査許可が取れる場所を二カ所選定した。一つ目は、チン州ミンダッ県で、もう一つはカチン州プータオ県である。まずは、チン州の納豆から紹介しよう。

チン州ミンダッ県へは、まず空路でヤンゴンからマンダレー管区のバガン（ニャンウー空港）に行き、その後は陸路で向かう。乾季だったので、二〇〇九年の調査の時のように車がスタックするということはなかったが、途中、いくつもの枯れた川を渡った。橋がないので、雨季なら簡単には行けなかっただろう。ドライバーに聞くと、雨季は車で川の手前まで行き、舟で川を渡り、その後、対岸で待っている別の車に乗り換えて次の川まで移動し、それを数回繰り返さなければならないという。

早朝にヤンゴンを発ち、日が暮れようとする頃にようやくミンダッに到着した。海抜がほぼゼロの中央低地から、一気に標高一四〇〇メートルのミンダッに移動すると肌寒く感じる。ミンダッでは、地区の議員を務めているアウンさんが調査をコーディネートしてくれた。アウンさんによると、ミンダッの歴史は非常に新しく、まだ一〇〇年ぐらいだろうと言う。英国軍が駐屯して人が集まるようになり、現在のミンダッになったという。

ミンダッ周辺には、山地部にムン・チンとダ・チン、そして平地部にオップー・チンとチン・ボンと呼ばれる人々が住んでいる。それぞれが異なる言語と異なる文化を持っているが、チベット・ビルマ系言語族のチン語を話すという点では共通する。

ミンダッ周辺では、ムン・チンと呼ばれる人びとを対象に調査を実施した。彼らは納豆のことを「シャンパイ」と呼ぶ。ビルマ語と同じく、大豆も納豆も全く同じくシャンパイである。納豆であることを強調したい時は「シャンパイ・ピ」という言い方もあるようだが、あまり一般的ではない。「ピ」は発酵していることを意味する。「シャンパイ」の「シャン」は「シャン地方（人）の」という意味で使われるので、言葉だけで推測すると、大豆はシャン地方から入ってきたもので、納豆も同じくシャン地方が起源だと思われる。

ムン・チンの歴史について、アウンさんが興味深い話をしてくれた。その昔、ムン・チンの人たちはバガン周辺で生活していた。ビルマ最初の統一王朝であるバガン王朝が上座部仏教を国教化しようとしたが、精霊信仰だった彼らは、仏教の受け入れを拒否し、西へ逃げたのだという。しかし、低地で水田を営むことができる地域は、ビルマ系の民族がすでに居住していたため、さらに西の山地へと移動していった。農業で生活できなくなった住民に対して、神様からミタン牛（*Bos frontalis*）が贈られ、これを飼育して生計を立てるようになったのだという。これは、王朝が生まれた一一世紀頃の話だという。実際、チン州は牛の飼育がさかんな地域である。ミタン牛は冠婚葬祭や儀式の際に個人の富裕度や名誉を示すために欠かすことのできない家畜であり[*13]、神から授かったという伝承もうなずける内容だ。

また、かつて平地や河畔沿いに住んでいたチンの人たちは、ビルマ族やシャン族の侵略と攻撃によって、一四〜一六世紀頃に現在の丘陵に移り住んだと言われている[*14]。アウンさんから聞いた言い伝えとは内容は異なるが、低地で生活していた時にチンの人たちがシャンの人たちと接触していたのは確実である。当時から大豆を栽培し、納豆をつくっていたのかもしれない。仏教信仰を強制されることから自ら逃れたのか、それとも侵略されたのかという違いはあるが、チンの人たちは現在の山岳地に移り住む時に、大豆も一緒に持ってきた。だから、「シャンの豆」という呼び名が残っているという仮説は、無理なく受け入れられるものだろう。

厚焼きクッキーのような納豆

翌朝、ミンダッの市場に向かうと、粒状納豆と乾燥センベイ状納豆が野菜と並んで売られていた（写真5－22）。しかし、納豆は一店舗でしか売られていなかった。店の人に聞くと、「今は納豆よりもンガピを使う人のほうが多い」と言う。ンガピとは、小エビを発酵させてつくった醤である。昔は、低地の調味料であるンガピが入ってこなかったので、自分たちで納豆をつくって使っていた。しかし、近年は低地から安い値段で入ってくるようになったと言う。

市場を後にした私たちは、次にミンダッの街から三〇分ほど山奥に入ったところのレーリン村を訪れた。この村は、車は途中までしか入れないので、その先はトレッキングである。途中、火入れを終えたばかりの焼畑耕地を横目に一〇分ぐらい歩くと、家が二軒ほど出てきた。これまでの調査では、低地の稲作農村ばかりだったので、全く雰囲気が違う。はたして、こんなところに納豆があるのだろうか。とりあえず、一軒目の家を訪ねた。

出てきたのは、七三歳になるナインワーさんというムン・チンの女性であった。顔にはチン州南部の女性特有の入れ墨がある（写真5－23）。アウンさんに、入れ墨を入れる理由を聞いてみたが、わざと醜く見せて、チンの女性をさらわれるのを防ぐためと言われているようだが、よく分からないと言う。昔は、すべての女性に入れ墨が入れられていたが、一九七〇年代以降に生まれた女性になると、急激に減少したらしい。

ナインワーさんは竹カゴにバナナの葉を敷き詰めて茹でた大豆を発酵させていた。そのつくり方を図5－4に示した。納豆は販売しておらず、保存分がなくなったら自家用につくる。二日前からつくり始めた発酵中の納豆があるというので見せてもらった（写真5－24）。私が訪れたのは三月で暖かくなりかけてきた頃だが、レーリン村は標高約一一五〇メートルの高地に位置しており、朝晩は冷え込むので五日間は発酵させるという。発酵日数は、暖かい四月から一〇月までの時期は三日間、最も寒い一二月から一月までは七日間ぐらい必要だという。昔から発酵させる際にはバナナの葉を使っていたが、もしなければムン・チン語で「ヴィー・フー」（未確認）と呼ばれ

写真5-22　ミンダッの市場で野菜と並んで売られていた粒状納豆

写真5-23　レーリン村のナインワーさん

ひき割り状

大豆を茹でる（半日）
茹でた大豆をバナナの葉を敷いた竹カゴで発酵。囲炉裏の上に置く（3日間～7日間）
杵と臼で軽く潰す。青トウガラシを入れる
完成

図5-4　レーリン村の納豆のつくり方（ムン・チン）

る葉を使う。バナナもヴィー・フーも、焼畑耕作後に休閑させる土地で生えているものだという。やはり、バナナの葉は必ず裏面が納豆と接するようにする。発酵させた後は、「鼻水みたいなものが伸びる」という表現をしていたので、糸を引くということなのだろう。発酵中、隙間が空いていると粘りがなくなり不味くなるので、バナナの葉でしっかりと包むのが、美味しい納豆をつくるコツだという。

発酵後は、杵と臼で潰すが、これまで見たことのない形状の臼であった（写真5−25）。個人の好みでいろいろなものを入れるということだが、ナインワーさんは青トウガラシしか入れない。また、ウエットな状態を保つために熱湯を少し加えることもあるらしい。潰した後の納豆はひょうたんに入れて保管する。二日に一回は使うので一カ月ぐらいで無くなってしまうが、三カ月ぐらいは持つらしい。乾燥センベイ状もつくるが、ひき割り状の方がフレッシュで美味しいと言う。

利用方法は、基本的には調味料として炒め物や和え物に混ぜるが、塩を加えて、そのままおかずにすることもできる。祖父母の時代から納豆を調味料として使ってきたが、「最近は魚やエビのンガピが安く買えるから、この村で納豆をつくる人は少なくなった」と、市場の人と全く同じことを言っていた。

レーリン村での調査を終えて、ミンダッの街に戻る途中、家の前に女性が座っていた。車を止めて話を聞いてみると、納豆をつくっているというので急遽インタビューをした。しかし、アウンさんがあまり乗り気ではない。この家の主人は荒くれ者で有名らしく、奥さんと話をしているだけで、妻をさらいに来たのではないかと勘違いし、ライフルをぶっ放すかもしれないと言うのだ。チン州では、今でも敵討ちや復讐などの慣習が残っており、村同士で殺し合いのトラブルになることがあるという。現代世界にまだそんな地域が残っているとは信じられなかったが、巻き込まれたら大変である。その女性に夫がどこにいるのかを聞くと、街に出ていて夕方までは戻らないと言う。しかし、突然帰ってくることも考えられるので、とりあえず納豆を見せてもらうだけにした。

この村はリッコン村といい、彼女の名前はブーパイさん。おそらく五〇歳代後半から六〇歳代前半ぐらいであろう。彼女の顔にも見事な入れ墨が入れられている（写真5－26）。見せてもらったのは、発酵させて三日目のバナナの葉で包まれた納豆（写真5－27）と乾燥センベイ状納豆である（第二章、写真2－8）。茹でた大豆は竹カゴではなく、鍋に入れて発酵させていた。先のレーリン村

写真5-24　ナインワーさんがつくる発酵から２日目の納豆

写真5-25　ナインワーさんの臼

写真5-26　リッコン村のブーパイさん

のナインワーさんもそうだったが、ここでも、発酵中は密封しなければならないので「風が入るとダメ」と言っていた。ブーパイさんは、二〜三年前から鍋を使い始めた。鍋で発酵させるのは、彼女の「発明」だと自慢する。

ブーパイさんも、かつてはひき割り状納豆をひょうたんに入れて保存していたが、すぐに不味くなるので、最近はつくったら必ず乾燥させるという。乾燥センベイ状納豆は、潰して形を整えるだけで何も入れない。食べる時に塩とトウガラシを入れる。ブーパイさんのつくる乾燥センベイ状納豆は、厚焼きクッキーにそっくりの形状である。

現地ガイドを務めてくれたアウンさんは、実は、ミンダッ近郊で大規模な焼畑農業を行っており、七人の住み込み農業労働者を雇っている。そこでも同じような乾燥センベイ状納豆をつくっ

写真5-27　ブーパイさんのバナナの葉で包まれた発酵3日目の納豆

写真5-28　燻されて黒く変色したクッキー状の納豆

写真5-29　自生するヴィー・フーの木

ているというので見に行くことにした。納豆をつくっていたのはムン・チンの女性で、大豆も焼畑で自給していた。かなり小粒の大豆で、七月に播種《はしゅ》して一一月に収穫する。納豆を見せてもらうと、やはり厚焼きクッキー状であった（写真5－28）。囲炉裏の上に掛けっぱなしの状態なので、色が煮豆の色ではなく燻されて黒く変色していた。燻すことで長持ちさせているのだと説明する。これを食べる時は、臼で粉々に崩して、塩とトウガラシを混ぜて、ご飯にかける。まるで「納豆ふりかけ」である。この納豆ふりかけは、各種の炒め物や煮物にも入れるらしく、良い出汁が取れると言っていた。彼女もレーリン村のナインワーさんと同じく、発酵の時はヴィー・フーの葉を使う。家の横に自生していたので確認したところ、七～八メートルほどの高さで、手のひら大の葉が付いていた（写真5－29）。しかし、残念ながら種の同定はできていない。

ビルマ系ヨーの人々

ミンダッの三カ所で納豆の調査を行った後、アウンさんが、ミンダッの東に位置するマグウェ管区のソー地区に行こうと言い出した。予定では、ミンダッのゲストハウスでもう一泊することになっていたが、その日の宿泊をキャンセルし目的地に向かった。ソー地区出身のアウンさんの秘書も同行した。標高一五〇〇メートルのチン州ミンダッから二〇キロメートル東に一〇〇〇メートルほど降りると、そこは、通称ソーと呼ばれている水田稲作を主業として営む盆地である（写真5－30）。

写真5-30　ソー地区

写真5-31　ピンレー村の寺の内部

最大の問題は、ソー地区には宿泊施設がないことである。アウンさんは、寺にお願いしてみると言う。ソー地区の北東に位置するピンレー村の寺に事情を説明すると、住職は、私たちの訪問を歓迎してくれ、宿坊に泊まらせてくれると言ってくれた（写真5－31）。宿泊を許可してくれた理由は二つあった。一つ目は、かつてソー地区を訪れた残留日本兵が、この地区で生じた寺院の派閥争いを調停してくれたらしい。その残留日本兵のおかげで、この地域の平和と安定が維持されたので、日本人には感謝しているのだという。この話は、今でも語り継がれていて、村民なら誰でも知っているようだ。そして二つ目に、ソー地区の人たちにとって非常に重要な食べ物である納豆を調査しにきた客には、最大のもてなしで迎えたいということであった。

ピンレー村の人々は、ビルマ語で「山の民」を意味する「タウンダー」と呼ばれている。正式には、ヨー方言を話すビルマ系民族である。通訳のチョーさんによると、チョーさんと話す時は標準語に近いビルマ語を使っているので理解できるが、彼らだけで話すヨー方言はさっぱり分からないという。ここでは、納豆のことを「シャベーボウッ」とか、単に「シャベー」と言う。どちらも話し言葉であり、実際に文字にすると「シャン・ペーボゥッ」もしくは「シャン・ペー」になる。「ペー」は豆、「ペーボゥッ」は大豆もしくは納豆のことだから、シャンの大豆、シャンの納豆ということだ。これもチン州のムン・チンの「シャンパイ」と同じく、シャンからの伝播を想起させる言葉である。ビルマ系民族が古くから納豆をつくっているということ自体が非常に珍しく、この民族がつくる納豆については、本書の記述が初めてだと思われる。

ソー地区には、ヨーの人たちの村が全部で一五村ある。寺の住職とアウンさんの話によると、いずれの村もバガン王朝が滅亡した一三世紀後半頃に現在の地域にたどり着いたらしい。チン州のムン・チンの人たちがバガンから逃れるために東から西へと移動したのに対し、ヨーの人たちは、バガンよりもかなり北に住んでいたので、ムン・チンよりは遅れて南下してきたのだという。したがって、現在はシャン州と離れているが、かつてヨーの人たちはシャンの人たちとも交流があり、その時に大豆や納豆が伝わったものだと考えられる。

なぜ、低地で水田稲作を営んでいるのに、彼らは「山の民《タウンダー》」と呼ばれているのか。村の人たちによると、ヨーの人たちの中には、低地に蔓延するマラリアから逃れるために山地部に村を構えた集団がいて、そこから、おそらく山に住むビルマ人という意味で「タウンダー」と呼ばれるようになったのではないかと言う。

私たちは、ピンレーという村で納豆をつくっている、六〇歳のドーエーチェインさんの家を訪ねた。ここはアウンさんの秘書の実家である。つくっている納豆は粒状と乾燥センベイ状の二種類であった（図5－5）。

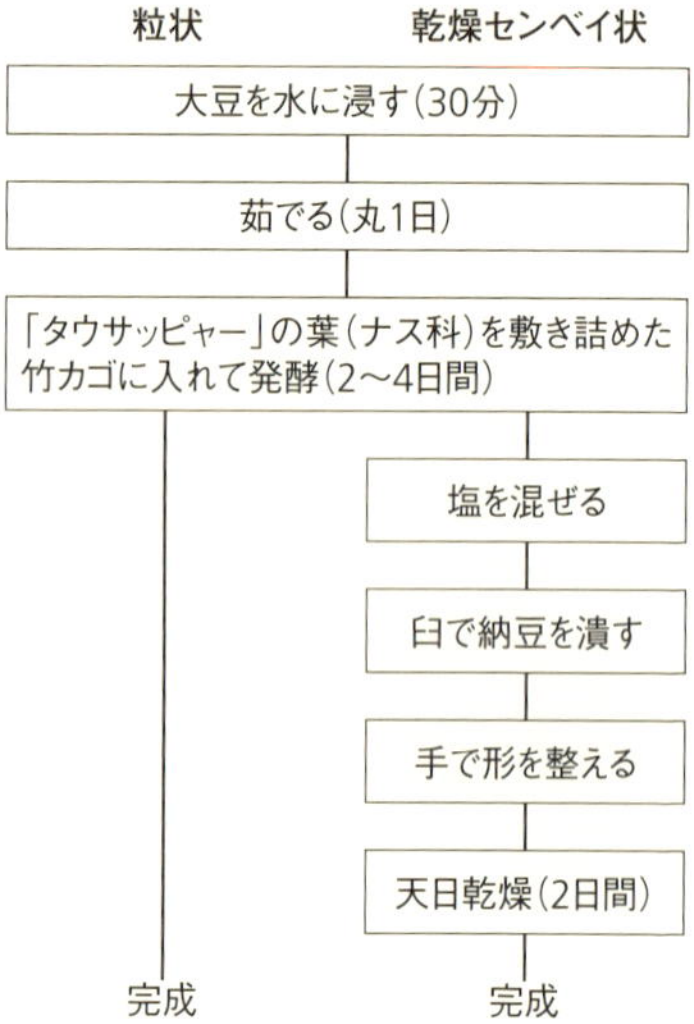
粒状
乾燥センベイ状
大豆を水に浸す（30分）
茹でる（丸1日）
「タウサッピャー」の葉（ナス科）を敷き詰めた竹カゴに入れて発酵（2〜4日間）
塩を混ぜる
臼で納豆を潰す
手で形を整える
天日乾燥（2日間）
完成
完成

図5-5　ピンレー村の納豆のつくり方（ヨー）

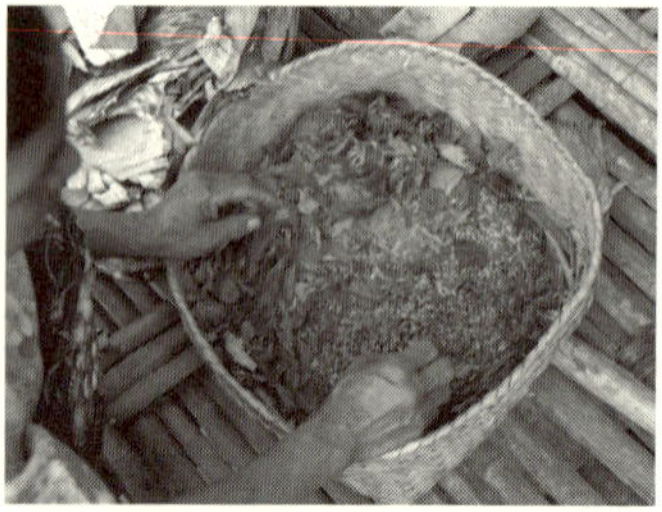

写真5-32　「タウサッピャー」の葉を敷き詰めて大豆を入れて発酵させる

ヨーの納豆のつくり方で特徴的なのが、第一に茹で時間が非常に長いことである。朝に茹で始めたら、翌日の朝まで丸一日かけて大豆をゆっくりと柔らかくなるまで茹でる。柔らかくすることで発酵しやすくなるのだという。第二に、現地で「タウサッピャー」と呼ぶナス科（*Solanum erianthum*）の葉を敷き詰めた竹カゴに茹でた大豆を入れて発酵させることである（写真5－32）。葉の両面に毛があるので、どちら側を使っても構わない。タウサッピャーは、家の脇に自生しているものを利用している。風が入らないようにするため、竹カゴの上にはさらにバナナの葉などをかぶせる。

タウサッピャーは、タイでひき割り状納豆を手で潰す時に使っていた葉である。私の調査では、このナス科の植物が菌の供給源となっていたのは、この地域だけであった。それほど大きい葉ではないので、たくさんの枚数が必要で、また非常に柔らかいので、発酵させた後に取り除くのも大変だが、ピンレー村では、すべてタウサッピャーを使っているという。タウサッピャーでつくった納豆は香りが良いので好まれるということだ。どうしても入手できない時は、枯れたバナナの葉を代用する。発酵日数は、気温によって変わるが、暖かい時は二日間、寒い時で四日間ぐらいである。発酵終了後の納豆は、それほど強くはないが糸引きが見られた。その後、少量の塩を入れてから手臼で叩いて潰し、手で形を整えて天日干しする（写真5－33a、5－33b）。木のへらで叩いたりせずに、大雑把に平たくするだけなので、ここの乾燥センベイ状納豆も、先に紹介したムン・チンと同じ厚焼きクッキーのような形であった。ビニール袋に入れて密封すれば、一年ぐらい保存できるらしい。

写真5-33a　発酵後、少量の塩を入れてから手臼で叩いて潰す、ドーエーチェインさん

写真5-33b　手で形を整えて天日干しする

この地域には市場がないので、行商が野菜や肉などを売りに来ているが、必ず納豆も扱っているので、自分でつくらなくても簡単に買えるらしい。ソー地区のヨーの人たちの村では、納豆をつくっている世帯が数

軒はあるという。

宿坊に泊まった翌朝、ピンレー村の人たちが朝食を持ってきてくれた。私が納豆調査をしていたからだろうか、納豆料理を四品もつくってくれた（写真5－34）。乾燥センベイ状納豆を砕いて塩とトウガラシを混ぜて油で揚げたもの、卵焼きに粒状納豆を混ぜたもの、野菜と乾燥センベイ状納豆の和え物、そして厚焼きクッキーのような乾燥センベイ状をそのまま油で揚げたものであった。ビルマ系民族らしく、油を使った調理方法が多かったが、どれも美味しかった。

写真5-34　村の人たちがつくってくれた納豆づくしの朝食

ソー地区に住むチンの人々

ピンレー村から車で一〇分ほど行ったところに、チンの人たちが住んでいる村があるという。そこは、二〇〇一年に森林省がチークの植林を行うために、周辺の住民を集めてつくった、ソー郡区レージアイ村である。チン州の山地部から移住してきたムン・チンとダ・チン、そしてマグウェ管区内の低地部から移住してきたオップー・チンとチン・ボンの合計四つの民族集団が住んでいる。二〇一四年三月時点で一二五世帯、この地区ではかなり大きな村になっている。四民族ともに納豆をつくっているということだったが、中でもチン・ボンの住民がよく納豆を食べるという。

チン・ボンの四一歳のドーケー・テ・イーさんに話を聞いてみた。つくっている納豆は乾燥センベイ状納豆だけである（図5－6）。粒状で食べることはないし、保存できないので、必ず乾燥させるという。チークの葉を使って大豆を発酵させており（写真5－35）、乾燥センベイ状納豆の形状は、やはり厚焼きクッキーのようなものであった（写真5－36）。調味料として使うことが多いので、潰す時に塩と化学調味料を入れる。人によってはトウガラシ、ショウガ、ニンニクなども入れると言う。

ドーケー・テ・イーさんは、前に住んでいた村では、「納豆の葉」と呼ばれている葉を使っていたが、移住してきたら、その木が無かったので、チークの葉を使うようになったと言う。チークは他の村で使われているのを見たことがあったからだと言う。チークでも「納豆の葉」でも味は変わらないが、「納豆の葉」は三日間で発酵が終わったが、チークの葉だと五日間かかるという。最近、友人の家に「納豆の葉」の木が生えているのを見たが、移住して一二年目で初めてのことだと言う。そこで私たちは、その木を見に行ってみた。なんと、ピンレー村で見たナス科のタウサッピャーだった（写真5

乾燥センベイ状

茹でる（4～5時間）
↓
チークの葉を敷き詰めた竹カゴに入れて発酵（5日間）
↓
塩・化学調味料を入れる
↓
臼で納豆を潰す
↓
手で形を整える
↓
天日乾燥（2日間）
↓
完成

図5-6　レージアイ村の納豆のつくり方（チン・ボン）

写真5-35　チークの葉を使って大豆を発酵させる

写真5-36　ドーケー・テ・イーさんがつくった乾燥センベイ状納豆

写真5-37　ドーケー・テ・イーさんの友人の家に生えていたタウサッピャーの木

-37）。遠く離れたところから移住してきたチン・ボンの人たちもタウサッピャーを菌の供給源としていたのである。マグウェ管区のソー地区では、このタウサッピャーを使った納豆のつくり方がスタンダードなのだろうか。

納豆をつくらないプータオのカムティ・シャン

チン州のミンダッとマグウェ管区のソー地区の調査後、二〇〇九年には行くことができなかった念願のカチン州プータオ県を訪ねた。プータオ周辺にはラワン族が多いが、カムティ・シャン族というタイ系民族が住んでいるので、納豆をつくっているだろうと想像した。しかし、カムティ・シャンはどの村でも納豆は食べるが、つくらないという。

プータオ市内のホーコー地区で、粒状納豆を売っている店を見つけたので、店番をしていた若い女性に話をすると、彼女はカムティ・シャンだという。向かいの店の親戚のおばさんに納豆のつくり方を教えてもらったと言うので、話を聞きに行くことにした。親戚のおばさんは、プータオにいる中国人と結婚してラーショーから来たと言う。ここで生まれ育ったカムティ・シャンではない。現在四九歳で、もう二六年プータオで生活している。すでに中国人の夫は亡くなってしまったが、プータオに家もあるし、製粉の仕事をしているのでラーショーには戻らないと言う。納豆のつくり方は、布を敷いた深めの竹ザルに茹でた大豆を入れて四日間発酵させる。植物を使用しないつくり方であった（写真5－38）。布は使った後は毎回水洗いする。洗わないと苦くなるという。

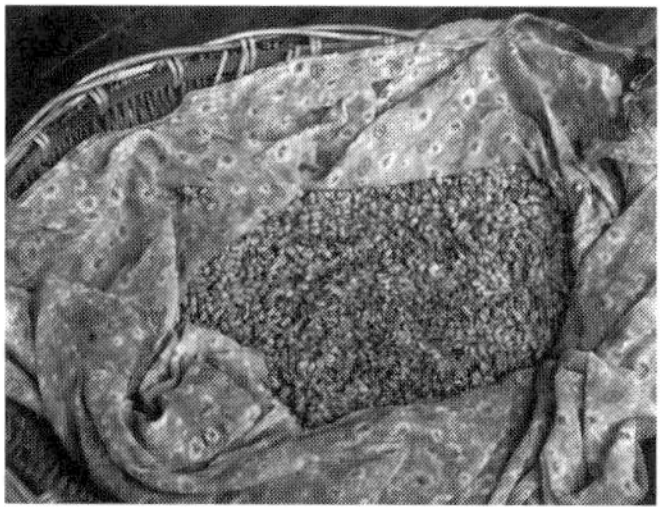

写真5-38　植物を使わず竹ザルに布を敷いてその中に茹でた大豆を入れて発酵させる

ラーショーのシャンと比較すると、プータオのカムティ・シャンはあまり納豆をつくらないし、食べる頻度も少ないと言う。納豆を買っていくのは、ほとんどはジンポーとラワンの人たちだということだ。また、ラワンの人は市内でも納豆をつくって売っているという情報を教えてくれた。私たちは、プータオでのカムティ・シャンの納豆調査は止めて、主にラワン族の村を中心に訪れて調査を進めることにした。

写真5-39b　アモーさんの娘

写真5-39a　メランさん

ラワンの商業的な納豆生産

プータオ市内のプータオ市場に早朝訪れると、ラワン族の二店舗が粒状納豆を販売していた。メランさん（写真5－39a）とアモーさんの店である（写真5－39b）。納豆はラワン語で「ノーシー」と呼ぶ。どちらの店も、粒状納豆を入れた皿を机の上に置いて販売しており、糸引きはほとんどない。納豆は、植物の葉で包んで買い手に渡す。この葉は、ビルマ語では「タウンシンペッ」と呼ばれるクズウコン科フリニウム属（*Phrynium pubinerve* Blume）*[15]の葉で、包装材として広く使われている。

メランさんの家を訪問して、納豆のつくり方を見学させてもらった。それを図5－7に示す。メランさんは、調査時は四〇歳で、二〇歳の時に結婚して市内に出て来るまで山地部で焼畑をして生活していた。山で生活していた時は茹でた大豆を葉に包んで発酵させていたが、その葉は「納豆の葉（ノーシー・ラッ）」と呼んでいた。樹木の名前は知らないが、市内に出てきたら、その葉の入手が難しくなったという。結婚して間もなく市場で納豆を売り始めたので、もう二〇年近くになる。最初のうちは、大豆を茹でた後に水を切った鍋に納豆の葉を載せ、それを囲炉裏の上に置いて発酵させていた。プラスチック・バッグだけの発酵に切り替えたのは、数年前だという。おそらく二〇一〇年頃だと思われる。プラスチック・バッグへと変更しても囲炉裏の上で発酵させるのは変わっていない（写真5-40）。葉を使っていた時も、プラスチック・バッグでつくっている現在も、味は変わらないという。興味深かったのは、囲炉裏で竹を燃やしてはいけないという話である。納豆が苦い味になって台無しだと言う。メランさんは二〇一三年から圧力鍋で大豆を茹でている。本書で紹介した納豆の生産者の中で圧力鍋を使っていたのは、この世帯だけだった。

メランさんがかつて使っていた「納豆の葉」が近くに自生しているというので、その場所に連

粒状

大豆を水に浸す(30分～1時間)
↓
圧力鍋で茹でる(約1時間)
↓
茹でた大豆をプラスチック・バッグを敷いたザルに入れる。囲炉裏などの暖かい場所に置いて発酵(3日間)
↓
完成

図5-7 プータオ市の納豆のつくり方(ラワン、メランさん)

写真5-40 プラスチック・バッグでも昔と変わらず囲炉裏の上で発酵させる

写真5-41 クワ科イチジク属の*Ficus hirta* Vahl

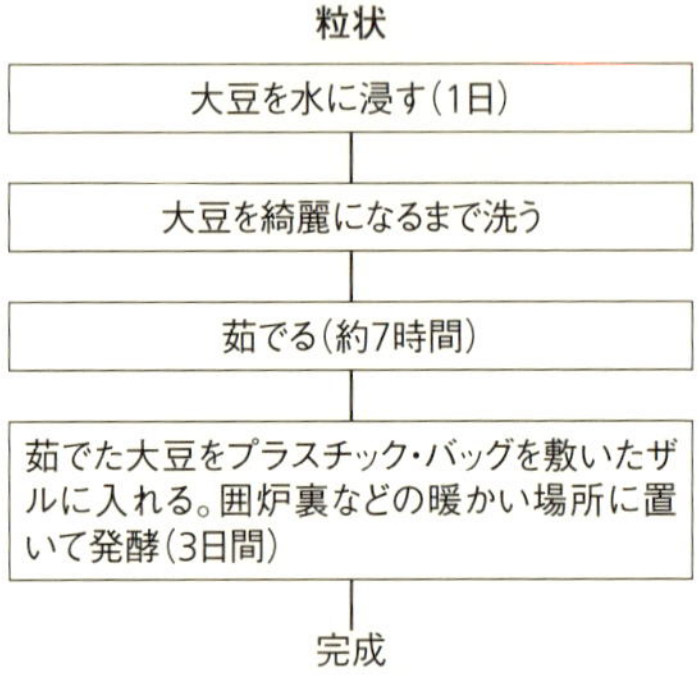
粒状
大豆を水に浸す（1日）
大豆を綺麗になるまで洗う
茹でる（約7時間）
茹でた大豆をプラスチック・バッグを敷いたザルに入れる。囲炉裏などの暖かい場所に置いて発酵（3日間）
完成
図5-8　プータオ市の納豆のつくり方（ラワン、アモーさん）

れて行ってもらった。確認したところ、クワ科イチジク属の *Ficus hirta* Vahl であった（写真5－41）。イチジクの葉を使うつくり方は、一昔前のカチン州では一般的だったのであろうか。おそらく、二〇〇九年の調査の時にミッチーナの市場で見たような葉に包んだ納豆を売っていたのだろう。

次に、アモーさんの家を訪ねた。市場で納豆を売っていたのは、アモーさんの娘である。「アモー」とは、カレン語で「おばさん」という意味らしく、本名はタンノエナンさんといい、六九歳であった。この地域では、ニックネームで「アモー」と呼ばれているのだという。夫はカレン族の軍人で、プータオに駐在中に知り合って結婚したが、もう亡くなったという。アモーさんの納豆のつくり方を図5－8に示す。植物の葉を入れずにつくっており、基本的な生産プロセスはメランさんのところと同じである。私たちが家を訪れた時は、茹でた豆をプラスチック・バッグに移すところであった（写真5－42）。

アモーさんが市場で納豆を売り始めたのは、一九九三年からである。はじめは「コードゥ・ラッ」という毛がある葉に包んで発酵させたものを売っていたが、葉を取りに行くのが大変なので、売り始めてから四～五年で葉に包むのを止めた。「コードゥ・ラッ」の現物は確認できなかったが、イチジク属の *Ficus hirta* Vahl の写真を見せたら、かつて使っていた木の実と同じだと言う。アモーさんは、農村部に行けば自家用の納豆をつくっているラワン族はたくさんいるが、自給用の納豆をつくる時期は大豆を収穫した後、時間的に余裕のある一二月から一月にかけてに限られており、都市部のようにいつでもつくってはいないらしい。

次に、プータオから東に二〇キロメートル行ったマッチャンボー市でラワン族のトー・ティンヌエナさん（四六歳）の家を訪ねた。彼女は、なんと鍋のままで納豆をつくっていて、それを市場で販売していた（写真5－43）。水が無くなるまで茹でて、その鍋を囲炉裏の上に置いて四日経つと、納豆ができるのだという。普段は「ラスップ・チャップ」という葉を使うが、森に行けない時は鍋でつくる。究極の簡易的製法だ。食べさせてもらうと、糸は全く引かない。しかし、味は納豆である。実際に発酵していて菌膜も確認できる。茹でた鍋でも枯草菌が死なずについているというのは本当であった。ラスップ・チャップとは、どのような葉なのか教えて欲しいと言うと、トー・ティンヌエナさんの向いに住むリス族の

写真5-42　茹でた豆をプラスチック・バッグに移す。左がアモーさん

写真5-43　鍋のままで納豆をつくるトー・ティンヌエナさん

写真5-44　「ラスップ・チャップ」の葉

家が、その葉でつくった納豆を市場で売っているというので、その家に行ってみた。

しかし、納豆をつくっている人が不在であった。すると、トー・ティンヌエナさんは、家の中に入ってラスップ・チャップを持ってきてくれた（写真5－44）。見ると、納豆が葉に付いている。糸引きが非常に強く、葉全体がべたべたしている。葉の大きさ、形状、葉脈の入り方などの観察から、これはチークの葉で間違いないと思われる。

リスの納豆

私はこれまで、リス族が納豆をつくっているという報告を見たことがない。何とかリス族の納豆生産について知りたいと思い、プータオ県のムラリー村に向かった。聞き取りをしたら、納豆を大量に生産している世帯があるというので訪ねてみたが、あいにく納豆をつくっている人は、ヤンゴンに行っていて不在であった。しかし、その家の娘のドアンナさん（三五歳、写真5－45）がつくり方なら説明できるというので話を聞かせてもらった（図5－9）。

発酵の際に用いている植物はクズウコン科フリニウム属か、バナナの葉であった。竹カゴに葉を敷く際に、煮豆の水分を逃がすために葉に穴を開けるという。さらに植物も火で炙ってから竹カゴに敷く。これらの処置は、煮豆から出る水分を逃がすために行うという。大きな植物の葉で容易に手に入れることができるのがこの二種類で、どちらでも良いらしい。しかし、雨季はバナナの葉よりもクズウコン科フリニウム属の葉を使うようにしているという。雨季はバナナの葉の糸引きが弱いからだという。残念ながら、実際に発酵させている状態の納豆は確認できなかったが、リス族も納豆をつくっている記録として、ここに記しておく。

写真5-45　ムラリー村のドアンナさん

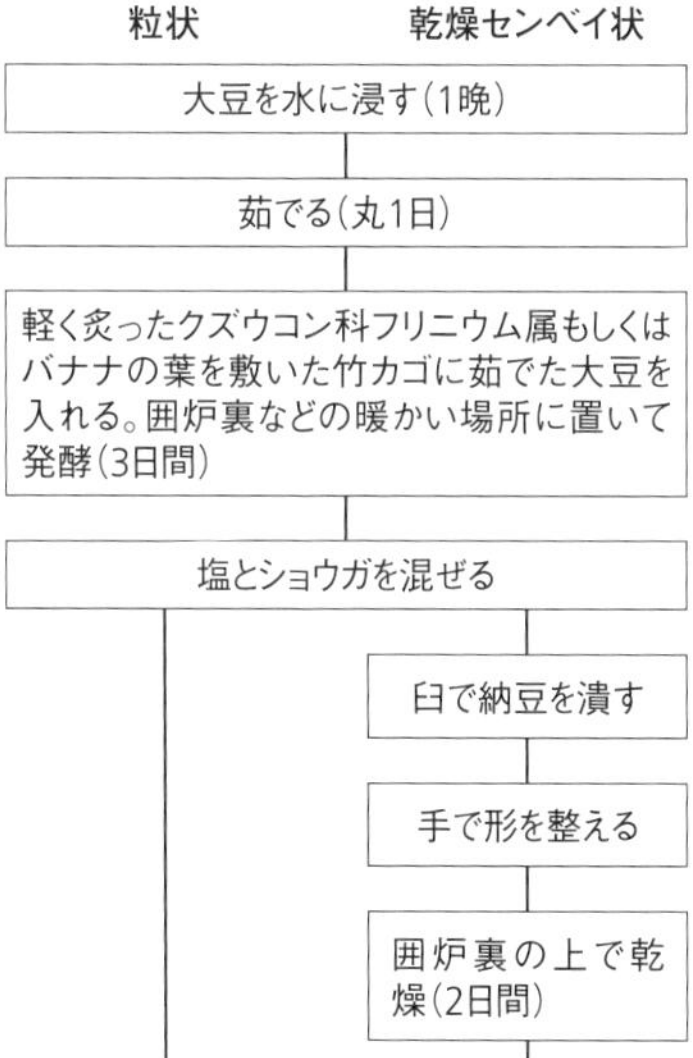
粒状
乾燥センベイ状
大豆を水に浸す（1晩）
茹でる（丸1日）
軽く炙ったクズウコン科フリニウム属もしくはバナナの葉を敷いた竹カゴに茹でた大豆を入れる。囲炉裏などの暖かい場所に置いて発酵（3日間）
塩とショウガを混ぜる
臼で納豆を潰す
手で形を整える
囲炉裏の上で乾燥（2日間）
完成
完成
図5-9　ムラリー村の納豆のつくり方（リス）

プータオのジンポーの人々

二〇〇九年の調査では、カチン州ミッチーナのジンポー族が糸引き納豆をつくっていた。では、プータオ県のジンポーではどうなのか。まずはプータオ近くのマッチャンボー市の土地管理局に勤めているアウンラーさん（三四歳）の家を訪ねた。彼自身は、結婚するまで納豆を一度もつくったことはなく、彼の父母も祖父母もつくっていなかったという。しかし、幼い頃から納豆を食べていた。一方、妻は昔から納豆をつくっており、二〇一四年からは少量を市場で売り始めたという。そのつくり方を図5－10に示す。

発酵のさせ方が独特で、二種類の葉を重ねて使用する。外側にはジンポー語で「ラポッ」と呼ばれるクズウコン科フリニウム属の葉を十字に二枚置き、その上に、名前不明の葉（クワ科パンノキ属 *Artocarpus* spp.）を重ねて置き、煮豆を入れてしっかりと縛る（写真5－46）。それを囲炉裏などの暖かい場所に置いて三〜四日間発酵させる。火の真上だと熱が強すぎて粘りが無くなるので、囲炉裏の端で暖かいぐらいの温度がちょうどいいという（写真5－47）。葉はすべて奥さんが森から取ってくるという。発酵後は糸引きも強く、日本の納豆と同じような味がした。料理で使う場合は、潰してひき割り状にしてから、炒めたり和えたりして使うが、乾燥センベイ状にすることはない。

アウンラーさんの家では、言い伝えのような教えを守りながら納豆をつくっている感じがした。たとえば、茹でる前に大豆を水に浸すと粘りが無くなるので洗うだけにする。茹で終わった後、冷ましてから葉に包まないと美味しい納豆にはならない。囲炉裏で竹を燃やすと納豆が苦くなるので絶対に竹を使わない。これは、プータオのラワン族と全く同じ教えであった。

マッチャンボーでは、ジンポーだけでなくラワンとリスの人も、クズウコン科フリニウム属を十字に置き、その上に葉を重ねて大豆を置いて納豆をつくっているらしい。しかし、内側にどのような葉を入れているのかは、家によって違うので分からないと言う。

ジンポーの人たちは、カチン州のミッチーナ周辺でも植物に包んで煮豆を発酵させており、しかもマッチャンボー市でも同じく植物を用いていた。では、プータオのジンポーはどうなのか。中心部から少し離れたプータオ空港の近くの市場で調査をした。すると、ジンポーの世帯で納豆

図5-10　マッチャンボー市の納豆のつくり方（ジンポー）

粒状

大豆を軽く炒る（一晩水に浸す時もある）
↓
茹でる（8時間）
↓
茹でた大豆をクズウコン科フリニウム属とクワ科パンノキ属の葉を重ねたものに包む。囲炉裏などの暖かい場所に置いて発酵（3〜4日間）
↓
完成

写真5-46　「ラポッ」などの葉を重ねた上に茹でた大豆を載せしっかりと縛る、アウンラーさん

写真5-47　囲炉裏などの暖かい場所に置いて3〜4日間発酵させる

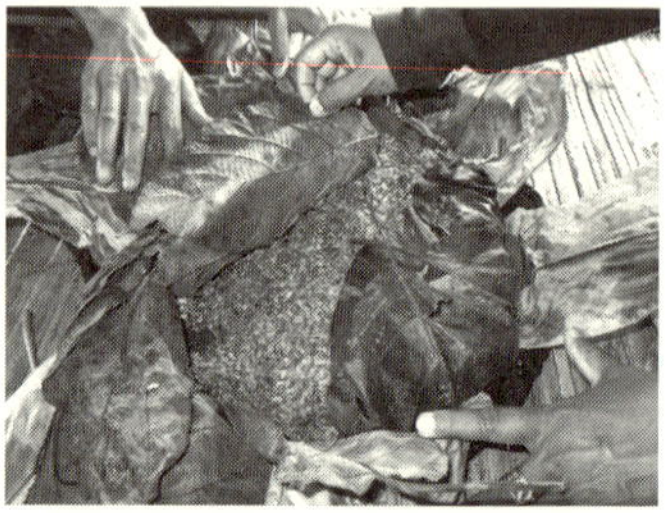

写真5-48　ドジャナさんの家で囲炉裏の上で発酵させた大きな葉に包まれた煮豆

写真5-49　「納豆の葉」（クワ科パンノキ属）

をつくって売っている人がいるという。それがドジャナさん（五〇歳）であった。

ドジャナさんの家を訪ねると、囲炉裏で大豆を茹でている最中であった。また、囲炉裏の上で納豆を発酵させていた。その納豆は、マッチャンポーのアウンラーさんの家で見た納豆の発酵のさせ方と非常に似ており、クズウコン科フリニウム属の葉と共に大きな葉に煮豆が包まれていた（写真5－48）。フリニウムの内側に敷き詰められていた大きな葉を「納豆の葉」と呼んでいた。現地で見たところでは、カチン州ミッチーナと同じくイチジク属なのかと思ったが、帰国後に専門家に葉の写真を見てもらったところ、おそらくクワ科パンノキ属の *Artocarpus lakoocha* だろうと言う（写真5－49）。偶然かどうか分からないが、マッチャンポー市のジンポー族アウンラーさんが使っていた植物と同じ属の植物で、つくり方も、基本的に同じであった。ただし、大豆を洗う前に、軽く炒るという点だけは異なっていた。炒るプロセスを加えることで、豆がより柔らかくなると話す。

プータオの空港市場で常に納豆を売っているのは二店舗だけである。いずれもジンポーである。しかし、ジンポーに限らず、ラワン、リス、そしてカムティ・シャンなどの人びとも納豆を買う。現地調査を実施した三月は、納豆をつくってもあまり売れない時期らしい。なぜなら、プータオでは乾季に収穫した大豆で自家用の納豆をつくっているので、市場で買う必要がないからだという。雨期に入ると乾季につくった納豆が無くなり、多くの人が市場で納豆を買うようになる。よって、ドジャナさんは一一月から四月の乾季は一回で二キログラムの大豆しか使わないが、五月から一〇月の雨季には乾季の倍の四キログラムの大豆で納豆をつくるのだという。

ドジャナさんに、カチン州ミッチーナのジンポーが少量の煮豆を葉で包んで発酵させていることを説明して、その写真（写真5－20）を見せたところ、プータオでも二〇〇〇年ぐらいまで、このようなつくり方をしている人がいて市場でも売っていたが、最近は見ないという。ドジャナさんは、お弁当として畑に持って行くには便利だと思うが、大量につくるにはたくさんの葉が必要で、森から取ってこないとならないので効率が悪いという。販売する時に個別に包めばいいだけなので、プータオではそのようなつくり方をしている人は少ないらしい。少量を葉で包んで発酵させても、一度に大量の煮豆を葉で包んで発酵させても、出来上がる納豆の味は変わらないのだと言っていた。

大量の煮豆を一度にまとめて発酵させるつくり方は、少量を葉で包んで発酵させる方法から発展した、新しいつくり方と考えることもできる。しかし、プラスチック・バックでの発酵は、その延長線上とは位置付けられないかもしれない。現在、プータオのラワン族で用いられているプラスチック・バッグでの発酵について尋ねたところ、プータオのジンポー族で「納豆の葉」を使わずにプラスチック・バッグだけで発酵させるなどあり得ないと言っていた。また、圧力鍋についても聞いてみたが、使うつもりはないと言う。薪を節約できるのはいいと思うが、圧力鍋で茹でた大豆は美味しくないらしい。

私たちが調査を終えて帰ろうとした時、ドジャナさんから粒状納豆をお土産としていただいた。その納豆を昼食の時にプータオの食堂に持って行き、地元の人たちが食べるように調理してくださいと頼んで出てきたのが、**写真5－50**である。本書の調査で食べた納豆の中で、間違いなく一番の味であった。塩とトウガラシで味付けをして、長ネギ、タマネギ、ニンニク、ショウガ、香菜を和えるだけである。これをご飯にかけて食べる。豆を発酵させた納豆の味がそのまま生かされているのに、塩とトウガラシが効いているので、ご飯とも合う。

写真5-50　ドジャナさんの納豆を使って食堂でつくってもらった料理

しかも、隠し味として各種の香辛料が加えられていて、そのバランスが絶妙であった。納豆には醬油をかけるという固定観念を覆す味であった。

同じカチン州のプータオ県でも、民族によって、納豆のつくり方には大きな違いがあったが、乾燥センベイ状納豆がほとんどないという点は共通していた。また商業的な生産を行っている世帯の大半では、プラスチック・バッグ（世帯によっては鍋だけ）で発酵させており、それはミャンマーだけでなく、ラオスやタイとの共通性も見いだすことができる。

シャン州南部は納豆センターか？

二〇一四年九月、吉田よし子が「納豆センター」と呼んでいた[*16]シャン州南部のタウンジーを調査した。タウンジーは、シャン州の州都である。

通訳のチョーさんとともに、タウンジーの玄関口であるヘイホー空港に降り立った。タウンジー周辺は、多くの観光地があるので外国人観光客も多い。したがって、入域許可も不要だ。これまでのミャンマーの調査では、事前に入域許可を取得することに加えて、車と宿の手配をしていたが、今回は現地でどうにでもなるだろうと思って何も手配せずに行った。運良く、空港でタクシーを借り上げることができた。日本から輸入した中古車で、年代も比較的新しい。調査で納豆の生産地を探すので、日によっては長い距離を走ったり、朝早く出発したり、また夜遅くまでかかる可能性もあることを話したが、すべて了承してくれた。タクシーの運転手は、タウンジーに約二五年住んでいるという寡黙で誠実な感じがするビルマ人であった。

空港からタウンジーに向かう途中、運転手から「娘の友達の家で納豆をつくっており、その家が近くにあるけど寄ってみるか？」と聞かれた。空港に降り立って三〇分もしないうちに調査のチャンスが訪れるとは、さすが納豆センターのタウンジーである。

訪ねたのは、タウンジー県のパヤーガースー村というシャン族の村である。ドライバーの娘さんの友達の家では、ちょうど大豆を茹でているところであった。この家の世帯主のウラカイさんはビルマ系民族であるが、妻の実家があるこの村で生活している。シャン族の村なので多くの世

写真5-51　プラスチック・バッグに茹でた大豆を入れて2週間発酵させる

帯が納豆をつくっているかと思いきや、この世帯しか納豆をつくっていないという。タウンジー周辺では、五日に一回の頻度で主要な街で定期市が開催されている。ウラカイさんの家では、そのうち二つの五日市で粒状納豆だけを生産・販売している。乾燥センベイ状納豆が多いシャン州北部のシャン族とは異なるようだ。

ほぼ毎日納豆をつくるためか、ウラカイさんの納豆のつくり方は非常にシンプルであった。弱火で八時間茹でた大豆を、竹カゴに入れたプラスチック・バッグで二日間発酵させるだけである（写真5－51）。しかし、つくり方について質問すると、寒い時期は毛布などを巻くといった工夫が見られた。発酵中の納豆を見せてもらうと、菌膜も確認でき、発酵はきちんとできているようである。さらに糸引きも確認できた。茹でる前に水に浸すと糸引きが弱くなるとか、発酵中に密閉せずに風が入ると粘りがなくなるといった話も出てきた。どこかで聞いたことのある話だと感じ、フィールド・ノートの記述を探したら、水に浸すとダメというのはカチン州プータオ、風が入るとダメというのはチン州ミンダッで聞いた話と全く同じである。このような昔から伝えられている「教え」を各地域で集めることによっても、納豆の共通性を明らかにできるのかもしれない。

ウラカイさんの家では、大豆は栽培せず、すべて市場で購入している。使っていた大豆は私から見ると極小粒のものだが、これでも大きいぐらいだと言う。もっと小さなものがあって、それが粒状納豆をつくるのに適しているとのことだ。市場で買っているので、詳しい生産地の情報は分からないと言うが、これまでの調査で私が見た大豆の中では最も小粒の大豆であった（写真5－52）。大豆の原種であるツルマメに近いものなのではなかろうか。このような大豆がシャン州あたりではたくさんつくられているのだろうか。本書では、ほとんどダイズ栽培について触れていないが、納豆と大豆は切り離すことができないので、ダイズの品種についても調べる必要があることを痛感した。

パヤーガースー村での調査を終えた私たちは、タウンジーで最も大きな市場で納豆を探してみることにした。ここでは、他のシャン州の市場と同じく、店先には乾燥センベイ状納豆が多く並んでいた（写真5－53）。粒状納豆やひき割り状納豆の加工品などはほとんど見かけることはできなかった。市場の人に聞くと、何件か売っている人がいるというので、その場所に行くと、シャン族ではなくパオ族の女性が、第二章で紹介した大きめの碁石のような乾燥センベイ状納豆を売っていた（写真5－54）。他にも同じような形状の納豆を売っている人がいたが、すべてパオ族

写真5-52　ウラカイさんが使っていた小粒の大豆

写真5-53　タウンジー最大の市場で店先に積まれたたくさんの乾燥センベイ状納豆

であった。パオ族はチベット・ビルマ系諸族であり、カレン語群のなかのパオ語を話すグループである。パオ族の居住域は、北部（シャン州タウンジー）と南部（カレン州パアン、モン州タトォン）に大きく分けられ、北部と南部の方言には比較的大きな差異があるとされる。[*17]

写真5-54　大きめの碁石のような乾燥センベイ状納豆を売っていたパオ族の女性

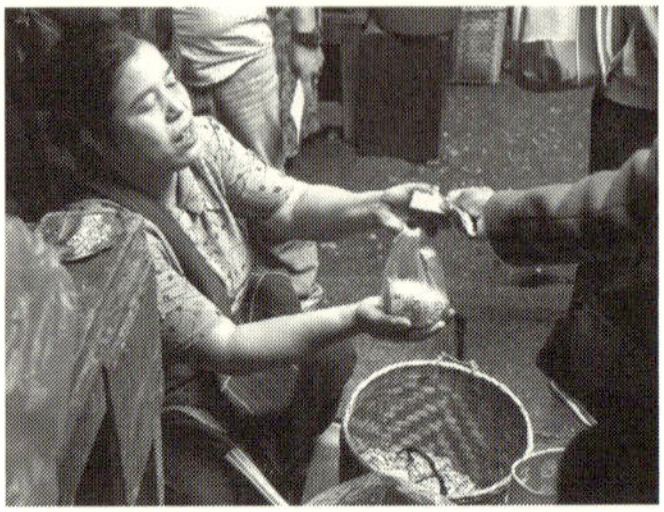

写真5-55　糸の引く粒状納豆を竹カゴに入れて売っていたパオ族のマッティンジーさん

タウンジーの市場では、粒状納豆を売っている人はいないのかと思い、帰ろうとしたところ、糸の引く粒状納豆を竹カゴに入れて量り売りしていた、パオ族のマッティンジーさんと出会った（写真5－55）。後日、マッティンジーさんの家で納豆を生産しているところを見させてもらうことになった。

タウンジーの市場ではたくさんの納豆が売られていたのだが、はたしてここが「納豆センター」なのかと言われると疑問である。ミャンマーに限って言えば、カチン州ミッチーナやプータオ、またマグウェ管区ソー地区よりも、タウンジーが卓越しているとは思えなかった。また、タウンジーはシャン州の州都にもかかわらず、市場で納豆を売っていたのがパオ族ばかりで、シャン族の村であるパヤーガースー村を訪ねても一世帯しか納豆をつくっていなかった。もう少しタウンジー周辺の様々な民族の村を見て回って、納豆のつくり方などを調査してから、ここが納豆の中心地なのか否かを判断する必要を感じた。

パオがつくる大きめの碁石のような乾燥納豆

タウンジー周辺のパオ族の納豆については、発酵の際にシダを菌の供給源として使っているという報告がある。[*18] シダで大豆を発酵している事例は、これまで私は実際に見ていなかったが、文献ではタイの調査でも報告されている。[*19] 果たして、パオ族の納豆はシダで発酵しているのだろうか。まずは、パオ族の納豆のつくり方を調べることにした。

パオ語で納豆は「ベーセィン」と呼ばれている。「ベー」は豆、「セィン」は発酵している状態である。やはり、パオ語でも納豆は「腐った豆」であった。乾燥センベイ状は「ベーセィン・セン」、そして粒状もしくはひき割り状のものは「ベーセィン・アサオ」と呼ぶ。

タウンジーの北にあるタウンニー村で五日市が開催されるということで、私たちは早朝タウンニー市場を訪ねた。周辺の村から多くの人が集まり、市場付近は、バイク、トラクター、自動車、そして馬車で大渋滞であった。市場では、大きめの碁石のような乾燥センベイ状納豆がほとんどで、それを売っている人たちはすべてパオ族であった（写真5－56）。粒状の糸を引く納豆を売っていたのは三人だけで、そのうちの一人は、パオ族ではなくビルマ系のダヌー族であった（写真5－57）。シャン族はまったく納豆を売っていなかった。というより、この周辺には、シャン族がほとんど住んでいないらしい。現地の人に聞くと、ひとつだけシャン族の村があるが、雨季だからトラクターに乗らないと行けないと言われてしまった。

タウンニー市場で納豆を売っていたパオ族の多くは、市場から約二〇キロメートル北のテーカン村から来ている人たちであった。その村に行ってみることにした。村に到着して、車を降りたとたん、納豆の臭いが漂う。大きめの碁石のような乾燥センベイ状納豆が竹のザルに並べられて天日干しされていた（写真5－58）。見たところ、四～五軒の家で何千枚もの納豆が干されている。私が写真を撮影していたら、村人が何人も集まってきたので、つくり方を教えてもらった（図5－11）。

発酵にはプラスチック・バッグを使わず、目の細かい竹カゴに茹で上がった大豆を直接入れ

写真5-56　タウンニー市場で碁石状の乾燥センベイ状納豆を売るパオ族の女性

写真5-57　粒状納豆を売るビルマ系のダヌー族の女性

写真5-58　テーカン村で天日干しされていた納豆

る（写真5－59）。その上から布などをかぶせて、納屋のような場所で二日間置く。発酵中の納豆は糸を引いていた。また、味も日本の納豆とほとんど同じであった。テーカン村では、タウンニー、ピンピッ、そしてヤッサウの三カ所の五日市で納豆を販売しており、タウンニーの五日市には粒状でも売るが、他の市場はすべて乾燥センベイ状だという。

大きめの碁石のような乾燥センベイ状納豆（写真5－60a）は、塩を入れてミンチ機で砕いてから、植物の葉を使って平たくする。その植物は「納豆の葉」と呼んでいるもので、毛が生えているという。見せてもらうと、ナス科ソラナム属（*Solanum erianthum*）であった（写真5－60b）。干された納豆をよく見ると、納豆に葉の葉脈がくっきり残っていることがわかる。この葉は、タイ・

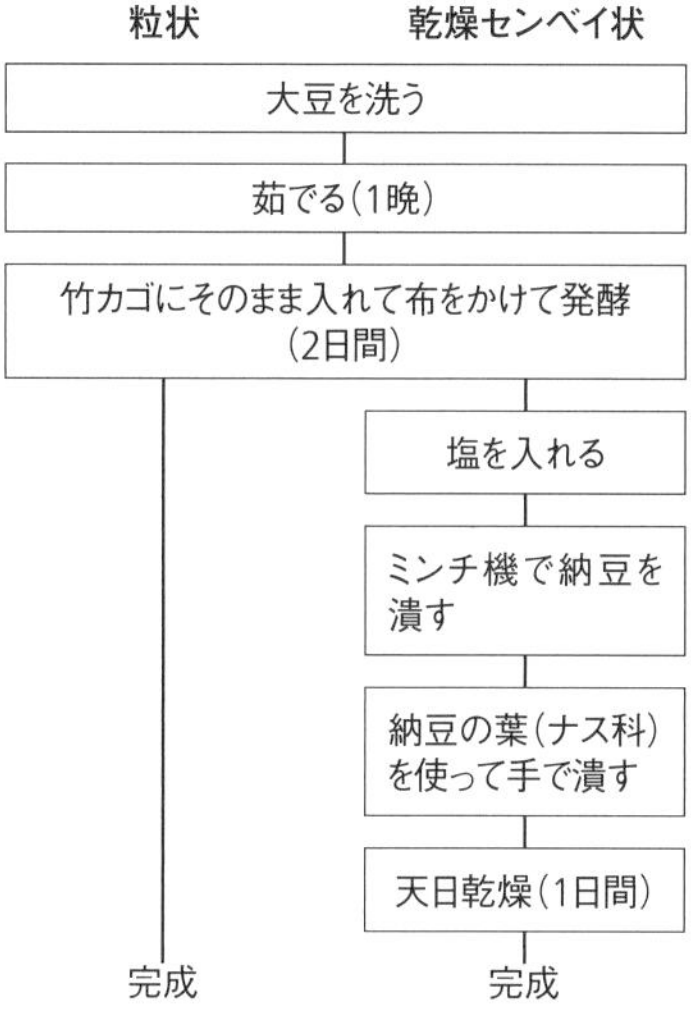

粒状
乾燥センベイ状
大豆を洗う
茹でる(1晩)
竹カゴにそのまま入れて布をかけて発酵(2日間)
塩を入れる
ミンチ機で納豆を潰す
納豆の葉(ナス科)を使って手で潰す
天日乾燥(1日間)
完成
完成

図5-11　テーカン村の納豆のつくり方（パオ）

写真5-59　竹カゴに茹でた大豆を直接入れて布をかぶせて発酵させる

ヤイの「トンホック」、ビルマ系のヨーの「タウサッピャー」、そしてカレン系のパオの「納豆の葉」にいたるまで民族を問わず広く使われている。

パオ族特有の形状とも言える大きめの碁石のような乾燥センベイ状納豆は、砕いて調味料として様々な料理で使う。シャン族がつくるような大きなセンベイ状の納豆はつくらないという。納豆生産は、もう何世代も前から続けられているとのことで、テーカン村では代々古くから納豆生産の収入をメインに生活を営んできた家が五軒あるという。

写真5-60b　ナス科ソラナム属の葉

写真5-60a　大きな碁石のような乾燥センベイ状納豆

シダで発酵させる納豆

タウンジーの市場で粒状納豆をつくっていたパオ族のマッティンジーさん（四〇歳）は、「ターレーカオ」と呼ぶシダ植物を使って茹でた豆を発酵させる。それをつくるところを見るため、マッティンジーさんが住むタウンジー郡区チャウマイ（六マイル）村を訪れた。この村には、電気が引かれていない。時刻は朝七時で、すでに日は昇っていたが、作業を行う納屋は薄暗くて、写真を撮るのに一苦労した。納豆のつくり方は図5

－12に示すように、非常に単純だが、要所要所では細かい工夫が見られた。

まず、森から取ってきたシダを竹カゴの側面だけに敷く（写真5－61a）。そして茹でた大豆を鍋からそのまま竹カゴに直接移す（写真5－61b）。側面だけにシダを敷き、下に敷かないのは、水切りをよくするためである。すべて移し終わったら、上部をシダで覆い、さらにその上から毛布をかぶせて、完全に水が切れるようにしばらく斜めにして地上から離しておく。この状態で、二日間発酵させると糸を引く粒状納豆が出来上がる。

マッティンジーさんは一五歳の時から納豆をつくり始め、その時はシダではなく竹の葉を竹カゴに敷いていたという。ところが二五歳ぐらいの時、いつも納豆を売りに来ていた隣村のパオ族

粒状

大豆を軽く炒る（一晩水に浸す時もある）
↓
茹でる（10時間）
↓
側面にシダを敷いた竹カゴに茹でた大豆を入れ、上面もシダで覆い毛布をかける。囲炉裏などの暖かい場所に置いて発酵（2〜3日間）
↓
完成

図5-12　チャウマイ村の納豆のつくり方（パオ）

写真5-61a　竹カゴの側面にシダを敷く

写真5-61b　茹でた大豆を鍋から竹カゴに移す

写真5-62　マインポンのトーパペーさんの家の玄関先に天日干しされた乾燥センベイ状納豆

のおばさんから、シダで発酵させた方が美味しい納豆ができると教えてもらった。試してみたら、竹の葉よりも美味しくできたので、それ以降ずっとシダを使っていると言う。

一方、シャン族はどうなのか。シダで発酵させている生産者がいるのかどうか、非常に気になるところである。先ほど述べたように、タウンジー周辺はパオ族ばかりで、シャン族の村を探すのは一苦労である。車のドライバーに聞くと、タウンジー東のロイレン県あたりまで行かなければシャン族の村はないという。そこで、タウンジーから二時間ぐらい車を東に走らせ、シャン人が多く住むロイレン県マインポン[20]に向かった。

マインポンに到着して、すれ違う人に納豆をつくっている家があるかと尋ねていたら、ある家の場所を教えてくれた。そこに行くと、玄関先に乾燥センベイ状納豆が天日干しされていた(写真5－62)。シャン族のトーパペーさんの家である。つくられている納豆は、乾燥センベイ状で、菌の供給源はシダ植物であった(図5－13)。シャン語では、「バイ・クッ」と称している。「バイ」は葉のことなので、「クッ」がシダ植物という意味になる。

私が訪問した時は、すでに粒状納豆を潰して天日干ししていたので、発酵中の納豆はなかったが、昨日まで使っていたというシダとプラスチック・バッグを見せてもらった(写真5－63)。プラスチック・バッグに茹でた大豆を入れてから、シダを敷いた竹カゴに入れて、暖かい場所で二日間発酵させる。シダを敷いた竹カゴに直接茹でた大豆を入れるパオ族のマッティンジーさんのつくり方とは若干異なっていた。また、シダは新鮮なものだけでなく、乾燥させたものでもいい。乾燥させたものは、水で湿らせてから竹カゴに敷く。そしてシダは二回使うことができるという。乾燥センベイ状にする工程は、ミンチ機で挽いてから、木の道具で潰す（写真5－64）。平たくしたセンベイ状の納豆は、タイのタイ・ヤイやシャン州北部のシャンの人たちと全く同じ形状であった。

実は、トーパペーさんは全くビルマ語が分からなかった。そこで、家の向かいの商店に偶然居合わせたアウンミャットさんという男性にビルマ語－シャン語の通訳を頼むことになった。二重通訳でのインタビューをしていて、私は即席通訳のアウンミャットさんとトーパーペーさんが話すシャン語の半分、いや六～七割ぐらい理解できたことに自分で驚いた。二〇〇九年の調査で訪れたシャン州北部のラーショーやムーセーのシャン語はあまり聞き取れなかったが、シャン州南部のシャン語はラーオ語とそっくりだったのだ。試しに、私がラーオ語で直接質問してみると、それなりに会話が成り立った。名詞と数詞はかなり近い。

残念ながら、私は言語学の知識は全く持ち合わせていないが、シャン州南部のシャン語とラーオ

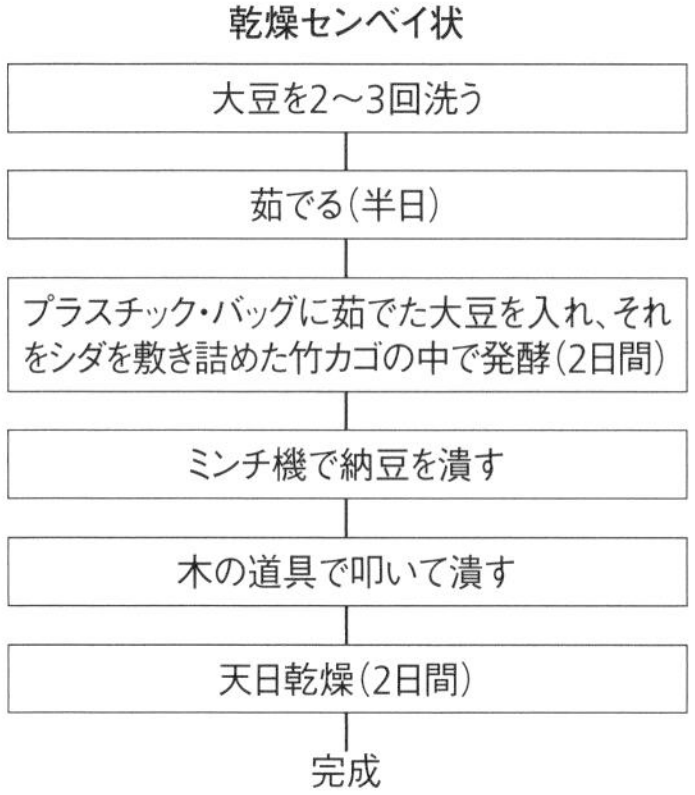

図5-13　マインポンの納豆のつくり方（シャン）

写真5-63 トーパペーさんが昨日まで使っていたシダとプラスチック・バッグ

写真5-64 木製の道具で潰して納豆を平たくするトーパペーさん

語が高い共通性を示すのならば、ラオスの納豆は中国に加えて、ミャンマーから伝播してきたというルートも考えられるかもしれない。これは、今後の課題として検討しなければならない。

稲ワラで発酵させる納豆

シャン語の通訳を引き受けてくれたアウンミャットさんは、奥さんの出身村が「納豆をつくっている村」として有名だと言うので、そこに連れて行ってもらうことになった。芋づる式に、いろいろな人と出会い、新しい場所に連れて行ってもらえるのが、フィールド・ワークの醍醐味である。

マインポンから五キロほど北にあるロイレン県コンロン村を訪れた。この村は車では入れないので、主要道から一五分ほど歩かなければならない。森を抜けて、最初に現れた一軒目の家の納屋には、天日干し最中の三〇〇～四〇〇枚の乾燥センベイ状納豆、そして大量の大豆が吊り下げられていた（写真5－65）これは、面白いデータが得られそうである。

普段なら、納豆をつくっている家を探すのだが、この村では全世帯がつくっているというので、どの家で調査をしても同じである。大豆を発酵させている最中の家を探すことにした。見つかったのは、トパンゴイさん（五五歳）の家である。納豆のつくり方を図5－14に示す。

この村で菌の供給源として利用する植物は、稲ワラかシダである。プラスチック・バックに煮豆を入れてから、稲ワラかシダを敷き詰めた竹カゴで発酵させる。トパンゴイさんは、稲ワラで煮豆を発酵させていた（写真5－66）。この村では必ず乾燥センベイ状にするわけではなく、粒状納豆のままでも売る。

写真5-65　天日干しされた乾燥センベイ状納豆と吊り下げられた大豆

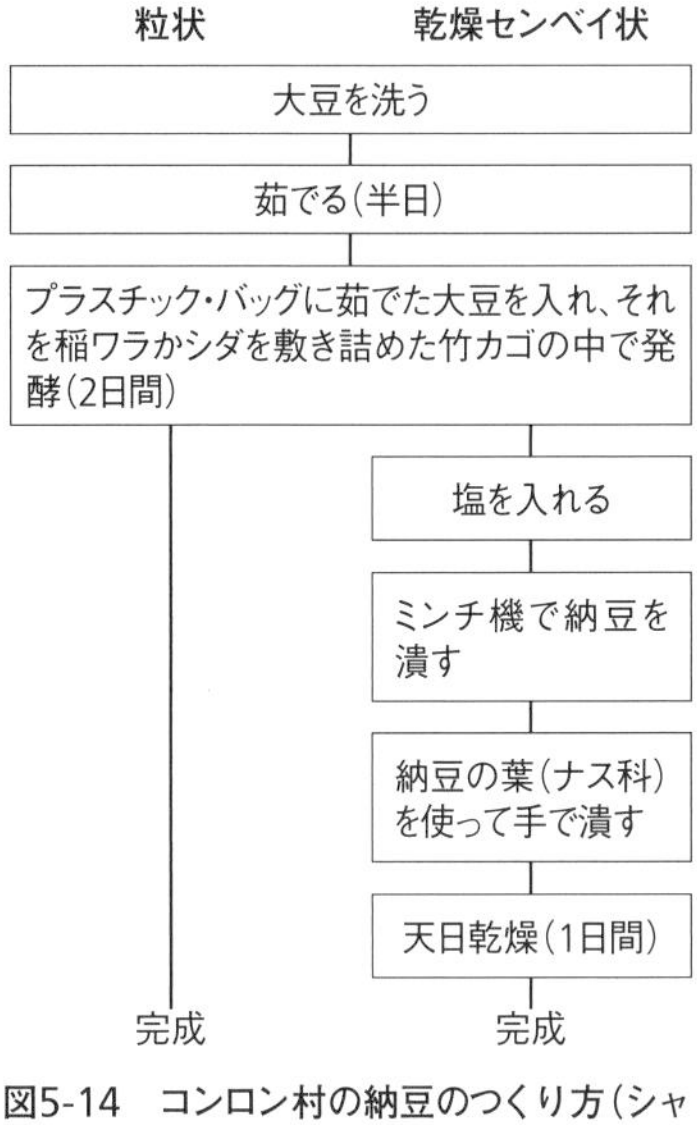

粒状
乾燥センベイ状
大豆を洗う
茹でる(半日)
プラスチック・バッグに茹でた大豆を入れ、それを稲ワラかシダを敷き詰めた竹カゴの中で発酵(2日間)
塩を入れる
ミンチ機で納豆を潰す
納豆の葉(ナス科)を使って手で潰す
天日乾燥(1日間)
完成
完成

図5-14　コンロン村の納豆のつくり方(シャン)

写真5-66　トパンゴイさんが大豆の発酵に使う竹カゴに詰まった稲ワラ

大豆を稲ワラで発酵させると聞くと、日本の納豆との共通性を探りたくなるのが日本人の性である。日本のワラ苞で発酵させた納豆はミャンマーが起源だったと大げさに書く人もいるかもしれない。またテレビ局などもドキュメンタリーで取り上げるかもしれないので、最初に断言しておくと、日本との直接的な関係はない。

　コンロン村では、菌の供給源として、ワラとシダの位置づけはどちらもほとんど同じか、むしろシダのほうが重宝されている。トパンゴイさんの家に行った時、周りの家の人たちがたくさん集まってきて、様々な質問に答えてくれたのだが、多くの人が、「稲ワラよりもシダで発酵させた納豆のほうが美味しい」というのだ。稲ワラは、稲刈りをした後に牛の餌として保管しており、いつでも使えるが、シダは森に取りに行かなければならない。しかも雨季は森に入るのが大変なので、シダを通年で使うのは難しい。コンロン村では、村の近くでもシダが生えているが、それらは乾季で使い果たしてしまい、雨季になると、入手が困難になる。雨季にシダを森に取りに行く世帯もいるが、ほとんどは稲ワラで代用するのだと言う。稲ワラでも、シダほどではないが、美味しい納豆がつくれるので、村では稲ワラを使うのが一般的になっているとのことだ。

　私たちが、稲ワラとシダについての話をしていた時、「私はシダにこだわっているのよ」と言う女性が、昨日まで大豆の発酵で使っていたというシダの現物を持ってきてくれた（写真5－67）。

乾季には市場だけではなく、歩いて周辺の村々にも納豆を売りに行くので、その途中で見つけたシダを取ってくると言う。だが、雨季はシダを取ることができないので、乾季に取ったものを保管しておき雨季にも使うのだと言う。

コンロン村における納豆の利用方法は、他のシャン族と大差なく、基本的には調味料として使われ、様々な炒め物に入れたり、野菜と和えたりするという。また、乾燥センベイ状納豆も油で揚げて、ご飯のおかずにするのが一般的である。稲ワラで発酵させて糸を引くからといって、日本のようにご飯に混ぜて食べるという習慣はない。

この村の歴史についても尋ねてみたが、納豆の起源に直結するようなことは分からなかった。現世代の祖父母も同じく納豆をつくっていたというが、その前は分からない。また、昔はパオ族の村がコンロン村の周辺には無かったが、この数十年の間にタウンジーからパオ族が入植してきて増えたという。コンロン村の住民が言うには、パオ族がシャン族の文化を真似して、今ではシャン族もパオ族も同じになっているという。タウンジーがパオ族で占められるようになって、納豆をつくっているのもパオ族ばかりになっているが、元々納豆はシャン族の食べ物で、シャン族からパオ族に伝わったものだと主張していた。

写真5-67　シダを持ってきてくれた女性

コンロン村の人たちは、二日に一度の頻度で納豆をつくって五日市で売り、自らは毎日納豆を食べる。私が三度のミャンマー調査を経験して感じたのは、シャン族が住んでいる地域で納豆を売っていない市場はないし、納豆を食べないシャン族もいないということである。これは、タイのタイ・ヤイ族でも同じことが言える。

このようなシャン族と納豆との関係をどう捉えたら良いかと悩んでいたところ、ノンフィクション・ライターの高野秀行さんがシャン族の納豆のことを「ソウルフード」と表現していた。*21 シャン族、そしてタイ・ヤイ族にとって、納豆がどのようなものなのかを見事に言い当てている。

タウンジー周辺での商業的な納豆生産

シャン州はミャンマーにおける納豆の一大生産地で、ここでつくられた納豆は、シャン州内を越えて、世界各地にも拡がっているようである。

五日市が開催されていたタウンニー村で、大規模な納豆生産を行っている中国人がいるというので、その現場に行ってみた。ちょうど、乾燥センベイ状納豆を天日干ししている最中で、これまで見たこともないような大規模な納豆の生産であった（写真5－68）。

オーナーは中国雲南省徳宏タイ族ジンポー族自治州出身の中国人（三四歳）の女性で、両親と共に幼少期にタウンニー村の近くの村に移住したが、すぐにタウンニー村に移り住んだという。彼女自身は雲南人だと言うが、何族なのかは知らない。彼女はヤンゴンで納豆の需要があるという情報を得て、二四歳の時に納豆をつくり始めたと言う。商業生産というと、プラスチック・

バッグだけで茹でた大豆を発酵させているように思われるが、彼女は稲ワラを竹カゴに敷いてその上でプラスチック・バッグに入れた大豆を発酵させていた。稲ワラは、近くの農家からもらってくるという。そのつくり方を図5－15に示す。

稲ワラを用いた発酵の方法は、知り合いの中国人に教えてもらった。雲南省徳宏で漢族が行っている商業的な納豆生産では、稲ワラを用いて納豆をつくっている報告[*22]もあるので、それがミャンマーに伝わったと考えても不思議ではない。発酵に使う稲ワラは何度も繰り返し使って、腐って使えなくなるまで交換しないらしい。

発酵させた後は、電動のミンチ機で崩して、型枠にはめて薄い円形か厚い四角形の乾燥センベ

写真5-68　タウンニー村、天日干しされた大量の乾燥センベイ状納豆

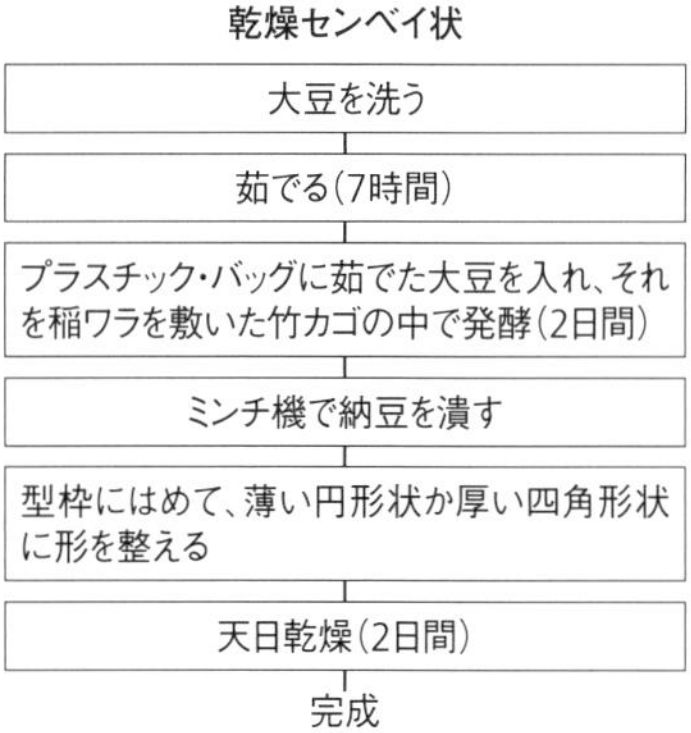

乾燥センベイ状
大豆を洗う
茹でる（7時間）
プラスチック・バッグに茹でた大豆を入れ、それを稲ワラを敷いた竹カゴの中で発酵（2日間）
ミンチ機で納豆を潰す
型枠にはめて、薄い円形状か厚い四角形状に形を整える
天日乾燥（2日間）
完成

図5-15　タウンニー村の納豆のつくり方（中国人）

写真5-69a　薄い円形の型枠

写真5-69b　厚い四角形の型枠

イ状に加工する（写真5－69a、5－69b）。つくった納豆のすべてをヤンゴンに出荷しており、薄い円形のセンベイ状納豆はヤンゴンだけでなく海外にも輸出されるらしい。一方、厚い四角形の乾燥センベイ状はヤンゴンの中国人向けで、海外には輸出されていないという。稲ワラがどのような役割を果たしているのか尋ねたところ、よく分からないが、稲ワラじゃないと美味しい納豆ができないという答えが返ってきた。あくまでもビジネスとして納豆を生産している中国人という印象で、この事例からミャンマーの納豆の伝播を論じるのは難しいという印象を受けた。

　もう一つの商業的な納豆生産の事例は、ミャンマーでも有名な観光地であるインレー湖畔に住むタウンジー県カウンダイ村のインダー族のマッセイさんの世帯である。インダー族は、古くからインレー湖周辺に住むビルマ語方言を話すビルマ人である。この世帯は、本書で紹介する納豆生産者の中で最大規模である。毎日、五〇キログラムの大豆を茹で、二四〇〇枚もの乾燥センベイ状納豆を生産している（写真5－70）。

　そのつくり方は、特筆するようなものはなく、茹でた大豆をプラスチック・バッグに入れた竹カゴで一日だけ発酵させて、その後ミンチ機で粉砕して、平たくしてから天日干しするというものである。唯一、この村で見たプロセスで特徴的なのは、乾燥センベイ状にするために潰す作業である。ミンチ機で粉砕した後、丸めたひき割り状納豆を重量のある木の板で上から叩きつけて平たくしていた（写真5－71）。マッセイさんの世帯では、乾燥センベイ状にするために潰す作業に二人の労働者を雇っているという。

乾燥センベイ状納豆だけをつくり、出来上がったものはすべて仲買人が買い取り、それらがミャンマー各地に出荷されている。カウンダイ村では五世帯が納豆を生産しているが、すべてが商業的な生産で、自給目的での生産はない。マッセイさんが言うには、インダー族で納豆を食べる人は少数で、カウンダイ村で納豆をつくっている人たちはビジネスとして行っているとのことだ。しかも、納豆を生産するようになってから、まだ二〇～三〇年ぐらいだろうと言っていた。

写真5-70　マッセイさんの家で天日干しされた大量の乾燥センベイ状納豆

写真5-71　重さのある木の板を上から叩きつけて納豆を平たくする

この章の冒頭で、首都のネピドーでもビルマ人が納豆を生産していることを述べたが、シャン州でも同じように、これまで納豆を食べていなかったビルマ系の民族が商業的な納豆生産に携わっていることが分かった。ミャンマーでは、納豆が民族の枠を超えて、かなり広範囲に流通し始めている。

しかも、海外にも輸出されているようだが、それはミャンマー人の出稼ぎが増えていることも多少は影響しているのではないだろうか。

納豆の利用方法と形状の関係

ミャンマーにおいて、納豆のつくり方を実際に見て、聞き取りを実施した計二一地点と文献情報からの一地点については表5－1にまとめてみた。

すでにタイの納豆については表4－1にまとめたが、タイで見られたひき割り状納豆が、ミャンマーでは全く見られないことが分かった。ミャンマーでも粒状納豆をミンチ機で挽いたり、臼で潰したりするが、その状態で完成品とはならずに、挽いたり潰したりした場合、必ず乾燥センベイ状に加工する。これは、調査を終えてデータをまとめてみて気がついたことである。

両地域の違いは何なのか。タイでもミャンマーでも、納豆を調味料として利用するというのは共通点であるが、タイに見られて、ミャンマーに見られないのは、モチ米とともに食する食べ方である。タイ北部の市場では、モチ米につけて食べるために味付けしたひき割り状納豆をバナナの葉に包んで売っている（第四章、写真4－1）。また、タイで「ナムプリック」、そしてラオスで「チェオ」と呼ばれるようなソースにもひき割り状納豆は利用される。手で丸めながら、モチ米におかずをつける食べ方が根付いている地域では、納豆をひき割り状に加工したほうが食べやすいのは明らかである。

表5-1　ミャンマーにおける納豆生産の場所・民族・菌の供給源源・形状の相関

No.	場所	民族	菌の供給源	納豆の形状	出典
1	カチン州プータオ県プータオ郡区プータオ市ホーコー地区	シャン	なし	粒状、乾燥センベイ状	2014年現地調査
2	シャン州タウンジー県タウンジー郡区パヤーガースー村	シャン	なし	粒状	2014年現地調査
3	シャン州ムーセー県ナンカン郡区クァンロー村	シャン	なし（かつてはシダ植物）	乾燥センベイ状	2009年現地調査
4	シャン州ラーショー県ティエンニー郡区ナウ・オン村	シャン	*Dipterocarpustuberculatus*、もしくはチーク（*Tectona grandis*）	乾燥センベイ状	2009年現地調査
5	シャン州ロイレン県ロイレン郡区マインポン市	シャン	シダ植物	乾燥センベイ状	2014年現地調査
6	シャン州ロイレン県ロイレン県ロイレン郡区コンロン村	シャン	稲ワラもしくはシダ植物	乾燥センベイ状	2014年現地調査
7	シャン州タウンジー県タウンジー郡区チャウマイ（六マイル）村	パオ	シダ植物	粒状	2014年現地調査
8	シャン州タウンジー県ヤッサウ郡区テーカン村	パオ	なし	粒状、乾燥センベイ状	2014年現地調査
9	カチン州プータオ県プータオ郡区プータオ市ロンソッ第二地区	ジンポー	クワ科パンノキ属（*Artocarpus lakoocha*）	粒状	2014年現地調査
10	カチン州プータオ県マッチャンボー郡区マッチャンボー市	ジンポー	クズウコン科フリニウム属（*Phrynium pubinerve* Blume）とクワ科パンノキ属（*Artocarpus* spp.）	粒状	2014年現地調査
11	カチン州ミッチーナ県ワインモー郡ワシャン村	ジンポー	クワ科イチジク属（*Ficus* spp.）	粒状	2009年現地調査
12	カチン州プータオ県プータオ郡区プータオ市カウンカトン第二地区	ラワン	なし（かつてはクワ科イチジク属の*Ficus hirta* Vahl）	粒状	2014年現地調査
13	カチン州プータオ県マッチャンボー郡区マッチャンボー市	ラワン	なし（ラスップ・チャップと呼ばれている植物、おそらくチーク *Tectona grandis*を使う時もある）	粒状	2014年現地調査
14	カチン州プータオ県プータオ郡区ムラリー村	リス	クズウコン科フリニウム属（*Phrynium pubinerve* Blume）、バナナ（*Musa* spp.）	粒状、乾燥センベイ状	2014年現地調査
15	チン州ミンダッ県ミンダッ郡区ミンダッ近郊	ムン・チン	不明（ヴィー・フーと呼ばれている植物）	乾燥センベイ状	2014年現地調査
16	チン州ミンダッ県ミンダッ郡区リッコン村	ムン・チン	バナナ（*Musa* spp.）	乾燥センベイ状	2014年現地調査
17	チン州ミンダッ県ミンダッ郡区レーリン村	ムン・チン	バナナ（*Musa* spp.）	粒状	2014年現地調査
18	マグウェ管区ガンゴー県ソー郡区レージアイ村	チン・ボン	チーク（*Tectona grandis*）（かつては*Solanum erianthum*）	乾燥センベイ状	2014年現地調査
19	シャン州タウンジー県ニャウンセー郡区カウンダイ村	ビルマ系インダー	なし	乾燥センベイ状	2014年現地調査
20	マグウェ管区ガンゴー県ソー郡区ピンレー村	ビルマ系ヨー	ナス科ソラナム属（*Solanum erianthum*）	粒状、乾燥センベイ状	2014年現地調査
21	シャン州タウンジー県タウンジー郡区タウンニー村	不明（中国人）	稲ワラ	乾燥センベイ状	2014年現地調査
参考	シャン州チャウメー県チャウメー地区チャウメーの民家	シャン	稲ワラ	粒状	三星ほか(2007)

しかし、ミャンマーでは日常的にはモチ米は食べられていない。ミャンマーの米は、パサパサしたインディカ米が多い。シャン州に限っては「シャン米」と呼ばれているモチモチしたジャポニカ種が食べられているが[*23]、モチ米のように手で食べたりするものではない。したがって、シャン米と一緒に納豆を食べる時は、ひき割り状ではなく、粒状のまま食べることが多い。おそらく、ひき割り状納豆を全く食べないわけではないだろうが、それが一般的でないのは、モチ米を食べる頻度が少ないからであろう。

では、ラオスとタイの章で論じた、米麵のカオ・ソーイでの利用はないのだろうか。シャン州では、どこでもカオ・ソーイを食べることができる。「カオスエ」とも呼ばれる。シャン人に聞いたところ、カオ・ソーイの具に納豆を入れることは珍しくないと言う。私は二〇一四年の

写真5-72a　あっさりした味付けのカオ・ソーイ

写真5-72b　揚げた麺が添えられたカオ・ソーイ

写真5-72c　汁なしの油そば風のカオ・ソーイ

調査の時は、納豆が入ったカオ・ソーイを探し求めて、様々なカオソーイを食べた。ラオスと似たあっさりした味付けのもの（写真5－72a）、タイのカオ・ソーイのように揚げた麺が添えられたもの（写真5－72b）、また汁なしの油そばのようなカオ・ソーイもあった（写真5－72c）。カオ・ソーイといえども、そのバリエーションは多様で、店によって大きく違う。どの店で食べたカオ・ソーイも美味しかったが、残念ながら、納豆入りのカオソーイは探しても見つからなかった。シャン人が言うように、具として納豆が入っていても不思議ではなさそうだが、しかし、ラオスのカオソーイやタイ・チェンラーイ県のカオ・ソーイ・ナムナー、またタイ北部で広く見られるナム・ンギャオと称されるスープのように、必ず納豆が入っているというものではないようだ。

こうした食文化の違いが、ミャンマーではひき割り状の納豆を使わないという結果にもつながっているのであろう。

第六章

ヒマラヤの納豆——インド・ネパール

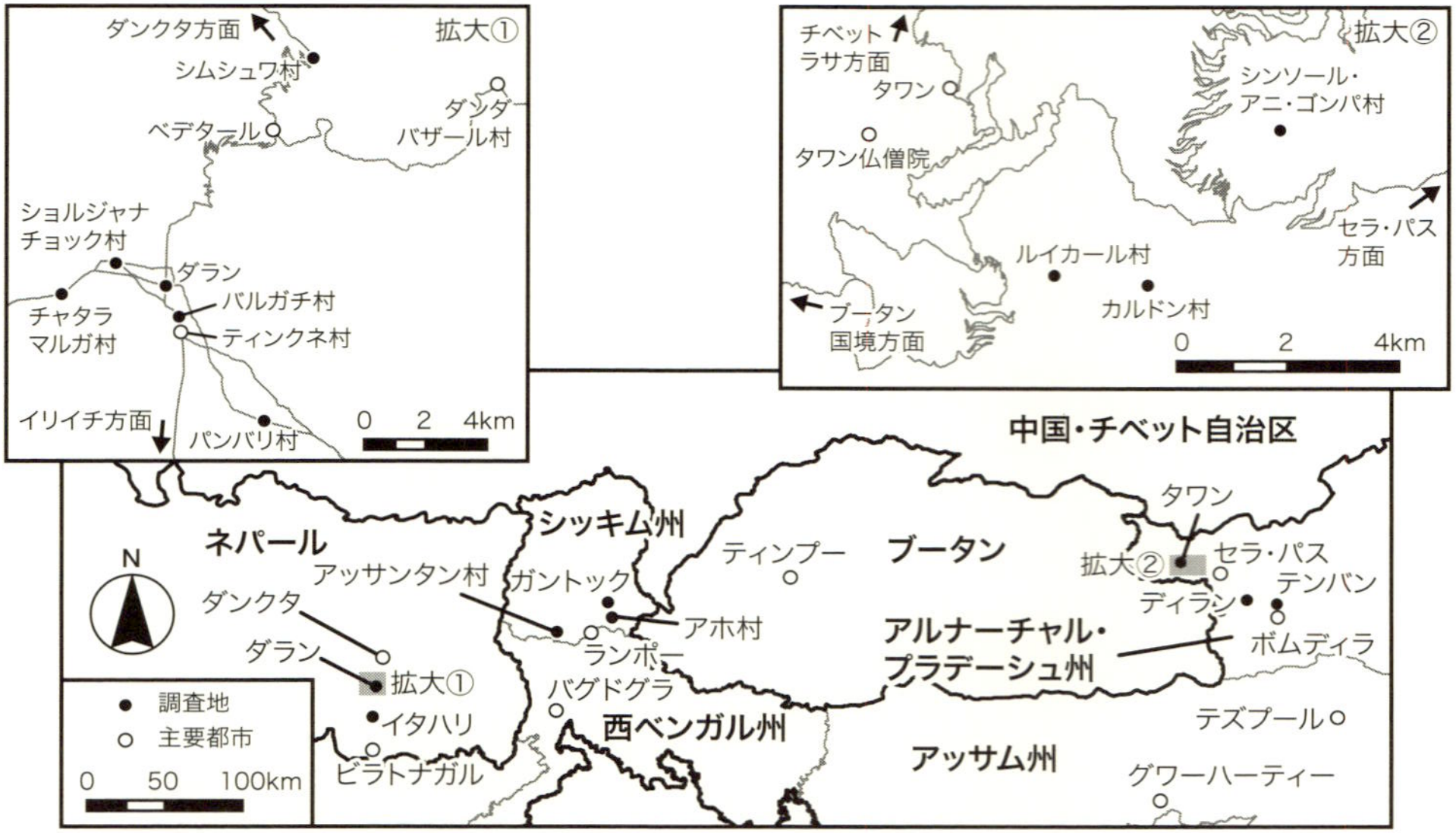
拡大①
ダンクタ方面
シムシュワ村
ダンダ
バザール村
ベデタール
ショルジャナ
チョック村
ダラン
バルガチ村
チャタラ
マルガ村
ティンクネ村
イリイチ方面
パンバリ村
0 2 4km
拡大②
チベット
ラサ方面
タワン
シンソール・
アニ・ゴンパ村
タワン仏僧院
セラ・パス
方面
ルイカール村
カルドン村
ブータン
国境方面
0 2 4km
中国・チベット自治区
シッキム州
ネパール
N
アッサンタン村
ガントック
ティンプー
ブータン
タワン
拡大②
セラ・パス
テンバン
ディラン
ダンクタ
アホ村
ランポー
アルナーチャル・
プラデーシュ州
ボムディラ
ダラン
拡大①
イタハリ
ビラトナガル
バグドグラ
西ベンガル州
アッサム州
テズプール
グワーハーティー
調査地
主要都市
0 50 100km

ヒマラヤ地域、特に東ネパールの納豆「キネマ」は、一九七二年に中尾佐助が『料理の起源』で紹介して以降、様々な文献で取り上げられるようになった。一九八〇年代になると、ネパールのみならず、ヒマラヤ地域の発酵食品全般が国内外の学術雑誌で取り上げられるようになり[*1]、日本でも写真入りで詳しくキネマのつくり方や利用のされ方が紹介されるようになった[*2]。また、インドとネパールの納豆が記録されている貴重な映像資料も残されている[*3]。その映像では、インド東部ナガランド州コヒマのアンガミ族がつくる粒状納豆の「アクネ」とマニプル州インパールの市場の粒状納豆を入れたカレースープなどが紹介されている。また、ネパール東部ダランのリンブー族がつくる自家製キネマについて、かまどの余熱で発酵させている納豆が糸を引くものであること、また潰してから発酵させること、そして干し納豆にしてカレーに使っていることも紹介されている。

二〇一〇年には、シッキム大学のタマン教授による『ヒマラヤの発酵食品（*Hymalayan Fermented Foods*）』が出版された[*4]。ヒマラヤの発酵食品について、野菜、豆類、ミルク、穀物、魚、肉、スターターとアルコール飲料を対象に、それらの製法と利用、そして微生物学的な研究成果をまとめている。この書籍は、何十本もの論文がベースになっており、学術的な価値も極めて高い。特に納豆に関しては詳細な記述があり、その起源にも触れられている。

それでは、これらの既存の調査結果なども参考にしながら、インドのシッキム州とアルナーチャル・プラデーシュ州（以下、アルナーチャルと略）、そしてネパールの納豆について記していきたい。

シッキムのリンブーを訪ねる

二〇一二年九月末に、私は初めてヒマラヤでの納豆調査を実施した。行き先はインドのシッキム州である。シッキム州には西ベンガル州のバグドグラ空港から陸路で行かなければならない。かつては入域許可証を事前に用意しておかなければシッキムに入ることができなかったようだが、今は州境の街にあるツーリスト事務所で簡単に許可証が取れる。私はランポーの街で入域許可証を取得した。念のため、シッキム大学のタマン教授が書いてくれた紹介状も持っていったが、結局は必要なかった。

バグドグラ空港から州都ガントックまで五時間半を要した。ガントックの宿であるシッキム大学のゲストハウスでは、大学関係者とタマン教授が待っていてくれて、到着すると、「カタ」と呼ばれるスカーフを首にかけてくれた。客に敬意を払う時に行われるチベットの歓迎の仕方である。ヒンドゥー文化圏からチベット文化圏に入ったことを感じる。

翌朝、ゲストハウスの窓から外を見ると、街全体が雲の中にあり、山の斜面にへばりつくように立ち並んだ家々が眼下に広がっていた（写真6－1）。東南アジアでは見られない景観であり、ここはヒマラヤの街なのだと実感する。

さっそくガントック中心部の市場に出かける。多くの店で、ヤクの乳でつくったチーズ「チュルピ」を扱っている。乾燥させた固形のタイプ（写真6－2a）、柔らかいタイプ（写真6－2b）など、様々なチーズがあり、ここでも東南アジアの市場との違いが感じられる。

チーズを売る店に混じって、発酵させた魚や漬け物を売る発酵食品の専門店もあり、そのうちの一店で葉に包まれた納豆を見つけた。大きなプラスチック・バッグの中に、大量の粒状納豆が入っている（写真6－3）。完全な粒状ではなく、軽く潰されていて、強い糸引きが見られた。売っていたのはライ族の女性であった。自分では納豆をつくっておらず、ガントック近郊のリンブー族の村から売りに来る人から買っていると言う。包んでいる葉は、最初はバナナかと思ったが、よく見ると違う。ミャンマーで見かけたクズウコン科フリニウム属でもない。葉の形状や赤みを帯びた葉脈などの形態から、カンナ科カンナ属の食用カンナ（*Canna edulis*）の葉だと思われた。ライ語で「フルトル」だと言う[*5]。

また、豆の種類がすごく多いことにも驚いた。一店舗で扱う豆は、おそらく最低一〇種類は下

写真6-1　窓から見たガントックの街

写真6-2 a　ハードタイプの「チュルピ」

写真6-2 b　ソフトタイプの「チュルピ」

写真6-3　プラスチック・バックに入った粒状納豆を売るライ族の女性

写真6-4　様々な種類の豆がディスプレイされている

らないだろう。店頭に並べられた豆のディスプレイには圧倒された（写真6－4）。インドで「ダール」と呼ばれる豆スープ用なのだろうか。

市場を見学して、ここは納豆文化圏であると同時に乳文化圏でもあることが分かった。さらに、チベットの食文化とヒンドゥーの食文化が混じり合っているような状況も把握できた。

キネマをつくり始めたリンブー

納豆の調査は、シッキム大学の大学院生と一緒に実施した。最初に訪れたのは、ガントック中心部から二〇キロメートルほど南に下ったリンブー族の村、東シッキム県アホ村である。タマン教授が、事前に私たちの訪問をアホ村の住民に連絡してくれていた。私たちが到着したのは、大豆が茹で終わろうとしていた時であった。納豆をつくっていたのはオジュマリさん（三〇歳）で、母親（五四歳）も一緒に手伝っていた。ここの納豆は「キネマ」と呼ばれる。そのつくり方を図6－1に示す。納豆の形状は、粒状を軽く搗《つ》いて割っただけで、粒状とひき割り状の中間のような形態である。また、発酵後すぐに食べることもあるが、ほとんどの場合、保存用の干し納豆にする。

菌の供給源として使うのはシダ植物で、これはミャンマーのタウンジー周辺のパオ族やシャン族と同じである。しかし、大豆を茹でてから臼で叩き割って発酵させるというプロセスが、ミャンマーとは違っていた。発酵が早くなるから、茹でた大豆を叩き割るのだと言う。ミンチ機で挽くようなことはせず、あくまでも粒の形が分かるぐらいに砕くだけで（写真6－5a）、それをシダ植物を敷き詰めた竹カゴに入れる（写真6－5b）。

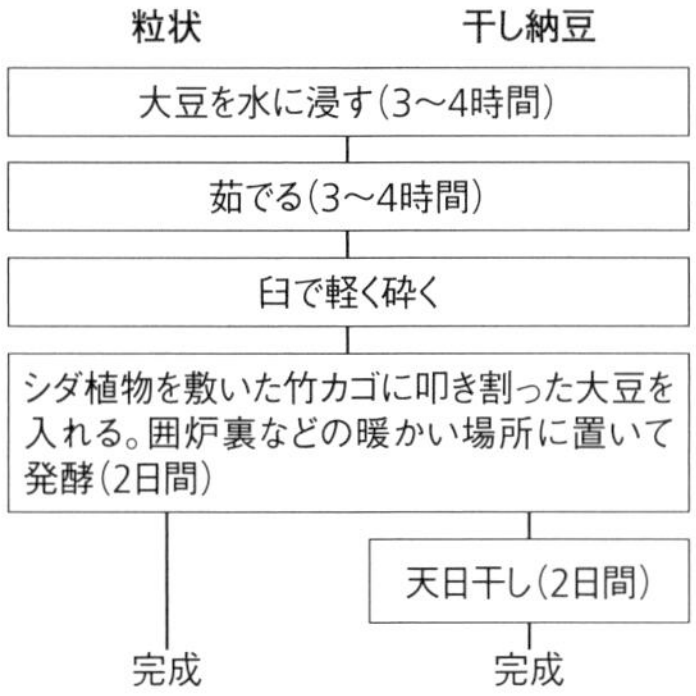
粒状
干し納豆
大豆を水に浸す（3〜4時間）
茹でる（3〜4時間）
臼で軽く砕く
シダ植物を敷いた竹カゴに叩き割った大豆を入れる。囲炉裏などの暖かい場所に置いて発酵（2日間）
天日干し（2日間）
完成
完成

図6-1　アホ村の納豆のつくり方（リンブー）

かつては、シダ植物だけではなく、クワ科イチジク属（*Ficus* spp.）を敷き詰めることもあった。しかし、シダ植物で発酵させた納豆のほうが粘りが強く、香りもいいので、四〇〜五〇年ぐらい前からイチジク属の葉は使わなくなったという。シダ植物も、できるだけ若い葉だけを探して使っている。しかし、今でも納豆を売る時のパッキングには、イチジク属の葉を使っており（写真6－5c）、シダとイチジク属の葉の両方を定期的に森から採取している。リンブー語で、シダは「ウニュ」、イチジク属は「ネバラ」と

写真6-5a　茹でた大豆を臼で叩き割るオジュマリさん

写真6-5b　砕いた大豆を竹カゴへ

呼んでいた。

シダ植物の葉は、裏側が大豆に接するようにして敷き、竹カゴを毛布などにしっかり包んで囲炉裏のある納屋に置く。二日間発酵させると、強い糸引きの納豆が出来上がる。その後、天日で乾燥させて干し納豆の状態に加工する（写真6－5d）。この家では、日曜日の定期市で納豆を販売しているが、納豆以外にも、野菜の漬け物などをつくって販売し、その収入で生活しているという。大豆は村で生産するだけでは足りないので、昔から市場で買っていると言う。

オジュマリさんが、私たちに即席の納豆カレーを用意してくれた。干し納豆をお湯で戻して、ターメリック、シナモン、クミン、カルダモン、クローブなどの香辛料を混ぜただけのものである（写真6－6）。これが、すごく美味しい。干し納豆を戻すとドロドロとした粘りが出て、粘り気のないインドの米にそのネバネバがよく絡まる。これが、日本のようなネバネバしたうるち米だと米と絡まらないので、全く違う食感になるだろう。インドで納豆とカレーの組み合わせが好まれている理由が分かった。

アホ村には、一九九〇年代後半に発酵食品の研究者である吉田集而と小﨑道雄も訪れている。[*6]

その論文の記述と私が見た納豆のつくり方は少しだけ違っていた。一つは、論文では、竹カゴとシダ植物の間に麻袋を入れていた点である。もう一つは、発酵させる前に、木灰を少し加えると記されていた点である。オジュマリさんの家ではやっていなかったが、この後のネパールの調査では灰を加えているのを見たので、ネパールと隣接するシッキムでも灰を加える世帯があっても全く不思議ではないだろう。第二章で説明したが、灰のアルカリが、枯草菌以外の雑菌の繁殖を防ぐのである。

リンブーの人たちの間では、納豆は自分たちがつくり始めたものであるという伝承があるようで、他の民族は私たちの納豆を真似しているだけだ、と言っていたのが印象に残っている。シッキム大学のタマン教授も、リンブーがつくったもので、それがネパール人のコミュニティー

写真6-5c　イチジク属の葉を持つオジュマリさんの母親

写真6-5d　天日乾燥して干し納豆にする

写真6-6　オジュマリさんがつくってくれた納豆カレー

に広がっていったと述べている。[*7]

シッキム南部のライ族

次に、シッキム州南シッキム県ナムチの近郊に位置する、ライ族のアッサンタン村を訪れた。納豆づくりを見せてくれたのは、マンマヤ・ライさん（六一歳）である。所有する農地で大豆を栽培し、発酵に使用する植物の葉も自宅の庭に生えているものである。納豆は自家消費用で、市場では売らない。したがって、なくなったら少量をつくるという繰り返しである。私が訪れた時は、まだ干し納豆が少し残っていたが（第二章、写真2－3）、特別につくってくれると言う。大豆を茹でるところから発酵させる前段階までのプロセスを見ることができた。

マンマヤ・ライさんの納豆のつくり方を簡単に説明してみよう（図6－2）。葉は庭で自生しているクワ科イチジク属を使う（写真6－7）が、竹カゴに敷く前にそれを軽く炙る。葉に水分が多いと糸引きが弱くなるからだという。また、竹カゴに敷く時、ミャンマーでは葉の裏側が煮豆に当たるようにしていたが、この家では逆で、葉の表側が当たるようにしていた。両面に葉毛が生えているので、どちらでもよいという。そして、茹でた大豆を竹カゴに移す時は、そのまま入れるのではなく、使っていたお玉で鍋の中の大豆を潰してから入れていた（写真6－8）。リンブー族のオジュマリさんと同様に、発酵を促すために豆を潰すのだという。臼は使わないのかと尋ねたら、「そんなことしなくても、これで十分よ」と言う。確かに、すでに柔らかくなっている大豆はお玉でも簡単に潰すことができる。すべての煮豆を移し終えると、上からイチジク属の葉をかぶせ、さらに毛布を巻いて暖炉の側で発酵させる。

発酵後は、粒状のままでも食べるが、長期間保存するために、ほとんどを干し納豆に加工する。この地域では、定期市が週一回日曜日に開催されていて、どうしても粒状納豆を使いたい時は、そこで購入する。ライ族が納豆を使うのは、主にカレーと炒め物なので、生の粒状納豆でなくても水で戻した干し納豆で十分である。ただし、糸引きは重要だと言う。特にカレーで使う時は、糸引きが弱い納豆は水で戻しても粘りが出ないので美味しくないらしい。乾燥させれば糸引きは関係ないと思っていたが、水で戻して使う場合には糸引きが重要なようだ。その点、タイ系諸民

干し納豆

大豆を水に浸す（1晩）

↓

茹でる（2〜3時間）

↓

炙ったクワ科イチジク属の葉を敷いた竹カゴに茹でた大豆を潰しながら入れる。囲炉裏などの暖かい場所に置いて発酵（3〜5日間）

↓

天日乾燥（1週間）

↓

完成

図6-2　アッサンタン村の納豆のつくり方（ライ）

写真6-7　庭に自生するクワ科イチジク属の木

写真6-8　お玉を使って大豆を潰す、マンマヤ・ライさん

族がつくる乾燥センベイ状納豆は水に戻さずに、乾燥状のものを砕いて調味料として利用するので、糸引きへのこだわりがないのかもしれない。

　マンマヤ・ライさんに、干し納豆を使った料理をお願いしたところ、発酵させた川魚の乾物と水で戻した干し納豆の炒め物をつくってくれた（写真6－9）。トウガラシとターメリックなどの香辛料も入っているが、塩は魚から塩分が出るので不要だ。とても美味しい。個人的には、酒の肴として一緒に食べたい一品であった。

写真6-9　マンマヤ・ライさんがつくってくれた川魚と干し納豆の炒めもの

　なお、イチジク属の葉が手に入らない時は、バナナや食用カンナの葉で代用するという。食用カンナは自宅脇に大量に植えられていた（写真6－10）。これらの葉でも納豆はつくれるが、イチジク属でつくるのが一番美味しいという。

写真6-10　マンマヤ・ライさんの自宅脇に植えられていた食用カンナ

ネパールのキネマは新聞紙と段ボールでつくる

二〇一四年八月、私はユーラシア大陸における納豆生産地の最西端、ネパール東部を調査した。同行してくれる通訳は、ライ族のアナンタさんで、彼も納豆をよく食べるという。

最初に訪れたのは、首都カトマンズからインドの西ベンガル州のバグドグラへと続くマヒンドラ・ハイウェイ沿いのコシ県イタハリという比較的大きな街である。そこでは、ライ族のディップさんの家でホームステイをさせてもらった。ディップさんは、一九九二年に退役した元グルカ兵である。二五年間も海外で生活をしていたので英語が堪能で、通訳なしで会話することができた。

ディップさんの家で遅めの昼食を頂いた時の「ダルバート」[*8]で納豆カレーが出てきた（写真6-11a）。使った納豆を見せてもらうと、シッキムと同じ干し納豆である（写真6-11b）。この家では、ディップさんの妻のラッサミーさんと家事手伝いのビムラーさんが納豆をつくっている。ビムラーさんは、ラッサミーさんの姪っ子でイタハリより北の山岳地のボスプル（詳細不明）出身である。とても美味しい納豆だったので、彼女らに実際につくってもらうことにした。しかし、私がそこで目にしたのは驚くべき納豆のつくり方であった（図6-3）。

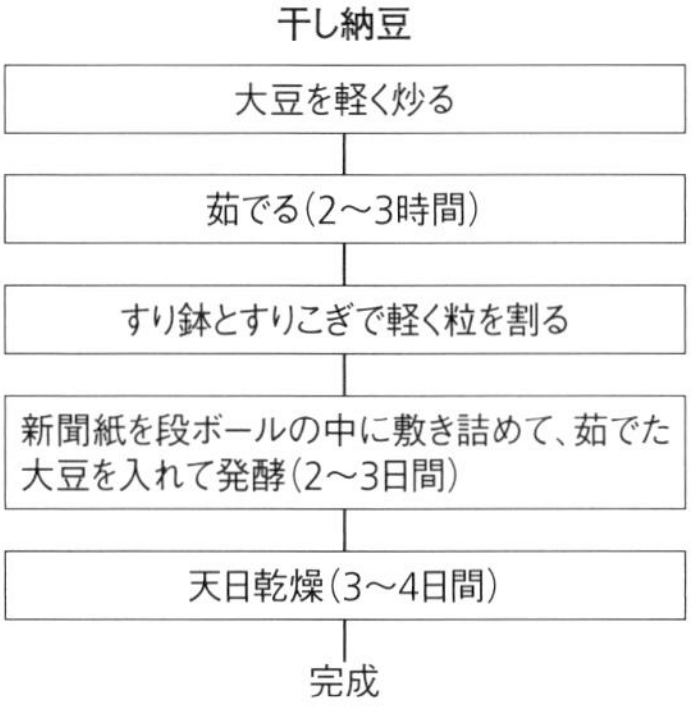
干し納豆
大豆を軽く炒る
茹でる（2〜3時間）
すり鉢とすりこぎで軽く粒を割る
新聞紙を段ボールの中に敷き詰めて、茹でた大豆を入れて発酵（2〜3日間）
天日乾燥（3〜4日間）
完成
図6-3　イタハリの納豆のつくり方（ライ）

まず、大豆を軽く炒ってから、三時間かけて茹でる

（写真6－12a）。この時、水がなくなるまで茹で、鍋を火から離して、ふたをして中の水が完全になくなるまで蒸すことが重要らしい。その後、鉄製のすり鉢（カップに近い）とすりこぎで茹でた大豆を割りながら、新聞紙を敷いた段ボールに入れる（写真6－12b）。新聞紙でしっかりと包み込み、段ボールの蓋を閉めて、布（この時は古着のセーター）を巻いて暖かい場所に置く（写真6－12c）。発酵させた後は、糸を引くという。

最初に見たネパールの納豆が新聞紙と段ボールでつくられていたことに、正直、がっかりした。私は、中尾佐助が「ナットウの大三角形」の西端に位置づけたネパール東部のキネマに大きな期待を寄せていた。植物を菌の供給源としてつくる多種多様な東南アジアの納豆との共通性を見いだしたいと思っていたのだが、まさか新聞紙を使っているとは思いもしなかった。おそらく、新聞紙を使って納豆がつくられていることは、これまで誰も文章では報告していないだろう。

ビムラーさんの出身地では、どの世帯でも新聞紙と段ボールを使って納豆をつくっているらしい。植物の葉を使うこともあるが、新聞紙のほうが簡単で、味も葉で発酵させた納豆と変わらないと言う。植物の葉の場合は、「サル」と呼ばれるフタバガキ科ショレア属（*Shorea robusta*）の大きな葉を使う。この葉は、市場では加工して皿として売られている（写真6－13）。多くの客が集まる冠婚葬祭の席などで、使い捨ての皿として利用されているらしい。そのまま捨てても、朽ちて土に戻るというエコな皿である。

さて、段ボールでつくった納豆はどのようになるのだろうか。この後、私たちは山岳地に調査に行くことになっていたので、調査から戻ってくる三日後に確認することになった。

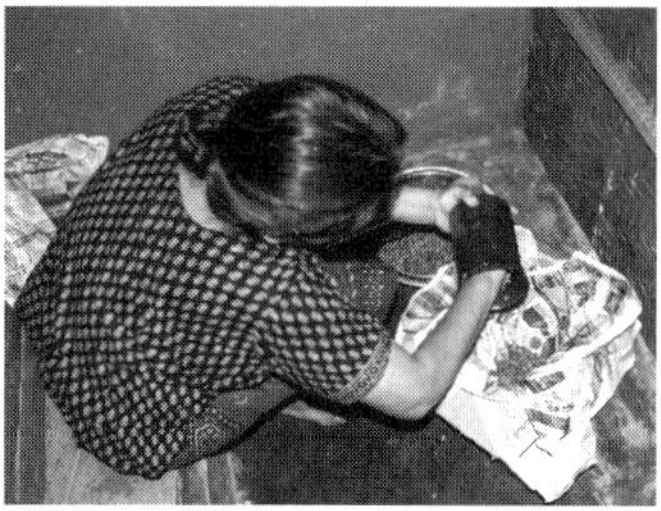

写真6-12b　新聞紙を敷いた段ボールの中に大豆を入れる

写真6-11a　ディップさんの家の納豆カレー

写真6-12c　茹でた大豆が詰まった段ボールと古着のセーター

写真6-11b　納豆カレーに使った干し納豆

写真6-13　市場で売られていた「サル」の葉でつくった皿

写真6-12a　炒った大豆を鍋で3時間茹でる

ネパールの畦豆と納豆

私には、この章の冒頭で紹介したネパール東部ダランでリンブー族が自家製キネマをつくっていた映像が、ずっと頭の片隅に焼き付いていた。ダラン周辺に行けば、新聞紙と段ボールではない納豆のつくり方が、きっと見つかるはずである。

ダランの街で情報を集めたところ、山岳地の村ならどこでも納豆をつくっているという。まずはダランの北東に位置するダンダバザールという場所を目指した。しかし、三〇分ほど車で走ると土砂崩れ（写真6−14）に遭遇し、それ以上先には行けなくなった。行き先を北に変更し、ダンクタという街へと向かう。ダンクタへと向かう途中で村を見つけ次第、聞き取り調査を実施することにした。

ところが、リンブー族やライ族の村はあるのだが、どの村も「雨季には納豆はつくらない」と言うのだ。考えてみると当たり前で、自ら栽培した大豆を使って納豆をつくるのだから、大豆がある季節には納豆をつくるが、無くなればつくらないのである。私が訪れた八月は、すでに大豆のストックがない時季だった。

では、ネパールでは、いつどのように大豆が栽培されているのか。その答えは水田にあった。水田の畦《あぜ》すべてにびっしりと大豆が植えられている。いわゆる日本でいう「畦豆」である（写真6−15）。日本の畦は、人が歩くために少なくとも三〇センチメートルほどの幅が確保され、その端に申し訳なさそうに大豆が植えられているのが、一般的な畦豆である。ところが、この地域の畦は、人が通ることなど最初から考えられておらず、歩けないほど狭い幅で、大豆が畦のど真ん中に堂々と植えられている。水分も水田から供給されるので手入れも不要だ。この畦豆を見て、納豆が季節の食べ物であるということを理解できたような気がした。大豆の栽培が中国で始まったことは疑いのない事実であろうが、モンスーン地域の大豆栽培は、畑作や水田裏作だけでなく、その初期段階においては、畦豆のような栽培の仕方で水田稲作の普及とともに伝播したのかもしれない。

乾季にしか納豆はつくらない、と言われてしまったのだから、八月にネパールの山岳地域で納豆調査を実施したのは完全な失敗である。しかし、畦豆は雨季にしか見られないので、この景観を見て、納豆は乾季につくられる季節の食べ物であることを確認できたことは逆に大きな収穫になった。

写真6-14　ダンダバザールへと向かったが土砂崩れで道が塞がれる

写真6-15　日本に比べて畔の幅が狭いネパールの水田

結局、この日の調査で納豆の現物を見ることができたのは、比較的大きな面積で水田稲作を営んでいたコシ県ダンクタ郡シムシュワ村だけであった。ここは、リンブー族の村である。一軒の農家が干し納豆をつくっており、そこにいた女性は、「あなたは幸運よ。だって、私は年に二回しか納豆をつくらないんだから……」と言う（写真6-16）。聞いてみると、大豆はやはり畦豆だという。納豆のつくり方を図6-4に示した。

その女性は、イタハリのディップさんの家と同じく段ボールを使用していた。しかし、新聞紙ではなく、リンブー語で「ボガテ」と呼ぶ植物の葉を段ボールに敷き詰めるのだと言う。段ボールや新聞紙が悪いとは言わないが、植物を使った事例が得られないのではないかと不安に思っていたので、少しホッとした。

干し納豆

大豆を水に浸す（1日）
↓
茹でる（1〜2時間）
↓
石で叩いて大豆の粒を割る
↓
ムラサキ科チシャノキ属の葉を段ボールの中に敷き詰めて、茹でた大豆を入れて発酵（2〜3日間）
↓
天日乾燥（3〜6日間）
↓
完成

図6-4　シムシュワ村の納豆のつくり方（リンブー）

通訳のアナンタさんは、ネパール語で「ボガテ」は柑橘類のザボンのことだと言う。しかし、住民の話を聞いていると、ザボンとは違って小さな白い実が付く樹木だという。その場にいた男性が、どこからかボガテの葉を持ってきてくれた（写真6-17a）。イチジク属の葉とは明らかに違うが、葉の両面にはイチジクと同じく薄い葉毛がある。その場で見ただけでは、何の木なのか全く分からなかった。植物標本をつくって日本に持ち帰り、専門家に同定してもらったところ、ムラサキ科チシャノキ属（*Ehretia* spp.）であった。

その女性は、ボガテの葉の裏側が茹でた大豆と接するように段ボールに敷き詰めるのだと言う（写真6-17b）。このあたりのリンブー族は、ボガテを使うのが一般的で、発酵後は糸引きもあるらしい。ムラサキ科チシャノキ属の葉を使うというのは、これまで調査をした東南アジアの事例では見られない初めてのケースであった。

また、その女性は臼を使わずに、茹でた大豆を石で叩き割ると言う（写真6－18）。どのように割っているのか見せて欲しいと頼むと、漬け物石ぐらいの大きな石を、下に敷かれた石の台に叩き付ける動作をしてくれた。このような方法に出会ったのも初めてである。段ボールという極めて現代的なマテリアルを発酵に使っているにもかかわらず、大豆を砕く時に使う道具は、石器時代のようだ。このギャップの大きさが非常に面白い。女性は、この村では、竹カゴを使う世帯もあり、容器はプラスチックのザルでも、段ボールでも、何でもいいと言っていた。

シムシュワ村を発ち、ダンクタを目指してさらに北へと進んだ。しかし一〇分も走らないうち

写真6-16　シムシュワ村のリンブー族の女性

写真6-17a　ボガテの葉

写真6-17b　葉の裏側を上に向けて段ボールに敷く

写真6-18　茹でた大豆を叩き割るための石と台

写真6-19a　ダンクタへの道中、道路が陥没し、先に進めなくなる

写真6-19b　陥没した道路の下に落ちた車

に、大渋滞に巻き込まれてしまった。何十台もの車やトラックが列を成して停まっていた。先頭車両の方向に歩いて行ってみると、道路が陥没してなくなっていた（写真6-19a）。しかも、その下には車が一台落ちていたのだ（写真6-19b）。幸いなことに運転者は軽い怪我だけで済んだらしい。雨季のヒマラヤ調査で無理は禁物である。私たちは、ダランの街に戻ることにした。

ダラン周辺の多様な人たちと多様な納豆

バケツをひっくり返したような土砂降りの雨の中、ダランの市場で納豆を探した。しかし納豆を販売していたのはわずか二軒、そのうち自分でつくって売っているのは一軒だけであった。リンブー族のラムシュバさんという女性である。翌朝に家を訪問し、納豆づくりの現場を見学させてもらうことにした。

ラムシュバさんの家は、バルガチという村でダラン中心部からわずか五分ほどの道路沿いに立地している。納豆の他にも、トウガラシの酢漬け、大根とタケノコの漬け物をつくっており、また山岳地域からチーズ「チュルピ」を買ってダランの市場に卸す仲買なども行う（写真6－20）。

ラムシュバさんの納豆のつくり方は、図6－5に示す。この家では、発酵させる時に「バルラ」というマメ科ハカマカズラ属（*Bauhinia vahlii* Wight & Arn.）の葉を使っていた（写真6－21a）。自分でバルラを取りに行くことはなく、隣村のティンクネから乾燥させたバルラの葉を売りに来るのでそれを買う。茹でた豆は葉の表面に接するように敷く。葉は、一度竹カゴに敷いたら、傷む

写真6-20　ラムシュバさんの家が市場で扱う品物

写真6-21a　「バルラ」の葉

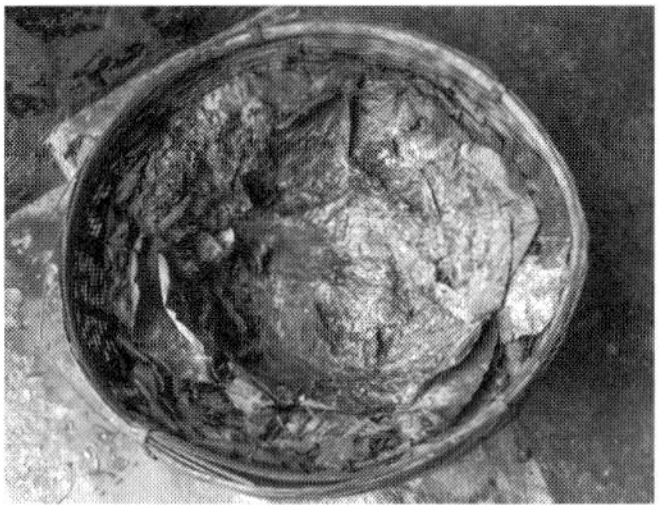
写真6-21b　竹カゴに敷かれた「バルラ」の葉

まで三回ぐらいは使えるのでそのままにしておく（写真6－21b）。発酵させる時は、上部もバルラの葉で覆い、さらに毛布を掛けて、囲炉裏の上に置き、夏は三日間、冬は四日間そのままにしておくと、糸引き納豆となる。その後、鉄のすり鉢とすりこぎで叩き潰す。鉄のカップのような形をしたすり鉢は「オクリ」、すりこぎは「ムスリ」と呼んでおり、形状はイタハリのディップさんの家で使っていたものと同じである（写真6－22）。乾燥させて干し納豆にした後、計量して袋詰めして、ろうそくの火でビニール袋を密閉して市場で売る（写真6－23）。

　ラムシュバさんは、祖父母の代からずっとバルラの葉を使って納豆をつくっていた。かつては森でバルラの葉を取ってきていたが、五年前から市場で納豆などを売り始めてから時間がなくな

干し納豆

大豆を軽く炒る

↓

茹でる（3時間）

↓

マメ科ハカマカズラ属の葉を竹カゴに敷き詰めて、茹でた大豆を入れる（3～4日間）

↓

すり鉢とすりこぎで軽く粒を割る

↓

天日乾燥（1～3日間）

↓

完成

図6-5　バルガチ村の納豆のつくり方（リンブー）

写真6-22　鉄製の「オクリ」と「ムスリ」

り、買うようになったという。また、自家用に納豆をつくっていた時は、茹でる前に大豆を炒っていた。そのほうが香りも味も良くなるからだという。しかし、薪を多く使って、時間もかかり、納豆の値段も高くなってしまうので、それも止めたという。商業生産に移行するに伴い、納豆づくりのプロセスが簡素化しているのだ。

写真6-24　ショルジャナチョック村のティラクマヤさんが保管していた干し納豆

写真6-23　ろうそくの火を使って袋詰めするラムシュバさん

ダランの市場で納豆を売っていたもう一店舗の人は、ラムシュバさんの家とは違い、納豆を仕入れていた。どこから仕入れているのか聞いてみたところ、その生産者は、ダランの街の西端に位置するショルジャナチョック村のティラクマヤさんであった。この世帯は、山地の民族ではなくネパール語を母語とするパルバテ・ヒンドゥーで、ブジェルという下位カースト集団に属していた。なぜパルバテ・ヒンドゥーの人が納豆をつくるのかと聞いてみたら、母から習ったと言う。その昔、ティラクマヤさんの母親は、コシ県西部の山岳地域でライ族の人たちと一緒だったことがあり、その時に納豆のつくり方を習ったらしい。すなわち、ライ族からの伝播である。

ティラクマヤさんに、市場に売るために保管している干し納豆を見せてもらった（写真6－24）。容器は、竹カゴではなく段ボールだという。この家では、フタバガキ科ショレア属のサルの葉を買ってきて使っていたが、最近は新聞紙を使うことが多いという。

写真6-25　チャタラマルガ村のコラピストさん

写真6-26　雑貨店でぶら下げて売られていたコラピストさんの干し納豆

ショルジャナチョック村からさらに西に二キロメートル進んだところに位置するチャタラマルガ村でも、パルバテ・ヒンドゥーのチェトリという上位カースト集団に属する世帯が納豆をつくっていた。チャタラマルガ村はライ族が多く住む村である。コラピストさんという女性（写真6－25）は、一二年前にライ族から納豆のつくり方を習った。段ボールと新聞紙を使うつくり方である。植物の葉は一度も使ったことがないし、教えてもらったライ族の人も同じつくり方であった。一つだけ特徴的であったのは、発酵させる前に必ず灰を入れることである。自分でつくる前は納豆を食べたことすらなく、現在でも両親は納豆を食べないらしい。雨が多い時期は乾燥に時間がかかるので納豆をつくらないと言い、実際の納豆を確認することはできなかった。つくった納豆は、小分けして近くの雑貨店などに卸しているから、どこの店でも彼女がつくった納豆は確認できると言う。試しに近くの雑貨店に行くと、彼女がつくったと思われる干し納豆がぶら下げられて売られていた（写真6－26）。

パルバテ・ヒンドゥーのようなインド・アーリア系の民族も納豆をつくるとは、知らなかった。その納豆が、ティラクマヤさん、コラピストさんの二つの事例ともにライ族からの伝播で、しかも段ボールと新聞紙で納豆をつくるという方法である。一方、リンブー族の人たちは、ボガテやバルラといった葉を使っており、両者には何か明確な違いがあるように感じられた。

この調査のままでは、ネパールのライ族は新聞紙を使って納豆をつくる民族であるかのように思われてしまう。だが、決してそんなことはないはずである。ダランの東にライ族が住んでいる地域があるというので行ってみることにした。パンバリという村で、畦で栽培した大豆で納豆をつくっている二つの世帯から話を聞いてみた。どちらの世帯も一一～一二月に納豆をつくり、四～五月頃には使い切ってしまうという。しかし、大豆を買ってまで納豆はつくらない。この二つの世帯の納豆のつくり方を図6－6に示したので、見比べてもらいたい。

マダンクマルさん（写真6－27a）とラムウマリさん（写真6－27b）の家は、向かい合って建っており、何十年も交流している間柄である。にもかかわらず、納豆のつくり方、特に発酵させる前のプロセスが大きく異なっている。マダンクマルさんが大豆をそのまま茹でて発酵前に木臼で粒を割るのに対し、ラムウマリさんは天日で干した大豆を石臼で砕いてから茹でる。また、マダンクマルさんは――味はどちらも同じと言うが――バナナではなくサルの葉を使うこともあるのに対して、ラムウマリさんはバナナ以外絶対に使わないという。

同じ民族、同じ村、そして近くに住む者同士でも、同じつくり方をしているとは限らないので

マダンクマルさん	ラムウマリさん
	大豆を天日干し
	石臼で軽く挽く
茹でる（1～2時間）	茹でる（1～1.5時間）
木臼で軽く砕く	
バナナの葉を竹カゴに敷き詰めて、茹でた大豆を入れて発酵（2～3日間）	バナナの葉を竹カゴに敷き詰めて、茹でた大豆を入れて発酵（1日間）
天日乾燥（1週間）	天日乾燥（1～2日間）
完成	完成

図6-6　パンバリ村の納豆のつくり方（ライ）

写真6-27a　マダンクマルさん（右）と奥さん

写真6-27b　ラムウマリさん。奥にいるのは娘さん

ある。どのように納豆をつくるのかは、最終的には個人の判断に委ねられていて、「私は大豆を炒ったほうが美味しいと思う」とか、「やっぱりサルの葉よりバナナの葉よね。粘りが出るもの……」など、人それぞれ考え方が違い、個人の嗜好の違いが出ている。しかし、多様な納豆の形状がある東南アジアとは異なり、ネパール東部の場合、すべての納豆は干し納豆である。なぜ、つくり方が違うのに、最後はみんな干し納豆になってしまうのか。中には、粒状納豆のまま食べる人がいたり、センベイ状にしてみる人がいてもいいと思うのだが、そうならないのがすごく不思議である。

写真6-28　水に浸かって失敗した「段ボール納豆」

新聞紙と段ボールでつくった納豆はどうなったのか

私がネパール東部ダラン周辺を調査していた三日間は、毎日土砂降りの雨が続いていた。そして、ホームステイ先のイタハリのディップさんの家は、家の横を流れる川の氾濫で冠水し、運悪く、例の「段ボール納豆」も水に浸かってしまった。私が山岳地の調査から戻ってくると、水に浸かった段ボールの底はボロボロになっていて、中を開けた時は、本来なら納豆になっているはずの大豆は、ものすごい悪臭を放つ「腐った豆」であった（写真6-28）。これは大失敗である。

写真6-29a　チークの葉を使って発酵させる

写真6-29b　茹でた大豆に灰をかける

といっても、災害だから仕方ないのだが、退役グルカ兵の律儀なディップさんは、自分の家の納豆づくりは失敗してしまったが、私が日本に戻る前に、伝統的な納豆のつくり方をどうしても見せたいと言い、イタハリの知り合いに頼んで、納豆づくりの実演をする準備を整えてくれた。

納豆をつくる実演をしてくれたのは、リンブー族の女性である。急に頼まれて即席で納豆をつくったという感じは否めなかったが、そのつくり方には、いくつか注目すべき点があった。

一点目は、菌の供給源としてチークの葉を使っていた点である（写真6－29a）。つくっていた女性に聞くと、わざわざこの実演のために街の郊外に足を運んでチークの葉を取ってきたという。納豆をつくる時は、いつもチークの葉を使うので、それ以外の葉は使ったことがないらしい。彼女は「新聞紙では納豆をつくることができない」ときっぱりと言った。

二点目は、茹でた大豆に灰を入れていたことである（写真6－29b）。灰を入れなければ、美味しい納豆はできないと言う。彼女は、左手に灰の包みを持ち、右手でその灰をかけながら、茹でた大豆を潰していた。その慣れた手つきと手際の良さから、普段から納豆を生産している熟練者であることが私にはすぐに分かった。

リンブー族とライ族

ディップさんの家の納豆は失敗してしまったが、ダラン周辺の村々では、同じ方法で納豆がつくられていることは確認できた。新聞紙と段ボールでつくる納豆は、決して珍しいものではなく、少なくとも私が調査した限りでは、二〇〇〇年よりも前にライ族では普及していたようだ。

リンブー族に関しては、一地域だけ段ボールを使っている世帯があった。しかし、その世帯も発酵させる時には、ムラサキ科チシャノキ属のボガテを使っており、新聞紙を使って発酵させている事例は全く見かけなかった。リンブー族の場合は、私が調査をしたわずかな事例ではあるが、菌の供給源として、必ず植物の葉を使っていた。

本書では、ライ族とリンブー族を意図的に分けて論じた。というのは、この地域の納豆「キネマ」について書かれたものは、単に「ネパール東部ではキネマという日本と同じような糸引き納豆がつくられている」という記述しか見られず、リンブー族とライ族のつくり方を比較するような論文や書籍は全く見当たらなかったからである。

リンブー族もライ族も同じチベット・ビルマ系言語のキランティ諸語を話す民族である。しかし、ライ族が使う言語は一〇種類以上に分かれており、互いに意思疎通が困難だが、一方のリンブー族は三つの方言に分かれてはいるが、互いに意思疎通はできるという。[*9] 当然、ライ族の言葉とリンブー族の言葉は意思疎通ができない。そのような二つの民族を一緒くたにして議論することがそもそも無理なのである。本来ならば、ライ族も細かく分けて、議論すべきなのかもしれないが、ヒマラヤ地域を初めて調査した私は、納豆を調べるだけで手一杯であった。通地域的視点から民族の差も考慮して、ヒマラヤの納豆について論じているのは、唯一、シッキム大学のタマン教授だけである。彼は、ライ族とリンブー族を区別して、リンブー族がキネマの生産を始めた民族であると述べている。

私も、シッキムとネパール東部という隣り合った二地域を調査して、タマン教授と同じく、この地域のキネマはおそらくリンブー族によるものだろうと考える。それは、キネマという語源だけの問題ではなく、リンブー族が伝統的な植物利用を現代に至るまで連綿と伝えているからである。

ヒマラヤの秘境アルナーチャル

ミャンマーのカチン州からネパールへとつながるヒマラヤ地域の中で、納豆に関する研究が極端に少ないのが、インド・アルナーチャルとブータンであろう。残念ながらブータンには行くことができなかったが、二〇一三年五月にアルナーチャルに関する学術書[*10]を出版している京都大学の水野一晴先生と一緒に、アルナーチャルのブータン国境に近いタワン県と西カメン県に調査に行く機会が得られた。

中国とインドの国境が未確定で、両国が領土を主張し合う空白の地域、それがアルナーチャルである。内陸側に引かれた国境線は、英国統治時代に設定されたマクマホン・ラインで、それよりも南側に引かれた国境線は、中国が主張する国境線である。しかし、実効的にはインドがこの空白地域を支配している。

かつて、インド北東諸州に行くには、アッサム州を除き、入域許可が必要であった。しかし、ナガランド、マニプル、ミゾラムの三州が二〇一〇年から入域許可の制度を廃止して、誰でも入れるようになった。ところが、アルナーチャルだけは、二〇一四年時点でも入域許可が必要である。おそらく軍事的な理由なのだろう。外国人にとっては、今でも秘境である。

インドのシッキム同様に、アルナーチャル州内には空港がない。したがって、アッサム州の州都グワーハーティーがアルナーチャルへの玄関口となる。最初の目的地はアルナーチャル州西カメン県ディランである。グワーハーティーからディランまで、調査にいつも欠かさず持参しているGPSで距離を計測してみると三八〇キロメートルであった。それほど離れていないが、山道のため一二時間もかかった。

途中、西カメン県の県庁所在地ボムディラの郊外で小休止を取った。その時、店の軒先にカゴに入った野菜などが売られていたのだが、その中に見慣れない直径六〜七センチメートルほどの丸い玉のようなものを発見した（写真6-30）。日本の戦国時代につ

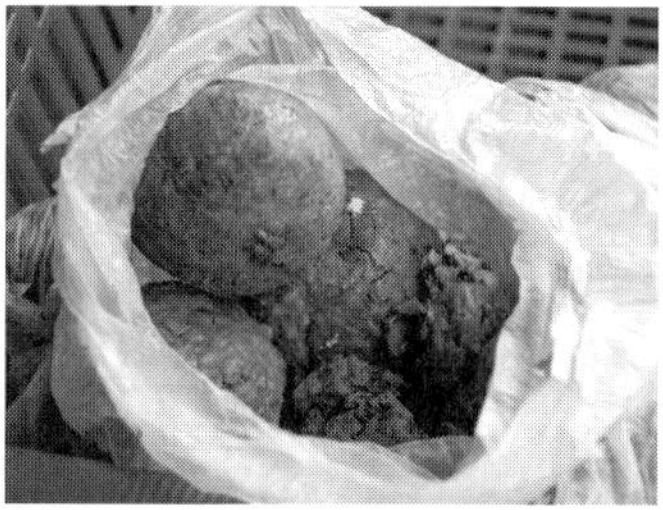

写真6-30　ボムディラの郊外の店で見かけた「丸い玉」

くられていた携帯保存食の「兵糧丸《ひょうろうがん》」にそっくりの形である。ガイドのパッサンさんに尋ねると、モンパ族がつくる納豆だという。パッサンさんはモンパ族の中でも「ディランモンパ」と呼ばれるグループで、納豆のことを「リビジッペン」[*11]と言うが、ボムディラ地域に住むモンパ族は「ブートモンパ」というグループで、納豆のことを「スックニー」と呼ぶそうだ。これまで各地でいろいろな納豆を見てきたが、この形は初めてだ。私は「兵糧丸」と表現したが、この写真を帰国後に小学校三年生（当時）の息子に見せたら「象のウンコ」と表現した。私は象のウンコがどのような形なのか知らなかったのだが、インターネットで検索したら、茶色く丸い形状で確かに似ていた。それはともかく、このような兵糧丸のような形状の納豆は、自家用でつくられることはなく、店舗だけで見られるものだ。納豆を買った人が自由に加工できるように、発酵させただけの状態にしてある。すなわち、半製品の状態である。

ディランモンパの納豆

ディランに到着した翌日、水野一晴先生の知り合いであるディランゾン[*12]に住むリンチンさんの家を訪ねた。彼はディランモンパ族である。納豆があると言うので、さっそく見せてもらう。出てきたのは、兵糧丸のような形ではない、土の塊のようなものであった（写真6－31）。そのつくり方を図6－7に示す。

リンチンさんはプラスチック・バッグを用いて茹でた大豆を発酵させているが、そうするようになったのは、二〇〇〇年代中頃からだという。それまでは、「ショムバ」という竹のバスケット（写真6－32）で発酵させていた。どちらを使っても糸は全く引かない。また、菌の供給源としは、ディランモンパの人たちが「ラシン」と呼ぶツツジ科ツツジ属のシャクナゲ（*Rhododendron hodgsonii*）を使う（写真6－33）。もう少し標高の高い場所に行くと、シャクナゲが自生していて、納豆をつくる時は新鮮な葉を取りに行くという。シャクナゲは葉の裏側に葉毛があるが、毛のない表面が茹でた大豆と接するように敷き詰める。シャクナゲで納豆をつくるとは思いもしなかった。ヒマラヤならではの納豆のつくり方である。シャクナゲの葉は、バターやチーズを包んで保存する時にもよく使われるという[*13]。

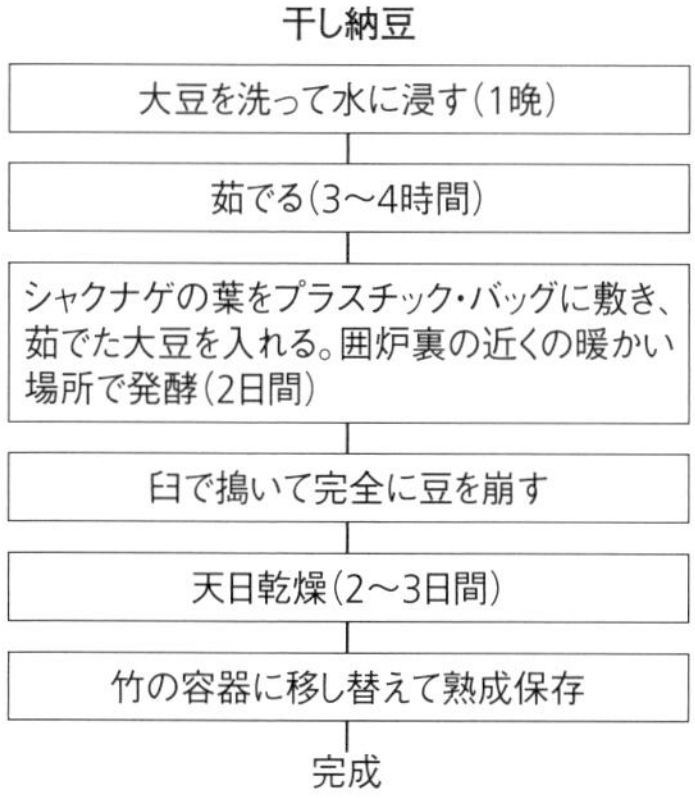
干し納豆
大豆を洗って水に浸す（1晩）
茹でる（3〜4時間）
シャクナゲの葉をプラスチック・バッグに敷き、茹でた大豆を入れる。囲炉裏の近くの暖かい場所で発酵（2日間）
臼で搗いて完全に豆を崩す
天日乾燥（2〜3日間）
竹の容器に移し替えて熟成保存
完成

図6-7　ディランゾンの納豆のつくり方（ディランモンパ）

なお、ラシンでもいいが、「カララシン」の葉も使うという。その葉は近くに生えているというので見に行くことにした。カララシンはシソ科[*14]クサギ属（*Clerodendrum* spp.）であった（写真6－34）。やはり、カララシンもこれまで調査をした低地では納豆生産には使われていない種であった。

　この地域では、納豆は「チャメン」と呼ばれるチリソースをつくる時に必ず入れる。そのつくり方は、「ゴックドゥム」という小さな木製の手臼にトウガラシ、ショウガ、塩、水を加えて、「トゥンブールン」

写真6-31　リンチンさんの家の納豆

写真6-32　竹製の「ショムバ」

写真6-33　「ラシン」の葉

という石製のすりこぎで叩き潰す。この状態でかなりドロドロになっており、最後に納豆の塊を入れて軽く叩いて完成である。チャメンは様々な料理に使われるが、私たちが訪れた時は「グルッン・プタン」というソバをつくってくれた。

アルナーチャルでつくられているソバは、日本で韃靼《だったん》ソバとか苦《にが》ソバとか呼ばれている種類のものである。この自家製のソバに、香菜をのせて、チャメンをかけて食べる（写真6－35）。ソバに納豆入りのチリソースとは意外に思うかもしれないが、これが実に美味しかった。

次にディランゾンの東に位置するテンバンゾン[*15]を訪れた（写真6－36）。年に三～四回納豆をつくるという老年夫婦の家で納豆を見せてもらう。リンチンさんの家と基本的には同じような形状の味噌状納豆であるが、まだつくってから一カ月も経っていないと言う。まさに味噌のようであった

写真6-34　「カララシン」の葉

写真6-35　チリソース「チャメン」をかけて食べるソバ

写真6-36　テンバンゾンの街

写真6-37　テンバンゾンで見た味噌状納豆

写真6-38　「ゾラ」の葉

写真6-39　「ブレウラ」の葉

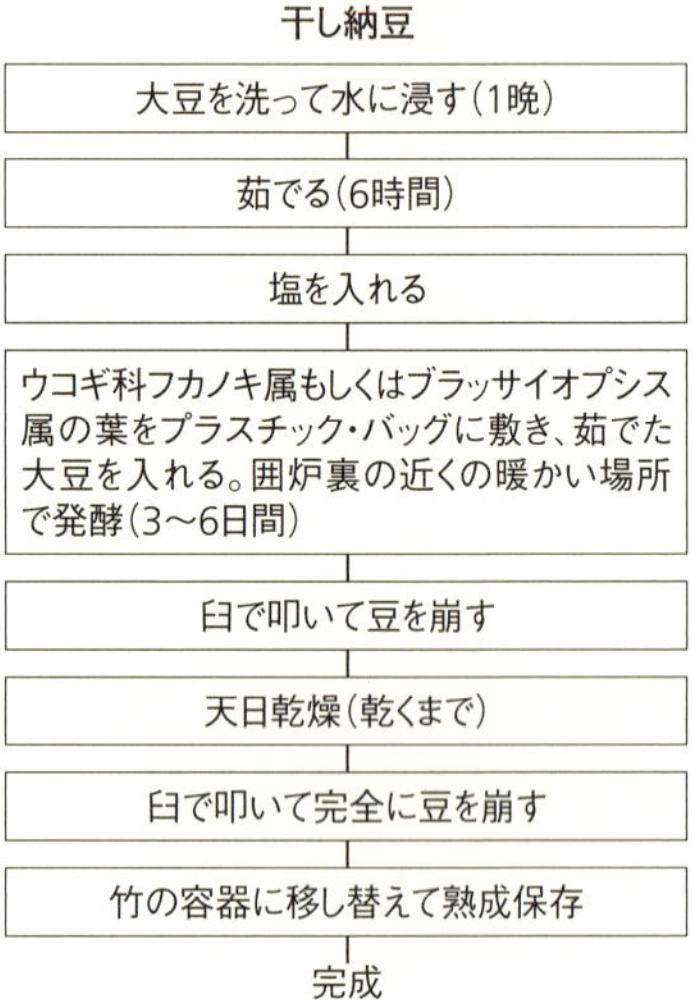
干し納豆
大豆を洗って水に浸す（1晩）
茹でる（6時間）
塩を入れる
ウコギ科フカノキ属もしくはブラッサイオプシス属の葉をプラスチック・バッグに敷き、茹でた大豆を入れる。囲炉裏の近くの暖かい場所で発酵（3〜6日間）
臼で叩いて豆を崩す
天日乾燥（乾くまで）
臼で叩いて完全に豆を崩す
竹の容器に移し替えて熟成保存
完成

図6-8　テンバンゾンの納豆のつくり方（ディランモンパ）

（写真6－37）。もっと時間が経てば、乾燥して粉が出てきて、土のようになってしまうらしい。そのつくり方は、図6－8に示すように、加塩発酵で、しかも乾燥させる前に臼で搗き、さらに熟成保存させる前にもう一度搗くという方法であった。塩は、岩塩を砕いて軽くまぶす程度だという。発酵後の糸引きは全くない。この世帯でプラスチック・バッグを使い始めたのは二〇一〇年頃で、竹カゴよりも通気性が良いので、発酵時間が短くなったという。また、特に味も変わらないという。

テンバンゾンでは二種類のウコギ科の葉が使われ、「ゾラ」と呼ばれているブラッサイオシプス属（*Brassaiopsis* spp.）（写真6－38）、もしくは「ブレウラ」と呼ばれているフカノキ属（*Schefflera* spp.）（写真6－39）である。ゾラもブレウラも、葉が取りにくく、しかも茎にトゲがあり、決して利用しやすいとは思えないのだが、なぜこのような種の葉を使っているのだろうか。

タワンモンパの納豆

西カメン県ディランからタワン県タワンへと移動した。落ちたら間違いなく死ぬだろうと思われるガードレールのない山道を北西に向かう。最高ピークは西カメン県とタワン県の県境セラ・パス、四一七五メートル。あたりは、一面の銀世界であった。距離は一五〇キロメートルしかないが、九時間もの時間を要して、タワンに到着した。ディランと比べると非常に大きな街で、築約四〇〇年のタワン仏僧院（チベット仏教ゲルク派）もある（写真6－40）。標高は二九五〇メートルで五月とはいえ非常に寒い。富士山でたとえると、七合目と八合目の中間ぐらいの標高である。こんな高地で納豆などつくっているのだろうか。ここに住むモンパ族は、タワンモンパである。ガイドのパッサンさんは、ディランモンパなので、ほとんど言葉が通じない。したがって、タワンの人とはヒンドゥー語で会話する。

写真6-40　タワンの街

最初に訪れたのは、以前に水野一晴先生が訪問したことがあるというタワンの西に立地するシンソール・アニ・ゴンパ村の尼寺である。この寺の尼さんは、植物の葉も使わずに、プラスチック・バッグで加塩発酵させた納豆をつくっていた（図6－9）。最も近代化、というか、簡略化されたつくり方である。収穫されて時間が経っていない新しい大豆の場合は洗うだけで四時間茹でるが、古い大豆は一晩水に浸してから半日茹でるという。茹でた後は、豆が冷めないうちに塩をふりかけて、プラスチック・バッグで発酵させる。プラスチック・バッグを使い始めたのは二〇一一

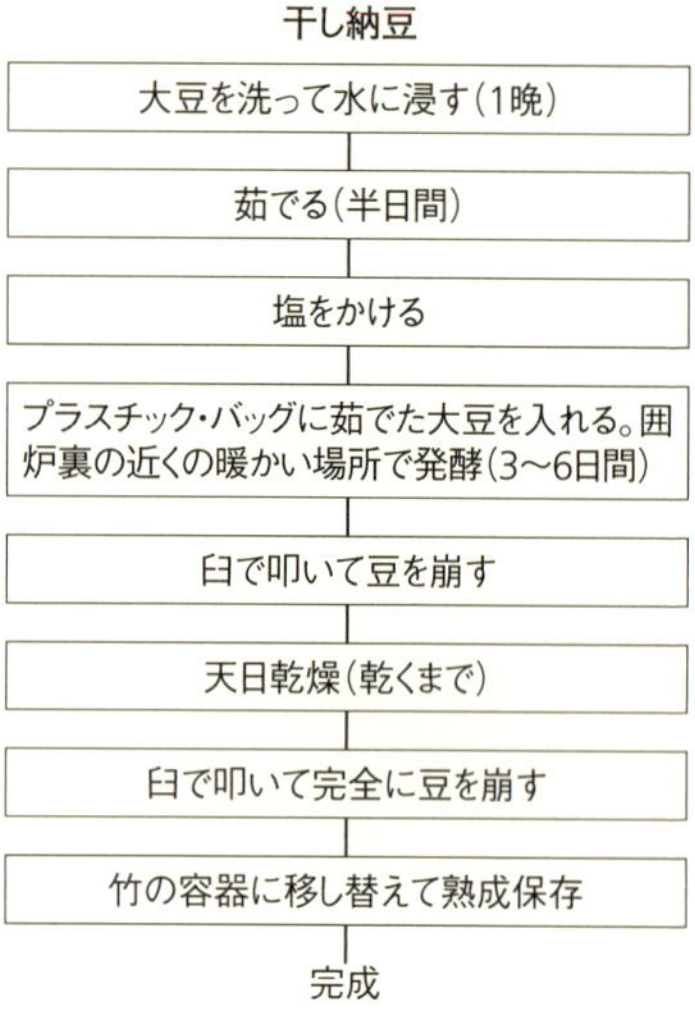
干し納豆
大豆を洗って水に浸す（1晩）
茹でる（半日間）
塩をかける
プラスチック・バッグに茹でた大豆を入れる。囲炉裏の近くの暖かい場所で発酵（3〜6日間）
臼で叩いて豆を崩す
天日乾燥（乾くまで）
臼で叩いて完全に豆を崩す
竹の容器に移し替えて熟成保存
完成

図6-9　シンソール・アニ・ゴンパ村の納豆のつくり方（タワンモンパ）

年からで、以前は竹カゴを使っていたが、植物の葉は一度も入れたことがない。

彼女は、その昔、母親がマルラの葉を竹カゴに敷いて発酵させていたことを覚えているという。タワンモンパの言葉で「マルラ」は、シャクナゲだ。ここでもシャクナゲが使われていたようだが、タワンで実際にシャクナゲを使って納豆をつくっている現場は確認できなかった。尼さんがつくった納豆は、一年半ぐらいは保存可能だという。見せてもらった納豆はまだ一カ月しか経っていないものだというが、アンモニア臭がものすごく強かった（写真6－41）。

納豆は、主にチャメンをつくるのに利用している。つくり方は基本的にディランモンパと同じだが、ショウガは入れず、山椒を入れていた（写真6－42）。尼さんに、お米と漬け物、そして春雨のような麺が入ったチーズ味のスープを出してもらったが、つくってもらったチャメンは、ご飯にかけて食べると美味しかった。

翌日、私たちはシンソール・アニ・ゴンパ村の南西にあるカルドン村に向かった。その途中、民家の屋根の上に何やら納豆らしきものを干しているのを目にした。車を止めて観察してみると、やはり納豆であった（写真6－43）。アルナーチャルでは、完成した状態の納豆しか見ていなかったが、天日干しされている状態でも、すでに味噌状になっていることが分かった。ここは、ルイカールという村で、道端で「バンチャン」と呼ばれる酒[*16]を造っていたタワンモンパの女性に話を聞いた（写真6－44）。この女性も発酵させる時はプラスチック・バッグを使い、植物の葉は入れないという。また、塩も入れない。ただし、昔は竹のカゴに竹の葉を敷いていたという。竹の葉は、かつてミャンマーのパオ族も使っていたが、同じく現在では使われていない。

目的地のカルドン村に到着する。ちょうど耕作準備シーズンのようで、歌でリズムを取りながら男性数人が列になって耕起していた。農山村部のタワンモンパの高齢者は、ヤクの毛で編んだ五つの房がある帽子をかぶっている（写真6－45）。ブータンにもタワンモンパと同様の帽子を使用

写真6-41　尼さんがつくった納豆

写真6-42　トウガラシ・山椒などを入れてチャメンをつくる

写真6-43　民家の屋根の上に干された納豆

している、ダクパ、ブロクパなどの民族が住んでいる。[*17] しかし、ブータンの調査は実施していないので、どの程度の文化的共通性が見られるのか私は分からない。

　畑で作業をしていた一人の女性に納豆をつくっているかどうかを尋ねると、つくっていると言うので、話を聞いてみることになった。竹カゴで保存されていた納豆を見せてもらった（第二章、写真2－9）が、もうあまり残っていない。この家でもチャメンに納豆を入れて使うという。表面にはカビがびっしり生えているが、味は問題ないと述べる。つくり方を尋ねると、この家では、納豆をつくる過程で石臼と木臼で計三回も大豆を搗いていることが分かった（図6－10）。

　一回目は石臼を使って、発酵が進みやすくするために大豆の粒を割るプロセスである。これはシッキムやネパールのキネマと同様である。二回目は、天日干し前、三回目は天日干し後で、共

写真6-44　「バンチャン」というお酒を造っていた女性

写真6-45　ヤクの毛で編んだ帽子をかぶるタワンモンパの女性

写真6-46　大豆を叩き割る時に使う木臼

に木臼で叩き割る（写真6-46）。乾燥センベイ状と同じぐらいプロセスが多い。塩を入れずにプラスチック・バッグだけで、植物の葉も使わないつくり方である。プラスチック・バッグを使い始めたのは、二〇〇〇年代中頃で、それ以前は、バナナの葉を使っていたというが、カルドン村の標高は二〇五〇メートルであり、バナナは見かけるが決してどこでも生えているわけではない。

高地は特殊か

表6-1に示すように、アルナーチャル西部のディランとタワンの納豆のつくり方を見ると、他の地域とは全く違うことが分かった。特に、味噌のように熟成させる形状は、アルナーチャル以外には見られない。標高が二〇〇〇メートルを超え、気温が低く長期間保存が可能であることが関係しているのではなかろうか。保存が可能であれば、保存しやすい形状が発達する。この地域の住民は、完全に粒を砕いた味噌状の形状を選んだということだ。そして、調査は実施してい

図6-10　カルドン村の納豆のつくり方（タワンモンパ）

干し納豆

大豆を軽く炒る

↓

石臼で粒を割る

↓

洗う

↓

茹でる（3〜4時間）

↓

プラスチック・バッグ（もしくは竹カゴ）に茹でた大豆を入れる。囲炉裏などの暖かい場所で発酵（3日間）

↓

木臼で豆を叩き潰す

↓

天日乾燥（3日）

↓

木臼で再度豆を叩き潰す

↓

竹の容器に移し替えて熟成保存

↓

完成

表6-1　ヒマラヤにおける納豆生産の場所・民族・菌の供給源・形状の相関

(a)インド・シッキム州

No.	場所	民族	菌の供給源	納豆の形状	出典
1	シッキム州東シッキム県パクヨン郡アホ村	リンブー	シダ植物	干し納豆	2012年現地調査
2	シッキム州南シッキム県ナムチ郡アッサンタン村	ライ	クワ科イチジク属(*Ficus* spp.)(バナナ *Musa* spp. と食用カンナ *Canna edulis* を使う時もある)	干し納豆	2012年現地調査

(b)ネパール東部

No.	場所	民族	菌の供給源	納豆の形状	出典
3	コシ県スンサリ郡イタハリ	ライ	なし(かつては、フタバガキ科ショレア属 Shorea robusta)	干し納豆	2014年現地調査
4	コシ県スンサリ郡イタハリ	リンブー	チーク(*Tectona grandis*)	干し納豆	2014年現地調査
5	コシ県ダンクタ郡シムシュワ村	リンブー	ムラサキ科チシャノキ属(Ehretia spp.)	干し納豆	2014年現地調査
6	コシ県ダンクタ郡バルガチ村	リンブー	マメ科ハカマカズラ属(*Bauhinia vahlii* Wight & Arn.)	干し納豆	2014年現地調査
7	コシ県ダンクタ郡ショルジャナチョック村	パルバテ・ヒンドゥー(ブジェル)	なし(フタバガキ科ショレア属 *Shorea robusta* を使うこともある)	干し納豆	2014年現地調査
8	コシ県ダンクタ郡チャタラマルガ村	パルバテ・ヒンドゥー(チェトリ)	なし	干し納豆	2014年現地調査
9	コシ県ダンクタ郡パンバリ村	ライ	バナナ(バナナ *Musa* spp.)(世帯によってはフタバガキ科ショレア属 Shorea robusta)	干し納豆	2014年現地調査

(c)インド・アルナーチャル・プラデーシュ州

No.	場所	民族	菌の供給源	納豆の形状	出典
10	西カメン県ディラン郡ディラン村(ディランゾン)	モンパ(ディランモンパ)	ツツジ科ツツジ属のシャクナゲ(*Rhododendron hodgsonii*)、もしくはカララシンはシソ科クサギ属(*Clerodendrum* spp.)	味噌状	2013年現地調査
11	西カメン県ディラン郡テンバン村(テンバンゾン)	モンパ(ディランモンパ)	ウコギ科ブラッサイオシプス属(*Brassaiopsis* spp.)、もしくはウコギ科フカノキ属(*Schfflera* spp.)	味噌状	2013年現地調査
12	タワン県ジャン郡シンソール・アニ・ゴンパ村	モンパ(タワンモンパ)	なし(ラスップ・チャップと呼ばれている植物、おそらくチーク *Tectona grandis* を使う時もある)	味噌状	2013年現地調査
13	タワン県タワン郡ルイカール村	モンパ(タワンモンパ)	なし(かつては竹の葉)	味噌状	2013年現地調査
14	タワン県タワン郡カルドン村	モンパ(タワンモンパ)	なし(かつてはバナナ *Musa* spp.)	味噌状	2013年現地調査

ないが、同じく非ネパール系住民が住むブータン東部でも似たような納豆がつくられているのではないかと思われるのである。

菌の供給源として使われている植物の葉は、同じヒマラヤ地域でも、シッキム、ネパール、アルナーチャル、それぞれの地域で異なっていた。しかし、タイやミャンマーまで含めて考えると、ネパールとシッキムは、つくり方のプロセスは東南アジアと共通する部分もある。また、シッキムではミャンマーで見られたシダ植物やクワ科イチジク属が利用されており、東南アジア地域との連続性をも感じさせた。

その一方、アルナーチャルだけは異なっており、やはり特別だと言わざるを得ない。また、アルナーチャルの場合、魚醤や穀醤を使わないので、トウガラシのソースを使う時に旨み成分を加えるために納豆が欠かせないものになっている。シッキムとネパールでは、カレーに入れて食べるという使われ方が一般的である。東南アジアと比較すると、ヒマラヤの納豆の利用方法は、アルナーチャルだけは独立しているが、地域や人による違いがほとんど見られない。シッキムとネパールは、納豆の利用に関しては同じ地域だと言えよう。

第七章
納豆の起源を探る

照葉樹林文化論と納豆

照葉樹林帯には、多くの民族が住んでいるが、その生活文化の中には日本の伝統文化と共通する諸要素が多く見られる。一九七九年に刊行された上山春平・佐々木高明・中尾佐助の三名による討論を収めた『続・照葉樹林文化――東アジア文化の源流』では、食文化と物質文化に限らず、習俗や儀礼にまで及ぶ共通の要素が挙げられた。[*1] この時の討論の様子について、佐々木高明は次のように振り返っている。

「照葉樹林文化と根栽農耕文化との関係の訂正、照葉樹林文化のセンターとしての《東亜半月弧》[*2]の設定をはじめ、焼畑における雑穀栽培の重要性、モチ種の穀物の創出、さらにはナットウ、茶、コンニャク、絹、漆、ハンギング・ウォール、[*3]鵜飼、歌垣等々、照葉樹林文化を特徴付ける文化的特色について、その意義や特色をめぐり活潑な討論が行われた。その結果、その後の照葉樹林文化論の柱になるような主要な概念や文化要素の多くが、この討論の中で提出され、ここで照葉樹林文化論の枠組みと体系がほぼでき上がったと考えられる。[*4]」

『続・照葉樹林文化』では、「プレ農耕段階（採集・狩猟・漁労が生業の中心）」から、「雑穀を主とした焼畑農耕段階（雑穀・根栽型の焼畑農耕が生業の中心）」へ、そして「稲作が卓越する段階（水田稲作が生業の中心）」へと照葉樹林文化が発展していく段階が論じられ、この議論で「雑穀を主とした焼畑農耕段階」の文化的特色として、一九六九年の『照葉樹林文化――日本文化の深層』の時には挙げられていなかった、納豆のような発酵大豆食品が新たに加えられた。

照葉樹林文化論の登場によって、東アジア、東南アジア、ヒマラヤ地域で研究する民族学、地理学、そして植物学などの研究者たちは、単に文化要素や植物利用を記述するだけではなく、なぜそれらがその地域で発展したのか、また他の地域とどのような関係があるのかといった新しい研究視点を持つようになった。そして、この約四〇年の間に、多くの研究成果が蓄積され、同時に、多くの批判も出された。批判の一つは、照葉樹林文化と稲作の起源地の問題であった。

稲作は、渡部忠世によってアッサム・雲南あたりの「原農耕圏」[*5]が起源地であると論じられたが、その地理的範囲は照葉樹林文化論で提示された「東亜半月弧」とも重なる。したがって、「東亜半月弧」は稲作の起源地でもあると見なされ、照葉樹林文化が発展していった。先に記したように、照葉樹林文化には「稲作が卓越する段階」というステージが明確に位置づけられており、稲作が照葉樹林帯で発展したということが、照葉樹林文化論のベースにあることは言うまでもない。[*6]

しかし、考古学の年代測定技術の向上や古い遺跡から出土した炭化米のＤＮＡ分析などの新しい分析手法の出現で、稲作の起源地は、アッサム・雲南ではなく、長江中下流域とされるようになった。すると、「東亜半月弧」と稲作の起源地が一致しない。さらに現在の長江中下流域は、照葉樹林帯ではないので、照葉樹林文化と稲作の起源地の関係にも疑問符が付くようになり、照葉樹林文化論の根底そのものが大きく揺らぐことになったのである。

佐々木高明は、『照葉樹林文化とは何か――東アジアの森が生み出した文明』において、『続・照葉樹林文化』での議論では、中尾佐助と意見の相違があったと述べている。佐々木高明は、

「雑穀を主とした焼畑農耕段階」までが照葉樹林文化であり、「稲作が卓越する段階」は照葉樹林文化ではなく稲作文化にすべきだと主張したという。その主張は、佐藤洋一郎（植物遺伝学）、堀田満（植物分類学・熱帯植物学）、安田喜憲（地理学・環境考古学）といった、中国と東南アジアでイネや各種植物の起源を探る日本を代表する研究者らとの対談の中で何度も繰り返し出される。[*7] しかし、その対談において、照葉樹林文化論では、年代の違うものが、一緒くたに議論されてきたことを佐藤洋一郎によって指摘され、佐々木高明自身もそれが照葉樹林文化論の弱みであることを認めるという会話が収められている。また、討論では特定の文化要素が生まれた数千年前の植生帯と、現在の照葉樹林帯の分布は必ずしも一致していないということも論じられた。

しかし、照葉樹林文化論と稲作の起源との関係に限って言えば、否定されるものではない。イネが栽培化され始めた六〇〇〇年以上前の時代は、気温が今よりも高い完新世の気候最温暖期であったので、長江中下流域が照葉樹林帯であった可能性がある。[*8] そうすると、稲作が始められた当時と現在では、照葉樹林帯の分布が異なっており、照葉樹林帯で稲作が始まったとする説を完全に否定することはできない。また、現在は長江中下流域に野生稲は見られないが、おそらく当時は野生稲もあったのだろう。

佐々木高明が、照葉樹林文化と稲作文化は別物だと主張し、照葉樹林文化論は「雑穀を主とした焼畑農耕段階」までと主張したのは、稲作の起源地が長江中下流域とされる前であった。もし、佐々木高明の主張が通り、照葉樹林文化論は稲作文化以前に成立した文化要素だけで成立するものとして、世に送り出されていたら、照葉樹林文化論は批判されることもなかったであろう。しかし、照葉樹林文化論は注目されることもなかったのではなかろうか。日本人にとって、米は特別な食べ物であり、稲作は最も重要な経済活動である。それがどこで開始され、どのように日本に伝わったのかというのは、誰もが関心を持つテーマであり、照葉樹林文化論は、そのテーマに積極的に挑んだことで、多くの人びとの関心を集めたのだと思う。

ここまでは、イネに関する議論であるが、本書で扱ってきた納豆と照葉樹林文化との関係はどうなのであろうか。すでに第二章で中尾佐助の「ナットウの大三角形」について述べたが、中尾佐助が納豆の「仮説センター」を雲南に置いたのは照葉樹林文化論の「東亜半月弧」がベースになっていることは明らかである。しかし「東亜半月弧」は、現在の照葉樹林の分布から考えて導き出されたものであり、納豆がつくられ始められた時期のセンターを雲南とすべきであったのかどうかは分からないということになる。

加えて、ダイズの栽培がいつから始まったのかという議論と照葉樹林文化論の発展段階の間には、埋めがたい年代的な差が生じている。照葉樹林文化論においては、「雑穀を主とした焼畑農耕段階」で納豆や味噌のような発酵大豆食品が発展したとされた。納豆の原料となる大豆が栽培化されたのは紀元前約三〇〇〇年頃で、今より約五〇〇〇年前となるのだが、その時期は、すでに「雑穀を主とした焼畑農耕段階」ではなく「稲作が卓越する段階」である。焼畑農耕の起源は分からないが、低地での稲作は少なく見積もっても五〇〇〇年前よりも古い時代に中国では見られた。もし、「雑穀を主とした焼畑農耕段階」で納豆がつくり始められたとすれば、五〇〇〇年よりもずっと古い時代になり、まだダイズが栽培化され始める前ということになってしまう。照葉樹林文化論の発展段階に立脚して納豆の起源を探ろうとすれば、ダイズではない、おそらくダイズの原種である野生ツルマメや半野生ダイズのグリシン・グラシリスでつくっていたということになるのだろうか。野生種だろうが半野生種だろうが、それらの豆を茹でて、放置しておいたら枯草菌で発酵して納豆のようになったという可能性は否定できない。しかし現在、大豆以外の豆で納豆をつくっている事例を見ることができない。残念ながら、納豆がつくられ始めた当初にどのような豆が用いられていたのか、それを探る術はない。ダイズが栽培化されて、その後に納豆がつくられ始めたと考えれば、紀元前約三〇〇〇年以降となり、「稲作が卓越する段階」で生まれた食文化であると修正すべきであろう。

納豆の研究に関しては、自然科学系の研究者や食文化研究家と称する人たちが、照葉樹林文化論で論じられた「東亜半月弧」の地域を、何の疑いもなく、東南アジアやヒマラヤでつくられている納豆の起源地と推定する例が見られる。現在の分布域だけで考えれば、照葉樹林帯に納豆が多く見られることは事実であり、照葉樹林文化論と結びつけたくなる気持ちは分かる。しかし、納豆という食べ物がいつ頃成立したかが分からない以上、年代の概念がない照葉樹林文化論に立脚して、その起源地を求めるのは非常に危険である。

そもそも照葉樹林文化論は、ある食文化や物質文化の起源を求めるための理論ではない。それら諸文化要素がどのような段階で発展したものなのか、また個々の文化要素は他の文化要素といかに影響し合っているのか、そして狩猟採集、焼畑耕作や水田稲作といった生業形態と個々の文化要素はどのように結びついているのかといった、文化複合の様相を説明するための理論である。

照葉樹林文化論だけに依拠して、それに引っ張られるのは良くない。納豆の起源を考える際は、まず自分の目で見てきた事実、民族の移動の歴史、そして照葉樹林文化論で論じられた文化複合を総合的に加味しながら論じる必要がある。

植物の利用と納豆の発展段階論

私は、これまで、どの民族がどのように納豆をつくっているのかを、特に菌の供給源となる植物利用を中心に聞き取ったり、また実際にその植物を採取したりしながらフィールド調査を実施してきた。植物を重視したのは、茹でた大豆に菌を付けるためには、植物が必要だからである。中尾佐助も納豆の特徴について、「ナットウはいわば大豆と植物とそれにつく菌の三種の、植物複合文化となっている」と述べ、植物の重要性を訴えている。[*9]

では、植物の種類を見ると、伝播経路が分かるのかと言われれば、そう単純ではない。しかし、植物の利用を見れば、各地の納豆はどの段階の納豆なのか把握できるのではないかと考える。これを「納豆の発展段階論」の仮説として提示してみたい。

必ず最初に納豆をつくった人がいる。もしかして、茹でた大豆をバナナの葉で包んでいたら、意図せず偶然に納豆が出来上がったのかもしれない。その人は、納豆をつくろうと思っていなかったとしても、何らかの目的で茹でた豆を包んだのである。豆を包むための葉を選ぶ際、何でも良いとは思っていなかったはずだ。身の回りの限られた環境の中から、包むという目的に最も適合した葉を選択する。たとえば、東南アジアやヒマラヤでは、集落の周りには、バナナ、フリニウム、フタバガキ、チーク、イチジクなどの大きな葉をつける植物が生育している。いくつかのオプションがある中で、その人が、豆を包むという目的のためにバナナという特定の植物を選んだと仮定する。

偶然にできた納豆であったとしても、再度同じものをつくろうとしたら、前回と同じバナナの葉を使うだろう。同じ葉を使えば、一定の質の納豆をつくり続けることができるからである。これが最も古い納豆のつくり方で、「納豆発展の第一段階」と考える。

おそらく集落の周りには、モノを包むために使う葉というのは多数あるだろう。バナナの葉以外でモノを包むために使われている葉を一通り試すに違いない。その中で、バナナよりも美味しく納豆をつくることができる葉が見つかる。試したがバナナが最も美味しい納豆ができるということになり、結局はバナナに落ち着くこともある。どちらにしろ、包むという発酵のさせ方で最適な葉を周りの環境から探すというのが、「納豆発展の第二段階」である。この第二段階は、おそらくさらに細かく分けることができるだろう。

茹でた大豆から納豆が出来上がった時は、偶然であったのだから、おそらく少量の大豆しか葉に包まなかったと考えられる。移動の時に持ち運ぶことを目的にしたのかもしれない。このように少量を葉に包むという段階を「納豆発展の第二a段階」とする。一方、納豆が食料として認知されているのだから、もっと大量につくろうとする。とすれば、より大量の大豆を葉に包むという方法につくり方がシフトするだろう。大量の大豆を葉に包む段階を「納豆発展の第二b段階」

とする。

やがて、納豆のつくり方そのものに変化が現れる。たとえば竹カゴを使って発酵させるなどといった、様々な工夫が見られるようになる。その時、植物の葉は「包む」ではなく、「敷く」ことを目的に使われるものへと変化する。包むために使っていた葉をそのまま使うのが普通だと思うが、もしかして、もっと美味しくつくることができる葉を見つけることができるかもしれない。包まなくても良いのだから、より選択肢は増えるだろう。おそらく、シダ植物などは、その典型例だろう。これが、「納豆発展の第三段階」である。

さらに、様々な試行錯誤をへて、最終的に東南アジアやヒマラヤの人びとは、植物の葉を使わなくとも、納豆ができることに気がつく。しかし、自然界の枯草菌が茹でた大豆を発酵させているということは、実際に納豆をつくっている人は知らない。この時、使われるのは、竹カゴであったり、麻袋であったり、プラスチック・バッグであったりする。これを、「納豆発展の第四段階」とする。

この発展段階論の中に日本の納豆の事例も入れるとするのなら、納豆菌をふりかけて発酵させるというつくり方が「納豆発展第五段階」となる。培養した菌をスターターとするという、人工的に菌を供給する方法である。

東南アジアとヒマラヤの納豆の発展段階

では、各地がどのような段階の納豆をつくっているのか、地図に示してみよう（図7－1）。

第一段階と第二段階を見分けるのは、不可能である。したがって、植物の葉で包んで発酵させていた納豆は、すべて第二段階とした。しかし、包む場合でもミャンマー・カチン州のバモーやミッチーナで見たように（第五章、一七一－一七七頁）、一度で使い切るぐらいの少量の大豆をイチジク属の葉に包んで発酵させる場合と、プータオのジンポー族のように（第五章、二〇〇－二〇四頁）、フリニウム属とパンノキ属の葉を組み合わせて、一度に大量の大豆を発酵させる場合の二つの事例が見られた。バモーやミッチーナのような少量の煮豆を包んで発酵する方法は、第二a段階である。それに対して、プータオの方法は、大量の納豆をつくるために適した葉を探して利用しているから、これは第二b段階である。プータオのジンポー族は、売る時に個別に包めば良く、発酵させる時に包む必要はないと述べていたので、第二b段階は、第二a段階よりも、大量生産を指向したつくり方と言える。

第三段階の納豆は、東南アジアとヒマラヤで最も多く見られるつくり方であることがわかる。発酵容器として使われているのは、すべて竹製のカゴもしくはザルである。地域ごとに、カゴやザルにも違いがあり、大きなものと小さなもの、目の粗いものと細かいものなど、その形状は様々である。しかし、ここで注目したいのは、発酵容器よりもむしろ植物である。タイでは、チークとフタバガキなどの樹木につく大きな葉が多く（表4－1）、ミャンマーでは、タイで見られた葉に加えて、シダ植物や稲ワラ、またナス科ソラナム属などが使われていた。ミャンマーで使われていた葉はいずれも食材を包む用途には適さない種の葉である。ナス科ソラナム属の葉は、

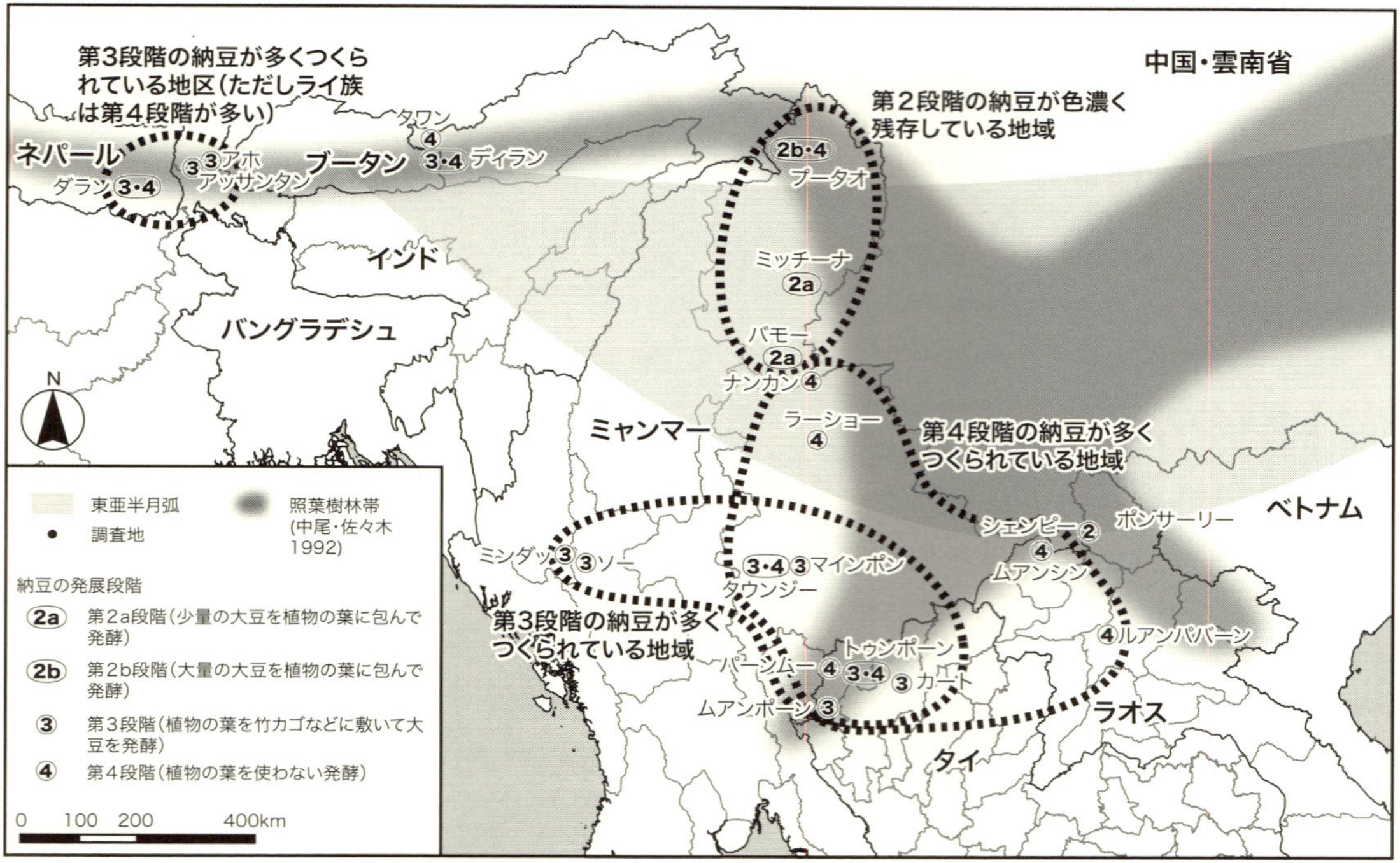

図7-1　東南アジアとヒマラヤの納豆の発展段階

タイでは発酵の時には使われず、乾燥センベイ状にする時に納豆を叩くために使われていたものである。これを菌の供給源として使っていたのは、マグウェ管区ソー郡区のビルマ系ヨーの人たちであるが（第五章、一八五－一九〇頁）、すでに第五章で述べたように、発酵終了後は葉が納豆にくっついて取り除くのが大変である。大豆を発酵させる時に敷く目的には適していないように思われた。このような柔らかい葉を用いる理由は、香りが良いからだという。

シダ植物に関しても、それを使っていたすべての住民は味が良いからだと言う。シャン州チャウマイ村のパオ族の世帯では、かつて竹の葉を使っていたが、シダ植物へと変えているし（第五章、二二二－二二四頁）、同じくシャン州のコンロン村のシャン族の世帯も、通常は稲ワラを使っているが、入手できればシダ植物がいちばん美味しい納豆ができると言う（第五章、二二六－二二九頁）。また、シッキム・アホ村のリンブー族の世帯も、かつてイチジク属を使っていたが、シダ植物のほうが味と香りが良いので、現在はシダ植物しか使わないと言っていた（第六章、二三四－二三六頁）。茹でた大豆を包んで発酵させるという段階から、敷くという段階になると、このように植物の選択の幅が一気に広がり、味を重視するようになり、多様な植物が菌の供給源として使われるようになることが分かる。

なお、シッキムのリンブー族の世帯の事例は、「納豆の発展段階論」の妥当性を証明する裏付けとなると考えている。この世帯は、菌の供給源となる植物をイチジク属の葉からシダ植物の葉へと変更したが、売るときはイチジク属の葉に包んで売るのだという。要するにイチジク属の葉は包むための葉であり、かつ発酵させる時に竹カゴに敷く葉でもあった。それが、シダ植物の出現により、イチジク属の葉に対しては包むという機能だけが残り、大豆を発酵させる役割はシダ植物が担うことになったのである。ただし、この世帯は竹カゴを昔から使っていたといい、ミャンマー・カチン州のようにイチジク属の葉で少量を包んで発酵させることはしていなかった。

第四段階の納豆は、植物を使わないで、自然界の枯草菌で茹でた大豆を発酵させるものであるが、この段階の納豆をつくっている世帯は、インド・アルナーチャルを除き、すべてが商業的な納豆生産を行っていた。ラオスのタイ・ルー族とタイ・ヌア族、タイ北部のタイ・ヤイ、そしてミャンマー・シャン州のシャン族、パオ族、ビルマ系インダーの人びと、そして東ネパールのライ族である。これらの事例は、すでに詳しく述べたが、かつては植物を使っていたが、植物の葉を探すのが大変であるとか、葉を使わなくても味は変わらないと述べる生産者が多く、できるだけ簡易的な方法で納豆をつくりたいと思っているようだ。ネパールのライ族が用いている段ボールと新聞紙でつくる納豆は、簡易的なつくり方の究極の形ではないだろうか（第六章、二四〇－二四二頁）。

また調査を実施した時点では、第三段階であるが、第四段階へと移行するのではないかと考えられるような事例も見られた。たとえば、わずかな稲ワラを竹カゴの下に敷いて発酵させているミャンマー・タウンジーの中国人である（第五章、二二〇－二二二頁）。稲ワラは何回も腐るまで繰り返し使っていた。しかも、なぜ稲ワラを敷くのか、生産者本人が分かっておらず、つくり方を教えてもらった時に稲ワラを敷くと美味しくなると言われたからだという。おそらく、稲ワラがなくてもつくれることが確認できれば、すぐに稲ワラを使わないプラスチック・バッグだけの発酵になるだろう。加えて、ネパール東部でハカマカズラ属の葉を購入して使っていたリンブー族の世帯も、その葉を複数回利用していた（第六章、二四九－二五一頁）。商業生産を行っているので、少しでも原価を抑えたいのだと思われる。発酵に使う植物の葉を複数回使うということは、第三段階から、第四段階への移行期間だと考える。

東南アジアとヒマラヤにおける納豆の形状

さて、ここまでは、植物利用から見た納豆の発展段階論の仮説を論じてきたが、納豆の起源を探るうえで、この発展段階は重要な意味を持つ。なぜなら、ある地点からある地点へ、どの段階の納豆が伝播したのかということを考えなければならないからである。

第三章で述べたラオス北部で納豆をつくっているタイ系民族の場合、中国雲南省から移住してきたことが聞き取りで分かった。しかも、移住当時から植物の葉を使わずに茹でた大豆を袋に入れて発酵させるだけの方法であった。とすれば、ラオス北部では、いきなり第四段階の納豆が中国から伝播してきたことになる。

同様の事例は、チン州ミンダッのムン・チン族の納豆（第五章、一八〇－一八五頁）やマグウェ管区ソー郡区のビルマ系ヨーの納豆（第五章、一八五－一九〇頁）にも当てはめることができそうだ。この地域は、シャン州のシャン族からの伝播だと考えられるが、それは第三段階の納豆が伝わったのだろうと推測する。もしかして、ビルマ系ヨーよりも早く移り住んだムン・チン族に関しては、バナナの葉を使っていたので、第二b段階のつくり方がシャン州から伝わったのかもしれない。

こうした事実により、中尾佐助が提示したエージ・アンド・エリアの仮説（第二章、八一－八三頁）は、そのまま当てはめることはできない。ある一点から波が広がるように納豆が外延化したわけではなく、民族の移動と共に、何段階かに分けて納豆が広がったと考えるのが妥当である。しかも、いきなり第四段階のような、中尾佐助が述べるところの「高度化ナットウ」が伝わることもある。しかし、納豆の加工の歴史を考えると、エージ・アンド・エリアの仮説も完全に否定することはできない。粒状納豆が加工納豆のベースとなっていることは、すでに第二章の図2－2で示した通りであり、加工した納豆がある地域のほうが粒状納豆しかない地域よりも古いのかもしれない。そこで、各地がどのような形状の納豆をつくっているのか、地図に示してみた（図7－2）。

すると、東南アジア地域では、粒状納豆の地域、乾燥センベイ状納豆の地域、そしてひき割り状納豆が西から東へと少しずつ重なり合いながら分布していることが分かった。地図化して、ここまで見事に分かれるとは思っていなかったので驚きである。また、ヒマラヤ地域に関しては、ネパール系民族がつくる納豆は干し納豆で、アルナーチャルのチベット・ビルマ系のモンパ族がつくる納豆は味噌状納豆であり、東南アジアとは完全に異なる形状であった。

先に示した納豆の発展段階の地図（図7－1）と照らし合わせてみると、東南アジア地域は、粒状納豆の地域が第二段階と第三段階、そして乾燥センベイ状納豆とひき割り状納豆の地域が第三段階と第四段階であった。ヒマラヤ地域は、すべて第三段階と第四段階である。

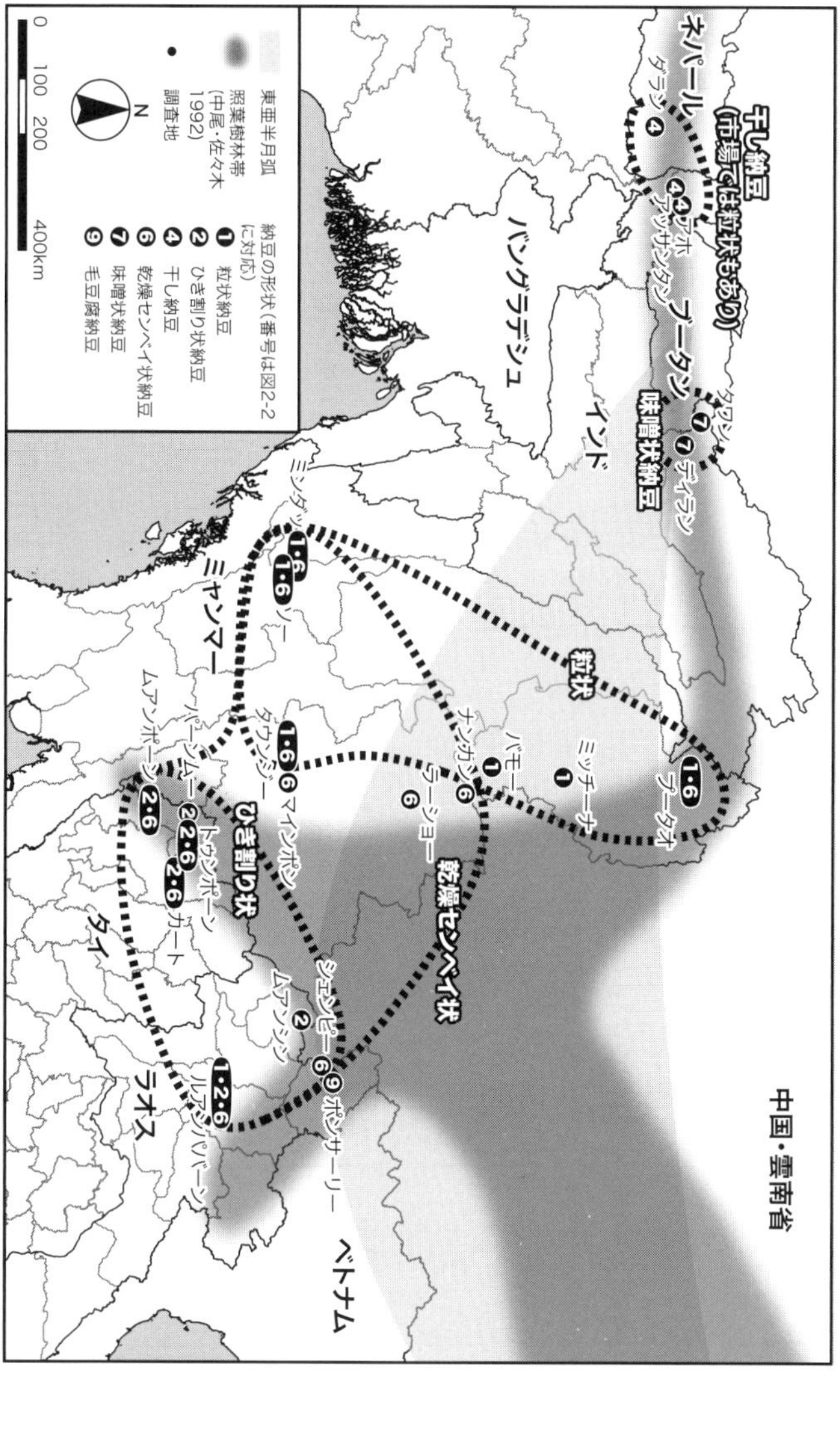

図7-2　東南アジアとヒマラヤの納豆の形状

さて、このような結果から、導き出される結論としては、粒状納豆の場合、必ず菌の供給源として植物の葉を使って大豆を発酵させている。その一方、乾燥センベイ状納豆、ひき割り状納豆、干し納豆、味噌状納豆などの粒状納豆を加工したものは、植物の葉を使わない場合も多い。

中尾佐助が「高度化ナットウ」と称するのは、単に干したり、ひき割り状にしたりしただけでなく、ひき割り状にして塩やトウガラシを入れ、熟成させたり、乾燥センベイ状にしたりする納豆のことを指している。粒状納豆が卓越する地域は、主にミャンマー・カチン州であり、乾燥センベイ状納豆が卓越しているのはミャンマー・シャン州からタイ北部にかけての地域である。ラオス北部も乾燥センベイ状が多く見られるが、その歴史は新しいので、ここでは議論の対象から外す。また、熟成させた味噌状納豆はインド・アルナーチャルに見られる。

単純に考えると、粒状納豆をつくっているカチン州のジンポー族やラワン族よりも、乾燥センベイ状納豆をつくっているシャン州のシャン族やパオ族のほうが納豆をつくっている歴史が長いということになる。しかし、納豆の発展段階論で考えると、どちらも同じである。カチン州のラワン族は、植物の葉を使わない第四段階の粒状納豆をつくっていた（第五章、一九四－一九八頁）。その反対にシャン州では稲ワラやシダ植物を竹カゴに敷く第三段階の乾燥センベイ状納豆をつくっていたのである。必ずしも、加工した「高度化ナットウ」のほうが長い歴史を有するとは言い切れない。民族によって、食の嗜好が異なり、また納豆の利用のされ方も異なっており、カチン州の民族のように、粒状のまま納豆を食べるのを好む人たちもいるのである。こうした場合、納豆を加工する次の段階へは進まない。日本人も粒状の糸引き納豆を好んで食べる民族であり、「高度化ナットウ」は非常に少ない。ただし、発展段階は、より高次の段階である第五段階へと進んでいる。

よって、発展段階論をベースに考えると、納豆の起源地は一元論ではなく、おのずから多元論になる。発展段階論は、茹でた大豆を放置しておくと、納豆になるという極めて高い可能性をベースに考えたものである。それはどこか一カ所で起こるものではなく、どこでも簡単に起こりうる現象である。

それでは、もう少し個々の地域にフォーカスをあてて、納豆の起源地について考えてみたい。

東南アジアとヒマラヤの納豆の起源地

最終的に、フィールド調査、植物利用から導き出した納豆の発展段階論、そして納豆の形状などから導き出した東南アジアとヒマラヤの納豆の起源地を図7-3に示す。

ラオスについては、中国からの移住とミャンマー・シャン州およびタイ北部からの伝播であると考えている。その詳細は、すでに第三章において説明したので、ここでは割愛する。

ミャンマーのシャンとタイのタイ・ヤイは、全く同じ民族であり、彼らの納豆はともに乾燥センベイ状が中心となっているので、この二つを分ける理由は全くない。ただし、タイのタイ・ヤイはモチ米を食べるので、モチ米につけて食べるためのひき割り状納豆が発達したが、タイと比べるとモチ米を食べる頻度が低いミャンマーのシャンではひき割り状は発達しなかった。

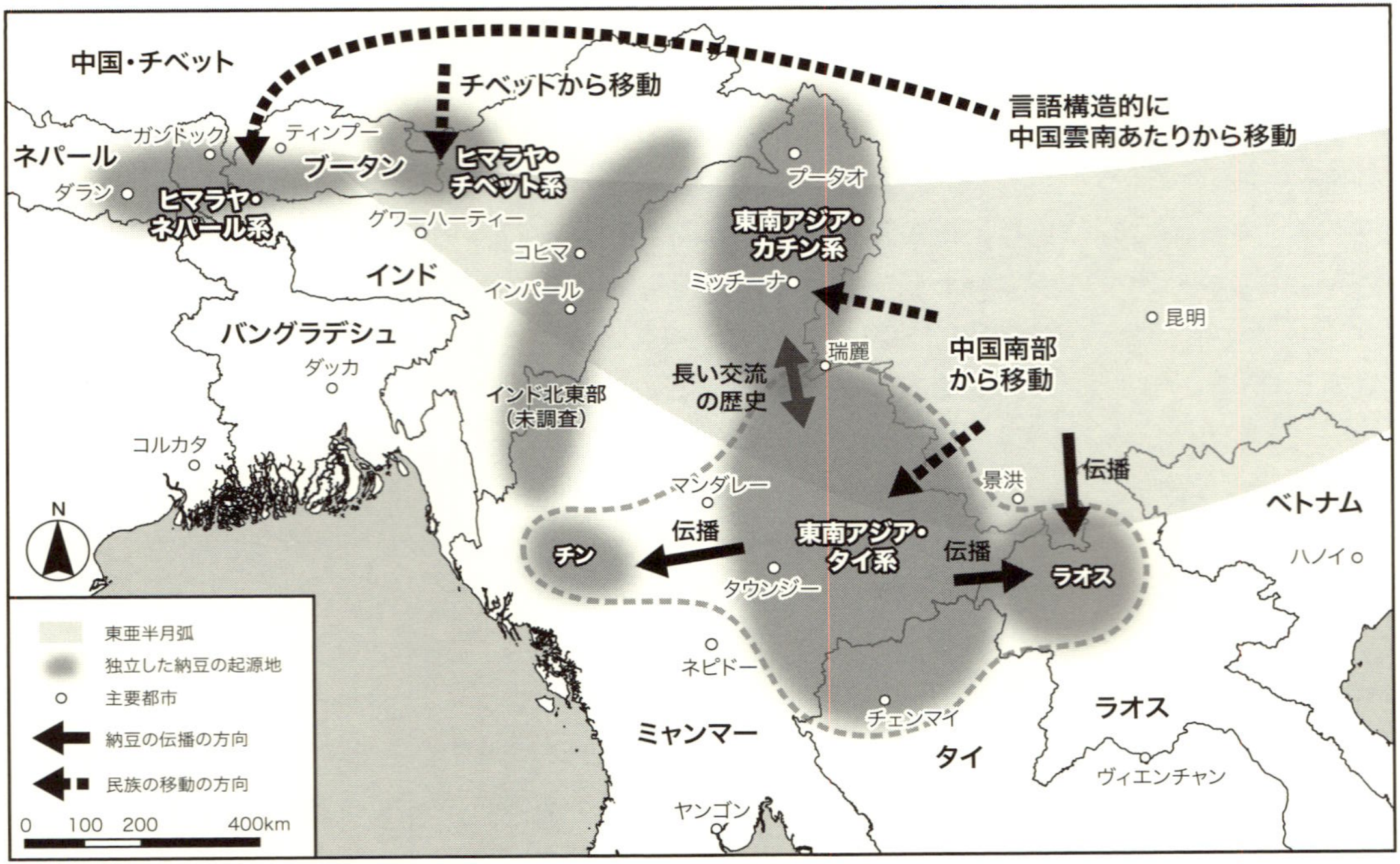

図7-3　東南アジアとヒマラヤの納豆の起源地

タイのタイ・ヤイが生活する範囲には、同じタイ系民族のコンムアンが住み、納豆を生産している。どちらもともにかなり古い時代からタイ北部に住んでいた。コンムアンとシャンのどちらが先に納豆をつくり始めたのかは分からない。しかし、タイ・ヤイと比べると、納豆を生産しているコンムアンは少ないことから考えると、シャンのほうがより古くから納豆をつくっていたのではないかと推測する。

また、ミャンマー側のシャンが生活する範囲には、タウンジー付近に限っていえば、かなり多くのパオ族が生活している。パオ族の納豆は乾燥センベイ状だけではなく、粒状納豆もある。種類だけを比較すると乾燥センベイ状しかつくらないシャンよりも多いが、彼らはチベット・ビルマ系の民族であり、タウンジーよりも南方に住んでいたので、タウンジー付近でシャンと出会ったことで、納豆をつくり始めたと考える。

チン州ミンダッとマグウェ管区ガンゴー県ソー郡区では、大豆と納豆の呼称から、かつてバガン近くに住んでいた時にシャンから伝わったものであろう。しかし、この地域は厚焼きクッキーのような乾燥センベイ状納豆をつくっており、なぜこの地域だけ、このような形状を呈しているのか、よく分からない。これは推測の域を出ないが、シャンと同じ地域に住んでいた時代は、シャンの人びとも手で形を整えただけの厚焼きクッキーのような納豆をつくっていたのではないだろうか。その後、チン州南部の人びと、そしてソー郡区のビルマ系ヨーの人びとはシャンと分かれて、現在の場所に居を構えた。そして、古い時代のつくり方のまま、発展せずに現在に至っている。一方、シャンの人びとは、ナス科ソラナム属のような葉毛の多い葉で納豆を潰すようになり、さらに木で叩いて潰す方法に切り替わり、現在では、木製の道具を使って潰すようになった。このように考えると上手く説明がつくのである。すなわち、シャンの最も古い乾燥センベイ状納豆の姿がチン州ミンダッとマグウェ管区ガンゴー県ソー郡区に残っているということである。

したがって、「東南アジア・タイ系」には「ラオス」と「チン」のサブグループを含めて、かなり大きな範囲の一つの納豆起源地を設定することができる。

では、次に「東南アジア・カチン系」について考えてみたい。カチンに住むジンポーやラワンなどの民族とシャン州に住むシャンは、出自は中国南部であるが、言語族も違い、それぞれの経路を辿って現在に至っている。シャンと同じ出自と言われているカムティ・シャンと呼ばれる人たちが、カチン州にも住んでいるが、なぜか納豆をほとんどつくらない（第五章、一九二―一九三頁）。シャン州にも北シャンにはカチンの人びとが住んでおり、一方のカチン州にもシャンの人は住んでいるので、当然のことながら互いに古くから交流はあっただろう。しかし、納豆の伝播を考えたとき、カチンからシャンなのか、それともシャンからカチンなのか、もしくは、独立発生的に双方の地区で生まれたものなのか分からない。納豆の発展段階を示す図7－1を見る限り、カチンとシャンでは明確な違いが生じているが、納豆の形状を示す図7－2では、カチンからシャンへ連続的な変化が示されている。しかし、菌の供給源として利用されている植物を比較すると、カチンでは、クワ科パンノキ属、クワ科イチジク属、クズウコン科フリニウム属が使われていたのに対し、シャンでは、シダ植物、稲ワラ、フタバガキ科フタバガキ属、チーク（シソ科チーク属）であり、まったく共通性がないことが分かった。したがって、独立した起源地として「東南アジア・カチン系」とした。

ただし、私は最も重要なミャンマーと中国の国境地域である中国側の徳宏地区でのフィールド調査を実施しておらず、その地域を調べずに起源を論じることは避けたい。[*10] ミャンマー側と中国側でモザイクをなしている民族分布は、納豆のつくり方にも大きな影響を与えているだろう。シャン州ムーセーからカチン州ミッチーナに至る地域では、地図上では国境線が引かれているものの、ミャンマー側も中国側も同じ民族が住んでおり、民族集団レベルでの交流が非常に盛んである。使われている言葉も同じで、食文化も共通である。しかも、シャン州とカチン州のちょうど境界であり、相互のインタラクションを考えるには、徳宏のフィールド調査は必須と考える。

次に、アルナーチャルの「ヒマラヤ・チベット系」であるが、熟成させた納豆のリビイッパをつくるチベット系のツァンラの人びとが住むブータン東部も含まれる。この地域の納豆は、形状も発酵のさせ方も他の地域と似たところが全くない。標高が二五〇〇メートルを超えるところで、植生も異なるため、植物利用も特殊である。完全に独立しているため、独立起源であると考える。

最後に「ヒマラヤ・ネパール系」であるが、東ネパールからシッキム、また西ベンガル州ダージリン地区、またブータン南部にはネパール系の民族が居住し、キネマをつくっている。隣り合う「ヒマラヤ・チベット系」との共通点は全くない。イチジク属の葉を用いた植物利用は「東南アジア・カチン系」と共通し、またシダ植物を用いている点では「東南アジア・タイ系」と共通する部分があるが、「ヒマラヤ・チベット系」と東南アジアを結びつけることのできる要素はほとんどない。したがって、「ヒマラヤ・チベット系」も独立起源地と考える。

民族移動と納豆の起源の関係

さて、本書で扱った民族は、アルナーチャルのモンパ族を除き、中国南部が出自の民族である。もっとも明快に起源を説明しようとするならば、中国南部に起源地を置き、そこから、東南アジア大陸部とヒマラヤに拡散したという一元説を採択すべきであろう。

しかし、ネパール東部のキランティ諸語を話すライ族やリンブー族などの人たちは、言語構造からみて、中国雲南省あたりの人びとが祖先だろうと言われているが[*11]、それはいつの時代かも分からない。その昔、ライ族やリンブー族が中国雲南省に住んでいたとされる時に、すでに祖先と言われる人たちが納豆をつくっていて、彼らが移動した先でも、常に納豆をつくり続け、それが現在のネパール東部のキネマなのだと、だれが証明できるであろうか。

それは「東南アジア・タイ系」のシャンやタイ・ヤイも同じである。ただし、「東南アジア・タイ系」に関しては、ある程度、移動の経路が分かっている。それよりも、雲南省西双版納《シップソーンパンナー》の範囲を「東南アジア・タイ系」に含めてしまっても良いかもしれない。その場合、景洪《ジンホン》よりも若干南に範囲が拡大する。西双版納では、加工された納豆が多いが、今でも、東南アジアとよく似たつくり方で乾燥センベイ状納豆が生産されている[*12]。その「東南アジア・タイ系」では、この範囲以外では見られない独自の乾燥センベイ状納豆が発展していった。

私の考え方は、起源論仮説である。まずは、民族の移動を考え、民族の出自を明らかにした上で、現在生活している場所でどのように納豆が発達していったのかを解明するという試みである。

古い時代の考古史料も文献資料も残っていない納豆について、民族の移動時に、納豆も一緒に移動したのかどうかまでは明らかにすることは困難である。しかし、現時点での納豆を発展段階論という考え方、また形状との関係から、移動した先でどのように納豆が発展していったのかを明らかにするのは可能である。

その結果、「東南アジア・タイ系」、「東南アジア・カチン系」、「ヒマラヤ・ネパール系」、「ヒマラヤ・チベット系」の四地域を抽出することができた。それぞれの地域は、ある場所から移動してきた後に独自の納豆文化を形成していったのである。それは、現時点での調査結果から、独立した起源地として論じても良いと私は考える。

しかし、課題も残されている。「東南アジア・タイ系」と「東南アジア・カチン系」は一つの起源地として統合できる可能性がある。これは、中国雲南省徳宏地区および西双版納地区の調査によって明らかになる日が来るであろう。また、インド北東部の調査を実施しておらず、この地域の納豆については空白である。シッキム大学のタマン教授の調査データ[*13]などを加えていくことによって、ある程度は埋めることができるので、それは別の機会で議論したい。

最後に、東南アジアとヒマラヤの納豆の調査を行って不安に思っていることがある。それは、私が提案した発展段階論において、急速に第四段階の納豆が増えていることである。納豆をつくるための伝統的な植物利用がどんどんと失われている。アルナーチャルで調査をしたシャクナゲでつくる納豆など、非常にユニークであり、地域の伝統的な植物利用の形態として注目すべきである。しかし、今はもうほとんど使われていない。次世代には忘れ去られてしまうだろう。ネパール東部では、段ボールと新聞紙でつくる納豆が普及し、東南アジア大陸部ではプラスチック・バックの勢いが止まらない。日本からワラ苞でつくる納豆が消えてしまったように、いつか東南アジアとヒマラヤからも、植物の葉でつくる納豆が消えてしまうのだろうか。東南アジアとヒマラヤ地域の開発が急速に進んでいると同時に、納豆のような伝統的な食品もまた急速に変化しているのである。

注

序章

＊1　上山春平編（一九六九）『照葉樹林文化――日本文化の深層（中公新書）』中央公論社。

＊2　上山春平・佐々木高明・中尾佐助（一九七六）『続・照葉樹林文化――東アジア文化の源流（中公新書）』中央公論社。

＊3　全国納豆協同組合連合会　第三回納豆研究奨励金「ラオスの納豆「トゥア・ナオ」の製造・販売・利用・食文化の総合調査」（代表者：横山智）。

＊4　納豆菌と納豆菌以外の枯草菌との違いは、納豆菌がビオチン要求性（ビタミンの一種であるビオチンを自ら生産できないので外部からの摂取が必要）を示すこと、そして糸（γ－ポリグルタミン酸）を生成することであるのに対し、納豆菌以外の枯草菌はこれらの特性を示さない点にある。よって、納豆菌は枯草菌とは別種の菌だとされていた。しかし、枯草菌の中に、ビオチン要求性がなくても糸が引く菌株が見つかったため、日本で納豆菌と呼ばれていた *Bacillus natto* SAWAMURA という菌の分類はなくなった。現在は、枯草菌の変種（*Bacillus subtilis* var. natto）とされている。日本では特定の種類の枯草菌を納豆の製造に使っているので、それを今でも納豆菌と称しており、本書でも、日本で納豆をつくるための枯草菌は東南アジア大陸部やヒマラヤで納豆をつくるための枯草菌と区別しなければならないので、納豆菌として表記することにしたい。

＊5　第二四回アサヒビール学術振興財団研究助成・生活文化部門「ミャンマーとタイ北部における無塩発酵大豆食品の利用に関する文化地理学的研究」（代表者：横山智）。

＊6　二〇一二年度科学研究費補助金・挑戦的萌芽研究「ナットウの起源と伝播の解明に向けた基礎的研究」（研究課題番号：二四六五二一六〇、代表者：横山智）。

第一章

＊1　前田和美（一九八七）『マメと人間——その一万年の歴史』古今書院、五〇頁。
＊2　阿部純・島本義也（二〇一〇）「大豆の起源と伝播」喜多村啓介他編『大豆のすべて』サイエンスフォーラム、三－一二頁。
＊3　阿部純・島本義也（二〇一〇）前掲論文。
＊4　吉田集而（一九九三）「大豆発酵食品の起源」佐々木高明・森島啓子編『日本文化の起源——民族学と遺伝学の対話』講談社、二二九－二五六頁。
＊5　杉山信太郎（一九九二）「大豆の起源について」『日本醸造協会誌』八七、八九〇－八九九頁。
＊6　種子タンパク質のトリプシンインヒビター座の解析結果から「黄河中下流域」がダイズ栽培の起源地である可能性が高いとされる。阿部純・島本義也（二〇一〇）、前掲論文、三－一二頁。
＊7　山内文男（一九九二）「大豆食品の歴史」、山内文男・大久保一良編『大豆の科学（シリーズ〈食品の科学〉）』朝倉書店、一－一三頁。
＊8　濱屋悦次・山下洵子（二〇〇二）「日本の食文化における大豆の存在意義——人口成長と大豆の蛋白質」『看護学統合研究（広島文化学園大学看護学部紀要）』三（二）、九－一七頁。
＊9　小畑弘己・佐々木由香・仙波靖子（二〇〇七）「土器圧痕からみた縄文時代後・晩期における九州の大豆栽培」『植生史研究』一五（二）、日本植生史学会、九七－一一四頁。
＊10　原田信男（二〇一〇）『日本人は何を食べてきたか（角川ソフィア文庫）』角川学芸出版、一〇六－一一〇頁。
＊11　木村茂光（一九九六）『ハタケと日本人——もう一つの農耕文化（中公新書）』中央公論社、七八頁。
＊12　前田和美（一九八七）前掲書、二三六頁。
＊13　吉田よし子（二〇〇〇）『マメな豆の話——世界の豆食文化をたずねて（平凡社新書）』平凡社、三二一－三三三頁。

＊14　岡田哲（二〇〇三）『たべもの起源事典』東京堂出版、三五頁。
＊15　高尾彰一（一九九〇）「納豆菌研究の近代史――特記に値する半沢博士の熱意と業績」『食の科学』一四四、三八－四三頁。
＊16　小泉武夫監修（二〇一〇）『日本全国　納豆大博覧会』東京書籍、二〇－二三頁。
＊17　久保雄司・中川力夫・長谷川裕正（二〇一一）「有色素大豆加工に適した納豆菌に関する試験研究」『茨城県工業技術センター研究報告』四〇（http://www.kougise.pref.ibaraki.jp/periodical/reseach/40/vol40-06.pdf）。
＊18　渡辺杉夫（二〇〇二）『納豆――原料大豆の選び方から販売戦略まで（食品加工シリーズ5）』社団法人農山漁村文化協会、二七頁。
＊19　全国納豆協同組合連合会（二〇一三）「納豆に関する調査」調査結果報告書（http://www.710.or.jp/reseach/pdf/130614.pdf）。二〇一四年八月二四日閲覧。
＊20　フーズ・パイオニア編（一九七五）『納豆沿革史』全国納豆協同組合連合会、一八〇－一八一頁。
＊21　伊藤寛・童江明・李幼筠（一九七六）「中国の豆豉（糸引き納豆から粒味噌まで）1」『味噌の科学と技術』四四（七）、三－八頁。
＊22　木村晟（一九八四）「『唐大和上東征伝』の解読本文」『駒澤大學文學部研究紀要』四二、六三－一一七頁。
＊23　松下幸子（二〇〇九）『図説　江戸料理事典』柏書房、二六二－二六三頁。
＊24　朝倉治彦校注（一九九〇）『人倫訓蒙図彙（東洋文庫）』平凡社、一六六頁。
＊25　藤田真一・清登典子編（二〇〇〇）『蕪村全句集』おうふう、五三三頁。
＊26　藤原明衡・川口久雄訳注（一九八三）『新猿楽記（東洋文庫）』平凡社、一〇六－一一六頁。
＊27　藤原明衡・重松明久校注（二〇〇六）『新猿楽記・雲州消息』現代思潮新社、三一－三二頁。
＊28　フーズ・パイオニア編（一九七五）前掲書、一八頁。
＊29　永山久夫（一九七六）『たべもの古代史』新人物往来社、一四九頁。

＊30　平野雅章（一九九〇）「納豆文化考」『食の科学』一四四、一六-二二頁。
＊31　尾崎直臣（一九七八）「『新猿楽記』食物考（二）」『駒沢女子短期大学研究紀要』第一二号、一〇一-一一六頁。
＊32　黒羽清隆（一九八四）『生活史でまなぶ日本の歴史』地歴社、七五-七九頁。
＊33　伊藤寛・童江明・李幼筠（一九七六）前掲論文、三-八頁。
＊34　川上行蔵・小出昌洋編（二〇〇六）『完本 日本料理事物起源』岩波書店、一五六-一五八頁。
＊35　柴田芳成（二〇〇三）「『精進魚類物語』作者に関する一資料」『京都大学國文學論叢』一〇、五二-五五頁。
＊36　フーズ・パイオニア編（一九七五）前掲書、一三-六二頁。
＊37　中央日報／中央日報日本語版（二〇〇八年四月一五日）「韓国の清麹醤 vs 日本の納豆（1）」(http://japanese.joins.com/article/773/98773.html)。二〇一四年九月一三日閲覧。
＊38　松本忠久（二〇〇八）『平安時代の納豆を味わう』丸善プラネット、四二-四八頁。
＊39　木村啓太郎・久保雄司（二〇一一）「納豆菌と枯草菌の共通点と違い」『日本醸造協会誌』一〇六（一）、七五六-七六二頁。
＊40　吉田集而（一九九三）前掲論文、二二九-二五六頁。
＊41　石毛直道・ケネス＝ラドル（一九九〇）『魚醤とナレズシの研究――モンスーン・アジアの食事文化』岩波書店、八〇-九四頁。

第二章

＊1　岩田慶治（一九六三）「東南アジアの市場とその商品」『人文研究』一四（一〇）、四一-五五頁。
＊2　ジンポー族の別称としてカチン族という言葉が使われることが多いが、カチン族という民族集団は存在しない。ジンポー族の下部にはいくつかの集団が存在するが、それが文化的、地理的、言語的に互いに交差しており単純に分類できない。たとえばジンポー語のA方言を話す集団はAというリ

ネージ（出自集団）に属するとした場合、Aというリネージが、みなA方言を話すわけではなく、その中にB方言やC方言を話す集団もいるという具合だ。従って、言語で民族を分けることもできないし、出自で分けることもできないという複雑な状況が生じる。これを説明しようとするとそれだけで何十頁もの紙幅を割かなければならない。本書では、ジンポー語の方言を話す人々を分類せず、すべてジンポーと記すことをここで断っておく。このようなカチンの社会構造に興味のある方は次の文献をあたってもらいたい。

E・R・リーチ［関本照夫訳］（一九八七）『高地ビルマの政治体系』弘文堂。

澤田英夫（一九九八）「チベット・ビルマ諸語」新谷忠彦編『黄金の四角地帯――シャン文化圏の歴史・言語・民族』慶友社、四七-六一頁。

吉田敏浩（二〇一一）「カチン世界」伊藤利勝編『ミャンマー概説』めこん、四七五-五三八頁。

＊3　吉田よし子（二〇〇〇）『マメな豆の話――世界の豆食文化をたずねて（平凡社新書）』平凡社、六九頁。

＊4　松田正彦氏、私信。

＊5　吉田集而（一九九八）「ナガランド――稲芽酒と納豆」『季刊民族学』八三、三四-四五頁。

＊6　中尾佐助（一九七二）『料理の起源（ＮＨＫブックス）』日本放送出版協会、一二一-一二四頁。

＊7　ジョティ・プラカッシュ・タマン（二〇〇一）「キネマ」『Food Culture（キッコーマン国際食文化研究センター）』三、一一-一三頁。

＊8　Hymowitz, T. 1970. On the Domestication of the Soybean. *Economic Botany* 24(4), pp. 408-421.

＊9　Tamang, J. P. 2010. *Himalayan Fermented Foods: Microbiology, Nutrition, and Ethnic Values*. CRC Press, pp. 230-231.

＊10　Singh, A. et al. 2007. Cultural significance and diversities of ethnic foods of Northeast India. *Indian Journal of Traditional Knowledge* 6(1), pp.79-94.

＊11　田中直義（二〇〇八）「シエン」木内幹・木村啓太郎・永井利郎編『納豆の科学――最新情報に

よる総合的考察』建帛社、二〇三‐二〇八頁。
＊12　吉田よし子（二〇〇〇）前掲書、六七‐六八頁。
＊13　三星沙織・木内幹・田中直義・村橋鮎美（二〇〇七）「東南アジアにおいて伝統的方法で製造されている大豆醱酵食品とその応用に関する研究（第二報）ミャンマーの大豆醱酵食品、ペーポから分離された細菌を用いた糸引き納豆の開発」『共立女子大学綜合文化研究所紀要』一三、七‐二〇頁。
＊14　佐々木高明（一九八二）『照葉樹林文化の道――ブータン・雲南から日本へ（ＮＨＫブックス）』日本放送出版協会、一二九頁。
＊15　吉田よし子（二〇〇〇）前掲書、七六頁。
＊16　包啓安（一九八四）「豆豉の源流及びその生産技術（一）」『日本釀造協會雜誌』七九（四）、二二一‐二二三頁。
＊17　吉田集而（一九九〇）「カビと豆のフシギな関係」『季刊民族学』五四、一〇二‐一一一頁。
＊18　吉田集而（一九九〇）前掲論文、一〇二‐一一一頁。
＊19　吉田集而（一九八三）「カビがつくる食べもの――インドネシアの醱酵食品」『季刊民族学』二五、九八‐一〇七頁。
＊20　岡田憲幸（一九九〇）「テンペの機能性」『日本醸造協会誌』八五（六）、三五八‐三六三頁。
＊21　野崎信行（二〇一〇）「テンペの産地・岡山では、今…」『岡山県工業技術センター技術報告』四八五‐四八六頁。
＊22　横山智（二〇一四）「たしなむ　ダイズ→ナットウ　手作りから商業生産へ」落合雪野・白川千尋編『ものとくらしの植物誌――東南アジア大陸部から』臨川書店、一四八‐一六九頁。
＊23　中尾佐助（一九七二）前掲書、一二一‐一二四頁。
＊24　小﨑道雄・内村泰（一九九〇）「東南アジアの醱酵食品」『食の科学』一四四、二三‐二九頁。
＊25　Tamang, J. P. 2010. *Himalayan Fermented Foods: Microbiology, Nutrition, and Ethnic Values*, CRC Press, pp. 232.

＊26　吉田集而（一九八三）前掲書、二五、九八－一〇七頁。
＊27　吉田集而（一九九〇）前掲論文、一〇二－一一一頁。
＊28　吉田集而（一九九三）「大豆発酵食品の起源」佐々木高明・森島啓子編『日本文化の起源――民族学と遺伝学の対話』講談社、二二九－二五六頁。
＊29　石毛直道（一九八六）「吉田集而・民族学から見た無塩発酵大豆とその周辺に対するコメント」相田浩他・上田誠之助・村田希久・渡辺忠雄編『アジアの無塩発酵大豆食品――アジア無塩発酵大豆会議85'講演集』STEP、一七四－一七八頁。
＊30　石毛直道・ケネス＝ラドル（一九九〇）『魚醤とナレズシの研究――モンスーン・アジアの食事文化』岩波書店、三五一－三五四頁。
＊31　石毛直道・ケネス＝ラドル（一九九〇）前掲書、三五三頁。
＊32　石毛直道・ケネス＝ラドル（一九九〇）前掲書、一七九－一八三頁。
＊33　Sundhagul, M. 1972. Thua-nao: A fermented soybean food of Northern Thailand (I. Traditonal processing method). *Thai Journal of Agricultural Science* 5, pp.43-56.
＊34　中尾佐助（一九九二）「ナットウ――「分布と年代」の仮説」中尾佐助・佐々木高明『照葉樹林文化と日本』くもん出版、一九八－二〇〇頁。
＊35　原敏夫（一九九〇）「納豆のルーツを求めて」『化学と生物』二八（一〇）、六七六－六八一頁。
＊36　原敏夫（一九九〇）前掲論文、六八〇頁。
＊37　アジアの発酵大豆由来の納豆菌の挿入配列因子（*IS4Bsu1*）遺伝子をプローブとして行ったサザン分析による。
稲津康弘（二〇〇八）「概説・日本と世界の納豆」木内幹・木村啓太郎・永井利郎編『納豆の科学――最新情報による総合的考察』建帛社、二〇三－二〇八頁。

第三章

＊1　吉田集而（一九九三）「大豆発酵食品の起源」佐々木高明・森島啓子編『日本文化の起源――民族学と遺伝学の対話』講談社、二三九‐二五六頁。

＊2　吉田よし子（二〇〇〇）『マメな豆の話――世界の豆食文化をたずねて（平凡社新書）』平凡社、七六頁。

＊3　辰巳英三（二〇一〇）「中国の大豆発酵食品」喜多村啓介他編『大豆のすべて』サイエンスフォーラム、三九一‐三九三頁。

＊4　包啓安（一九八四）「豆豉の源流及びその生産技術（二）」『日本釀造協會雜誌』七九（六）、三九五‐四〇二頁。

＊5　馬場雄司（二〇〇九）「ラオス北部におけるタイ・ルー――サイニャーブーリー県における移住史と守護霊儀礼を中心に」新谷忠彦・クリスチャン＝ダニエルス・園江満編『タイ文化圏の中のラオス――物質文化・言語・民族（東京外国語大学アジア・アフリカ言語文化研究所歴史民俗叢書）』慶友社、二〇六‐二三五頁。

＊6　横山智（二〇〇八）「農村から観光地へ」横山智・落合雪野編『ラオス農山村地域研究』めこん、四三一‐四四〇頁。

＊7　雲南省のどこなのか不明。聞き取りでは、西双版納タイ族自治州よりも北で昆明に近いムアン・ロー（ラーオ語）と述べていた。しかし、地図では確認できない。

＊8　二〇一〇年度科学研究費補助金・基盤研究A（一般）「「関係価値」概念の導入による生態系サービスの再編」（課題番号：二二二四一〇一二、代表者：秋道智彌）。

＊9　Culloty, D. 2010. *Food from Northern Laos: The Boat Landing Cookbook*. Galangal Press, pp. 76-77.

＊10　石毛直道（一九九一）『文化麵類学ことはじめ』フーディアム・コミュニケーション、二〇七‐二一五頁。

第四章

＊1　Inatsu, Y et al. 2006. Characterization of Bucillus subtilis strains in Thua nao, a traditional fermented soybean food in northern Thailand. *Letters in Applied Microbiology* 43, pp. 237-242.

＊2　Chukeatirote, E., Dajanta, K. and Apichartsrangkoon, A. 2010. Thua nao, Indigenous Thai Fermented Soybean: A Review. *Journal of Biological Sciences* 10(6), pp. 581-583.

＊3　Sundhagul, M. 1972. Thua-nao: A fermented soybean food of northern Thailand. I. Traditional processing method. *Thai Journal of Agricultural Science* 5, pp. 43-56.

＊4　横山智（二〇〇八）「タイ・ラオスのエスニック社会」山下清海編『エスニック・ワールド――世界と日本のエスニック社会』明石書店、一七六－一八七頁。

＊5　綾部真雄（二〇〇三）「「後住」少数民族としての山地民――問われる法的権利」綾部恒雄・林行夫編『タイを知るための60章』明石書店、一四五－一五〇頁。

＊6　綾部恒雄・綾部裕子（一九九五）「民族と言語」綾部恒雄・石井米雄編『もっと知りたいタイ（第二版）』弘文堂、七二－一〇二頁。

＊7　二〇〇七年度科学研究費補助金・基盤研究B（一般）「第三次フードレジーム下における新たな対日農産物・食料輸出の展開と当事国農業・流通に及ぼす影響」（課題番号：八〇二五四六六三、代表者：荒木一視）。

＊8　「タン」とはタイで使われている慣習的な重量単位で、桶とかバケツという意味である。籾米で約一〇キログラム、白米で約二〇キログラムである。チェンマイ大学のカノック教授は、大豆だと一五キログラム程度だと言う。現在でも広く使われている。

＊9　チェンマイ大学図書館タイ北部情報センターWEBページ「Lanna Food, Khao soi kai」（http://library.cmu.ac.th/ntic/en_lannafood/detail_lannafood.php?id_food=73）。二〇一四年一〇月一一日閲覧。

＊10　山田均（二〇〇三）『世界の食文化――五　タイ』農山漁村文化協会、一五六－一六四頁。

＊11　岡田憲幸（二〇〇八）「トゥアナオ」木内幹・永井利郎・木村啓太郎編『納豆の科学――最新情

報による総合的考察』建帛社、二一三-二一四頁。
＊12 Chukeatirote, E. et al. (2006) Microbiological and Biochemical Changes in Thua Nao Fermentation. *Research Journal of Microbiology* 1(1), pp. 38-44.
＊13 大村次郷（二〇一三）「納豆の旅（食文化の現場から　第三回）」『食文化誌ヴェスタ』八九、味の素食文化センター、四九-五三頁。
＊14 Leejeerajumnean, A. et al. 2001. Volatile compounds in *Bacillus*-fermented soybeans. *Journal of the Science of Food and Agriculture* 81, pp. 525-529.
＊15 長野宏子（二〇〇六）『伝統発酵食品中の微生物の多様性とそのシーズ保存（平成一五年度～一七年度科学研究費補助金・基盤研究Ａ　研究成果報告書）』（課題番号：一五二五五〇一三）岐阜大学教育学部。

第五章

＊1 吉田よし子（二〇〇〇）『マメな豆の話――世界の豆食文化をたずねて（平凡社新書）』平凡社、七一-七四頁。
＊2 吉田よし子（二〇〇〇）前掲書、七一-七四頁。
＊3 田中直義（二〇〇三）「東南アジアの発酵食品を訪ねて―ミャンマーのカチン州とシャン州で作られている無塩大豆発酵食品を中心に」『New Food Industry』四五（六）、二三-二八頁。
＊4 田中直義の私信による。二〇〇〇年初頭にシャン州やカチン州に入るのは、ほとんど不可能な状況であった。しかし、軍事政権にコネの利く貿易会社の紹介で調査に入ることができたとのことである。
＊5 田中直義・村橋鮎美・三星沙織・木内幹（二〇〇六）「東南アジアにおける伝統的方法で製造されている大豆醗酵食品とその応用に関する研究（第一報）ミャンマー東北部における無塩醗酵大豆の製造と利用について」『共立女子大学総合文化研究所紀要』一二、一-六頁。
＊6 三星沙織・木内幹・田中直義・村橋鮎美（二〇〇七）「東南アジアにおける伝統的方法で製造さ

れている大豆醱酵食品とその応用に関する研究（第二報）ミャンマーの大豆醱酵食品、ペーポから分離された細菌を用いた糸引き納豆の開発」『共立女子大学総合文化研究所紀要』一三、七-一八頁。

＊7　三星沙織・木内幹・田中直義・村橋鮎美（二〇〇七）前掲論文、七-一八頁。

＊8　ラーショーはビルマ語で、シャン語ではラシオ。またティエンニーはビルマ語で、シャン語ではセンウィーとなる。

＊9　三星沙織・木内幹・田中直義・村橋鮎美（二〇〇七）前掲論文、七-一八頁。

＊10　ナンカンはビルマ語で、シャン語ではナムカム。

＊11　長谷川清（一九九八）「民族間関係と『歴史』の記憶──徳宏タイ族のエスニシティと民族的境界をめぐって」周達生・塚田誠之編『中国における諸民族の文化変容と民族間関係の動態（国立民族学博物館調査報告8）』国立民族学博物館、四一一-四二六頁。

＊12　田中直義（二〇〇三）前掲論文、三三-三八頁。

＊13　エーエー（ハーカー）［土橋泰子訳］（二〇一一）「チン世界」伊東利勝編『ミャンマー概説』めこん、五五〇-五五一頁。

＊14　エーエー（ハーカー）［土橋泰子訳］（二〇一一）前掲論文、五四一-五四六頁。

＊15　*Phrynium capitatum* は異名で同じ植物である。

＊16　吉田よし子（二〇〇〇）前掲書、七一-七四頁。

＊17　加藤昌彦（一九九八）「カレン諸語」新谷忠彦編『黄金の四角地帯──シャン文化圏の歴史・言語・民族』慶友社、六二-七〇頁。

＊18　吉田よし子（二〇〇〇）前掲書、七一-七四頁。

＊19　Leejeerajumnean, A. et al. 2001. Volatile compounds in *Bacillus*-fermented soybeans. *Journal of the Science of Food and Agriculture* 81, pp. 525-529.

＊20　マインポンはビルマ語で、シャン語ではムアン・ポン。なお地図などはアルファベットで Mong Pun などと書かれることもあるが、モンプンとは言わない。

＊21　高野秀行（二〇一四）「謎のアジア紀行（第一回）　納豆は外国のソウルフードだった！」『考える人』四九、新潮社、一〇二‐一〇九頁。
＊22　Ｄａｎｃｙｕ監修（二〇〇一）『本当に旨い納豆』プレジデント社、三五‐四六頁。
＊23　アミロース含量〇パーセントがモチ米である。日本の標準米（日本晴）はアミロース含量が一八パーセントで、シャン米と言われている米は、モチ米と日本の標準米の中間である一〇〜一四パーセントである。非常にモチモチとした食感のうるち米である。ちなみに、粘りがなくパサパサとした食感のインディカ米は、アミロース含量が二四〜二八パーセント程度である。
中川原捷洋（一九八七）「稲品種の分化と分類」渡部忠世編『稲のアジア史 第一巻』小学館、一三七‐一六六頁。

第六章

＊1　Tamang, J. P., P. K. Sarkar, and C. W. Hesseltine. 1988. Traditional fermented foods and beverages of Darjeeling and Sikkim: A review. *Journal of the Science of Food and Agriculture* 44, pp. 375–385.
＊2　新国佐幸（一九九六）「ネパールの発酵食品――ネパールの麹「マーチャ」と納豆様大豆発酵食品「キネマ」」『日本調理科学会誌』二九（三）、二三四‐二三九頁。
＊3　味の素食の文化センター企画・制作、吉田集而監修（一九九八）『ＶＨＳ　第一巻　納豆のふるさと　アジアの納豆文化圏（映像記録　日本の味・伝統食品　第四集　大豆・麦食品のルーツと技を探る）』味の素食の文化センター。
＊4　Tamang, J. P. 2010. *Himalayan Fermented Foods: Microbiology, Nutrition, and Ethnic Values*. CRC Press.
＊5　シッキム大学のライ族の学生から聞くと、「フル」は花のこと、「トル」は塊茎のことだという。食用カンナは、朱赤色の花を咲かせ、根茎は食用やでん粉の原料となるので、おそらく、フルトルと呼んでいた葉は食用カンナで間違いないであろう。
＊6　吉田集而・小﨑道雄（一九九九）「シッキムの発酵食品」『季刊民族学』一二三（四）、六七‐七五頁。

＊7　ジョティ・プラカッシュ・タマン（二〇〇一）「キネマ」『Food Culture（キッコーマン国際食文化研究センター）』三、一一－一三頁。

＊8　ダルバートとは、ご飯、スープ、野菜や肉のおかずなどがセットになったネパールの一般的な食事のことである。詳しくは次の文献を参照のこと。森本泉（二〇一二）「ダルバートから考えるネパールの風土」横山智・荒木一視・松本淳編『モンスーンアジアのフードと風土』明石書店、一八七－二〇三頁。

＊9　鳥羽季義（二〇〇〇）「キランティ」綾部恒雄監修『世界民族事典』弘文堂、二〇五頁。

＊10　水野一晴（二〇一二）『神秘の大地、アルナチャル――アッサム・ヒマラヤの自然とチベット人の社会』昭和堂。

＊11　リビジッペンは書き言葉で、話し言葉では、リシュベンという。

＊12　ゾンとは城塞のこと。ディランゾンの歴史については、次の文献を参照のこと。水野一晴（二〇一二）前掲書、五〇－五二頁。

＊13　水野一晴（二〇一二）前掲書、一五六頁。

＊14　かつてはクマツヅラ科に分類されていたが、被子植物の分類体系の第3版ＡＰＧⅢ（二〇〇九年）ではシソ科とされた。

＊15　テンバンゾンの歴史については、次の文献を参照のこと。水野一晴（二〇一二）前掲書、三〇－三四頁。

＊16　酒についてはまったく質問をしなかったが、おそらくナベの中の穀物の粒の色や形を見たところ、シコクビエを原料にしていたのではないかと思われる。バンチャンについては、次の文献が詳しい。宮本万里（二〇一二）「チャンからみたブータンの村落社会と国家」横山智・荒木一視・松本淳編『モンスーンアジアのフードと風土』明石書店、二〇四－二二〇頁。

＊17　野村亨（二〇〇〇）「ブータン王国における言語の状況――その歴史と現状」『ヒマラヤ学誌』七、九三－一一四頁。

第七章

＊1　上山春平・佐々木高明・中尾佐助（一九七六）『続・照葉樹林文化——東アジア文化の源流（中公新書）』中央公論社。

＊2　雲南高原を中心に、西はインド・アッサムから、東は湖南省に至る地域を西アジアの「肥沃な三日月地帯」と呼ばれるのにならって、照葉樹林文化を構成する文化要素が最も濃密に分布するとして「東亜半月弧」と設定した。

＊3　西はブータン、アッサムから、東は日本までの地域で見られる、柱と梁で家の重量を支え、壁は柱の間につり下がっている構造の建物。

＊4　佐々木高明（二〇〇七）『照葉樹林文化とは何か——東アジアの森が生み出した文明（中公新書）』中央公論新社、一一七–一一八頁。

＊5　著しく多彩な植物の採集と淡水の漁業によって生活が可能な自然環境を有し、現在も豊富な食素材が見られる雲南・インドシナ半島北部・アッサムに広がる空間。この地帯からは、いくつかのマメ類、サトイモやヤマイモ、茶、稲などの重要な作物が成立したとする。ただし、「東亜半月弧」の概念が先に生まれたのか、それとも「原農耕圏」の概念が先なのかはよく分からない。

＊6　上山春平・渡部忠世編（一九八五）『稲作文化——照葉樹林文化の展開（中公新書）』中央公論社。渡部忠世（一九七七）『稲の道（NHKブックス）』日本放送出版協会。

＊7　佐々木高明（二〇〇七）前掲書、一四四–一六一頁および一九九–三〇九頁。

＊8　佐藤洋一郎（二〇〇五）「照葉樹林文化とイネ」『科学』七五（四）、四四一–四四四頁。

＊9　中尾佐助（一九九二）「ナットウ——「分布と年代」の仮説」中尾佐助・佐々木高明『照葉樹林文化と日本』くもん出版、一九八–二〇〇頁。

＊10　この地区での納豆について記された論文が次に示す二本存在した。しかし、どちらの論文も発酵に使っている植物の葉の同定が行われていない。また、民族の詳細も不明瞭な点が多く、残念ながら参考にすることはできなかった。

田中直義・山内智子・勝股理恵・木内幹（二〇〇三）「東南アジア地域における大豆を原料とする醱酵食品の製造法と食文化に関する研究（第一報）中国雲南省における無塩醱酵大豆の製造と利用について」『共立女子大学総合文化研究所紀要』九、九‐一七頁。

難波敦子・成暁・宮川金二郎（一九九八）「中国雲南省の「糸引き納豆」」『日本家政学会誌』四九（二）、一九三‐一九七頁。

＊11　鳥羽季義（二〇〇〇）「キランティ」綾部恒雄監修『世界民族事典』弘文堂、二〇五頁。

＊12　ＮＨＫ［ＢＳ１］で二〇一四年九月一四日の午後七時〇〇分～午後八時五〇分に放映された「アジア食紀行　コウケンテツが行く中国・雲南」において、景洪郊外の曼廣《マンコン》邁寨《マイサイ》村で植物の葉（映像からはクズウコン科フリニウム属だと思えた）に包んだ煮豆を三日間発酵させ、その後、乾燥センベイ状の納豆をつくる映像が放映された。

＊13　Tamang, J. P. 2010. *Himalayan Fermented Foods: Microbiology, Nutrition, and Ethnic Values*. CRC Press.

あとがき

「面白いね。だけど、どうして納豆なんて調べてるの？」と、何度も聞かれた。そういう時は必ず、「大学を定年退職する時の最終講義に来てくれた人に納豆の本を配ろうと思ってね、できれば、岩波新書の赤版あたりで……」と、返していた。これは、半分冗談で半分本気だった（NHK出版さん、ごめんなさい）。しかし、のんびりと納豆を探そうと思っていたのに、気がつくと真剣に調査するようになり、納豆の研究にのめり込んでしまった。

納豆そのものに魅力があるのは当然だが、納豆を探し求めるフィールドワークが面白くて止められなかったのである。どんな納豆に出会えるのだろうかというワクワク感、それを見た時の驚き、また戸惑い（段ボールと新聞紙で発酵させていた時！）、すべてが楽しいのだ。

＊

ラオスで初めて納豆を見てから一五年、本格的に調査を開始してから八年が経過した。振り返ってみると、納豆の起源を探るために、これまで埋められていなかったパズルのピースをひとつずつ地道に埋めていくようなフィールドワークであった。当初は空白だらけであったが、どんどんと、そのパズルのピースは埋まっていった。しかし、まだ埋められていないピースは残されている。終章では、埋められたピースが何で、埋められなかったピースが何なのかを明示した。その埋まったピースを眺めながら考えたのが、本書で提示した「納豆の発展段階論」であり、そして「納豆の起源地の仮説」である。

一九七二年、中尾佐助はＮＨＫブックスから『料理の起源』を刊行し、その中で「ナットウの大三角形」という納豆の一元起源説を提示した。否定もされたが、納豆の起源に関する議論は、そこから始まった。それから四二年が経過して、本書で納豆の多元起源説を提示した。仮説は、否定されるかもしれない。しかし、誰かが何かを提示しないと事が進まない。そうやって、納豆の起源に関する議論は深化していけばよい。

本書の表記について一言触れておく。新書や選書では、巻末に参考文献として、文献をまとめて記すのが一般的である。しかし、本書ではあえて学術論文と同じ形式を採用することにこだわった。なぜなら、今回、本書を執筆するにあたり、納豆をテーマに書かれた多くの書籍や論文に目を通したが、一般書の多くは、出典が明示されておらず、それが著者オリジナルの考えなのか、それとも引用なのか分からないような状況であったからである。

なお、本文中の東南アジア大陸部の民族に関する情報は、ＨＲＡＦ《フラフ》の資料（LeBar, F. M., Hickey, G. C. and Musgrave, J. K. 1966. *Ethnic Groups of Mainland Southeast Asia*. New Haven, Human Relations Area Files Press.）を参考にしている。

植物の表記については、畑などに植えられた作物や自生している樹木などについて記す場合、原則としてカタカナで、初出には学名を付した。たとえば、「ダイズ」と記した場合は植物体のことを指しており、「大豆」と示した場合は納豆をつくる豆の事を指している。

本書の執筆にあたり、大部分の植物の同定を高知県立牧野植物園の田中伸幸さんにしていただいた。心から感謝している。調査および本書の執筆では、京都大学の水野一晴さん、立命館大学の松田正彦さん、京都大学の柳澤雅之さん、シッキム大学のジョティ・プラカシュ・タマンさんのご協力を得た。ＮＨＫ出版の井本光俊さんには本書を出版する機会を与えていただき、また編集に際してはＮＨＫ出版の伊藤周一朗さんにご尽力いただいた。心から感謝の意を表する次第である。

本書の完成は、ひとえに家族の支えがあってこそである。妻と二人の息子たちに感謝する。一緒にタイで納豆を探し求め、毎晩ビールを飲みながら語り合ったチェンマイ大学のカノック教授が、二〇一〇年七月一一日に急逝された。同年九月にミャンマー国境周辺の調査を一緒に行う予定になっていた。残念でならない。本書を、カノック・ラーカセム教授に捧げる。

二〇一四年一一月

横山　智

横山 智（よこやま・さとし）

1966年、北海道生まれ。オリンパス光学工業入社、退職後、1992～94年まで青年海外協力隊員としてラオスで活動。筑波大学大学院博士課程地球科学研究科地理学・水文学専攻中退。熊本大学文学部助教授（准教授）等を経て、現在、名古屋大学大学院環境学研究科教授。博士（理学）。専門分野は、地理学。

編著書に『資源と生業の地理学（ネイチャー・アンド・ソサエティ研究 第4巻）』（海青社）、『モンスーンアジアのフードと風土』（明石書店）、『ラオス農山村地域研究』（めこん）、『納豆の食文化誌』『世界の発酵食をフィールドワークする』（農山漁村文化協会）がある。

NHK BOOKS 1223

納豆の起源

2014年11月25日 第1刷発行
2022年 5 月20日 第2刷発行

著 者 横山 智

発行者 土井成紀
発行所 NHK出版
東京都渋谷区宇田川町41-1 郵便番号150-8081
電話 0570-009-321（問い合わせ） 0570-000-321（注文）
ホームページ https://www.nhk-book.co.jp
振替 00110-1-49701
装幀者 水戸部 功
印 刷 三秀舎・近代美術
製 本 藤田製本

Printed in Japan ISBN978-4-14-091223-2 C1339

NHK BOOKS

＊自然科学

植物と人間―生物社会のバランス― 宮脇 昭
アニマル・セラピーとは何か 横山章光
免疫・「自己」と「非自己」の科学 多田富雄
生態系を蘇らせる 鷲谷いづみ
がんとこころのケア 明智龍男
快楽の脳科学―「いい気持ち」はどこから生まれるか― 廣中直行
物質をめぐる冒険―万有引力からホーキングまで― 竹内 薫
確率的発想法―数学を日常に活かす― 小島寛之
算数の発想―人間関係から宇宙の謎まで― 小島寛之
新版 日本人になった祖先たち―DNAが解明する多元的構造― 篠田謙一
交流する身体―〈ケア〉を捉えなおす― 西村ユミ
内臓感覚―脳と腸の不思議な関係― 福土 審
暴力はどこからきたか―人間性の起源を探る― 山極寿一
細胞の意思―〈自発性の源〉を見つめる― 団 まりな
寿命論―細胞から「生命」を考える― 高木由臣
太陽の科学―磁場から宇宙の謎に迫る― 柴田一成
形の生物学 本多久夫
ロボットという思想―脳と知能の謎に挑む― 浅田 稔
進化思考の世界―ヒトは森羅万象をどう体系化するか― 三中信宏
イカの心を探る―知の世界に生きる海の霊長類― 池田 譲
生元素とは何か―宇宙誕生から生物進化への137億年― 道端 齊
土壌汚染―フクシマの放射線物質のゆくえ― 中西友子
有性生殖論―「性」と「死」はなぜ生まれたのか― 高木由臣
自然・人類・文明 F・A・ハイエク／今西錦司
新版 稲作以前 佐々木高明
納豆の起源 横山 智
医学の近代史―苦闘の道のりをたどる― 森岡恭彦
生物の「安定」と「不安定」―生命のダイナミクスを探る― 浅島 誠
魚食の人類史―出アフリカから日本列島へ― 島 泰三
フクシマ 土壌汚染の10年―放射性セシウムはどこへ行ったのか― 中西友子

※在庫品切れの際はご容赦下さい。